双碳背景下焦化工业污染治理技术

周汾涛　等著

U0341581

吉林科学技术出版社

图书在版编目（CIP）数据

双碳背景下焦化工业污染治理技术 / 周汾涛等著
. -- 长春：吉林科学技术出版社, 2022.9
ISBN 978-7-5578-9742-0

Ⅰ．①双… Ⅱ．①周… Ⅲ．①炼焦－化学工业－污染
防治－研究 Ⅳ．①X784

中国版本图书馆 CIP 数据核字(2022)第 178084 号

双碳背景下焦化工业污染治理技术

著	周汾涛等
出 版 人	宛 霞
责任编辑	孟祥北
封面设计	树人教育
制 版	北京荣玉印刷有限公司
幅面尺寸	185mm×260mm
字 数	200 千字
印 张	17
印 数	1-1500 册
版 次	2022年9月第1版
印 次	2023年3月第1次印刷

出 版	吉林科学技术出版社
发 行	吉林科学技术出版社
地 址	长春市福祉大路5788号
邮 编	130118
发行部电话/传真	0431-81629529 81629530 81629531
	81629532 81629533 81629534
储运部电话	0431-86059116
编辑部电话	0431-81629518
印 刷	三河市嵩川印刷有限公司

书 号	ISBN 978-7-5578-9742-0
定 价	90.00元

编委会

前　言
PREFACE

随着气候变化的加剧和环境问题的日益严重，能源转型受到广泛关注。自 2020 年 9 月以来，习近平总书记多次提出，我国将力争于 2030 年前实现碳达峰，努力争取于 2060 年前实现碳中和（简称"双碳"目标）。"双碳"目标是中国当前与未来经济社会发展的重要指引。碳排放是关于温室气体排放的一个总称或简称。温室气体中主要的气体是二氧化碳，因此用碳（Carbon）一词作为代表。碳排放，是人类生产经营活动过程中向外界排放温室气体（二氧化碳、甲烷、氧化亚氮、氢氟碳化物、全氟碳化物和六氟化硫等）的过程。煤化工一直是我国重要的工业分支。传统煤化工中的焦化支撑了冶金业和碳基材料的发展，基于煤气化的化肥生产支撑了粮食增产，基于煤焦和煤电的电石生产支撑了聚氯乙烯(PVC)等聚合物材料的发展。事实证明，历史上，煤化工为国家能源安全和经济发展做出了重要贡献，推动了我国制造业的发展，培养了大批高素质行业人才，也提升了现代工厂的管理能力。如今，尤其是进入 21 世纪以来，传统煤炭企业逐步向煤化工转型，我国煤化工产业规模稳步增长。我国新型煤化工技术的发展全球瞩目，一些技术实现了从无到有的突破，煤直接和间接液化制油、煤经甲醇制烯烃等技术达到世界一流水平，并实现了产业化。

在"碳中和"历程中，大力发展风电、光伏、水能等可再生能源是必然趋势，但这些能源的间歇性和不稳定性难以满足可持续发展的要求。在核能规模受资源约束、储能技术尚未完善、成本和规模不足的情况下，化石能源需要承担托底的重任。未来，煤炭作为低成本的天然芳烃资源将继续在化学品和材料生产中发挥重要作用。不过，要实现"双碳"目标并有效支撑未来社会的可持续发展，现有煤化工技术必须节能减排、提高效率，甚至发生革命性改变。

对于煤化工企业而言，通过先进的技术工艺，提高煤炭资源的利用率、降低产品的炭单耗，不仅是实现"碳中和"的要求，也是企业构筑竞争壁垒的基础。企业可以制定碳减排行动方案，加大相关技术的研发力度，加快相关技术的引进消化吸收速度，促进煤化工企业转型升级。对于煤化工行业而言，可将煤化工的产业链条做长，注重特种专用化学品的研发与生产，提升煤化工产品的高附加值，尽可能将更多的碳保留在终端产品中。同时，可推进煤化工与石油/天然气/生物化工的耦合，逐步提升可再生能源在煤化工用能中的占比，减少煤化工过程中的碳排放总量。

"双碳"下的能源行业和相关企业转型，不是"选答题"，而是"必答题"。煤炭在化工领域短期内很难被完全取代，煤炭清洁高效利用是重中之重。煤化工作为我国实现"双碳"目标历程中不可或缺的板块，其技术进步及科学进展仍将在未来发挥重要作用。实现高碳能源的低碳化利用，还需优化并减少下游产品需求，降低能耗煤耗，提高能源电气化水平，发展洁净能源技术，抢占低碳技术战略制高点，以科技进步推动煤化工产业结构全面转型升级。

目　录

第一章　绪　论

第一节　双碳背景概述

2020年9月22日，习近平总书记在第75届联合国大会上正式提出二氧化碳排放力争于2030年前达到峰值、努力争取2060年前实现碳中和。同年12月12日，习近平总书记在气候雄心峰会中进一步宣布，到2030年，中国单位GDP二氧化碳排放将比2005年下降65%以上，非化石能源占一次能源消费的比重达到25%左右。"双碳"目标的提出，对我国能源结构带来深刻变革，尤其是煤炭及煤电行业，由于煤是一种碳多氢少的物质，加工转化成碳氢相当或者碳多氢少的产品具有一定难度，碳排放量数值自然一直处于高位。相较于传统煤炭加工，现代煤化工可以将煤炭加工转化为价值更高的油品和化工产品，提高煤炭利用效率、增加产品附加值，实现煤炭加工利用全过程清洁最大化，是煤炭资源低碳化利用的重要推手。

2021年9月13日，习近平总书记在国家能源集团榆林化工有限公司考察时强调，煤炭作为我国主体能源，要按照绿色低碳的发展方向，对标实现碳达峰、碳中和目标任务，立足国情、控制总量、兜住底线，有序减量替代，推进煤炭消费转型升级。煤化工产业潜力巨大、大有前途，要提高煤炭作为化工原料的综合利用效能，促进煤化工产业高端化、多元化、低碳化发展，把加强科技创新作为最紧迫任务，加快关键核心技术攻关，积极发展煤基特种燃料、煤基生物可降解材料等。总书记的讲话强调了煤炭在我国能源体系中的重要战略地位，指明现代煤化工是煤炭转型升级的重要方向，加快煤化工关键核心技术攻关、延伸产业链是实现高碳资源低碳利用的必经之路。

第二节　焦化生产工艺概述

一、炼焦生产概况

我国是世界焦炭生产大国，从1993年起，我国焦炭产量连续居世界第一位。

2014年我国焦炭产量达到 4.77×10^8 t、占世界焦炭总产量的70%,焦炭产能约 6.5×10^8 t,产能利用率约70%。

我国古代炼焦的主要设备是土法炼焦炉,即炼焦煤在土法炼焦炉内烧炼成焦炭。1898年,我国首批具有工业规模的焦炉在江西萍乡和河北唐山开始投产。1919年,中国第一批可回收化工产品的近代炼焦炉在鞍山建成投产,此后在石家庄、本溪、大连和吉林等地也相继建成。

20世纪30~40年代,一批不同规模的炼焦炉在我国东北、华北、山西、上海、四川、陕西等地先后建成投产。中华人民共和国成立前,我国拥有现代化焦炉28座,1137孔,总设计焦炭产能约为 510×10^4 t/a。

1958年,我国自行设计和建设的第一座焦炉在北京焦化厂一次投产成功,标志着我国炼焦工业和城市煤气事业有了革命性的起步。随之,陆续建成的一大批66型焦炉和红旗焦炉如雨后春笋,为推动我国重工业发展发挥了重要作用。70年代初,为满足"三线"建设的需要,我国自行建造了5.5m大容积焦炉,成为中国炼焦工业发展的光辉里程碑。

20世纪70年代末期,我国又完善了1958年后设计的58型焦炉,并设计、建造和投产了适用于中小型规模焦化厂的两分下喷式、66型、70型和红旗三号焦炉。进入21世纪以来,我国又相继建成并投产了6.98m、7.63m大容积顶装焦炉以及5.5m、6.25m高炭化室捣固焦炉。

2001~2013年共建成投产炭化室高6m及以上大型焦炉357座,生产能力 21198×10^4 t;2013年建成投产焦炉46座,生产能力 2835×10^4 t,均为炭化室高5.5m以上大型焦炉;截至2013年,炭化室高5.5m及以上大型焦炉生产能力达到 2.62×10^8 t,约占全部产能的40%。

二、炼焦工艺

炼焦生产是以炼焦洗精煤为原料,在焦炉中隔绝空气高温干馏,使之分解炭化生产出焦炭和焦炉煤气,再通过各种化工单元,对焦炉煤气进行净化,并回收其中的焦油、粗苯、硫铵等化工产品。

炼焦过程一般包括备煤、炼焦、煤气净化车间及其公辅设施等组成。

(一)备煤车间

备煤车间主要由受煤工段(汽车受煤装置)、储煤工段、配煤工段、粉碎工段、混合室、煤塔顶层以及相应的带式输送机通廊和转运站等组成,并设有推土机库、煤焦制样室等辅助生产设施。并预留解冻库系统、翻车机系统和火车受煤装置。

备煤工艺一般分先配合后粉碎和先粉碎再配合两种工艺。目前,大多数焦化企业采用配合再粉碎工艺,当企业用特殊煤种时,比如配入无烟煤、焦粉等,这些煤种一般采用预粉碎后,再配合炼焦。外购的炼焦精煤由汽车运来后自卸于受煤坑,经受煤坑把煤堆入精煤储场。上煤时,由堆取料机按照配煤比取煤,经带式输送机送入配煤仓。混合均匀后送入破碎机,煤被破碎至小于3mm占80%以上后,经带式输送机，送入煤塔内，供焦炉使用。

（二）炼焦车间

炼焦车间采用高温炼焦工艺，高温炼焦是煤在隔绝空气条件下加热至 1000℃ ± 50℃时，发生一系列物理变化和化学反应，并得到焦炭、焦油和荒煤气的复杂过程，也称为煤的热解或干馏。

由备煤车间出来的配合煤装入炭化室。配合煤在一定的温度下干燥、干僧，经过一定时间后，成熟的焦炭被推焦车推出后经拦焦车导焦栅落入熄焦车内，由熄焦车送至熄焦塔用水喷洒熄焦，熄焦后的焦炭由熄焦车送至晾焦台，经补充熄焦、晾焦后，由刮板放焦机放至带式输送机送筛储焦工段。

煤在干偶过程中产生的荒煤气经炭化室顶部、上升管、桥管汇入集气管。在桥管和集气管处用压力约为 0.3MPa，温度约为 78℃ 的循环氨水喷洒冷却，使温度约为 700℃ 的荒煤气冷却至 84℃ 左右，再经吸气管抽吸至冷鼓工段。在集气管内冷凝下来的焦油和氨水经吸气管与荒煤气一起送至冷鼓工段。

焦炉加热用回炉煤气由外管送至焦炉，经煤气总管、煤气预热器、煤气主管、煤气支管进入各燃烧室，在燃烧室内与经过蓄热室预热的空气边混合边燃烧，混合后的煤气、空气在燃烧室由于部分废气循环，使火焰加长，从而使高向加热更加均匀合理，燃烧烟气温度可达约 1300℃，燃烧后的废气经跨越孔、立火道、斜道，在蓄热室与格子砖换热后经分烟道、总烟道，最后从烟囱排入大气。

（三）化产（煤气净化）车间

煤气净化装置由冷鼓电捕、脱硫及硫回收（含剩余氨水蒸氨）、硫铵、洗脱苯 4 个工段组成。

1. 冷鼓电捕工段

来自焦炉约 80℃ 的荒煤气，与焦油和氨水沿吸煤气管道流至气液分离器，气液分离后的荒煤气由分离器上部出来，进入横管初冷器上部，在此用 32℃ 的循环水将煤气冷却至约 35℃；由横管初冷器下部排出的煤气，进入直冷塔下部，用直冷塔循环水喷洒煤气，将煤气冷却至 22℃ 左右；由直冷塔上部排出的煤气，进入 3 台并联操作的电捕焦油器，捕集煤气中夹带的焦油，再由煤气鼓风机压送至脱硫工段。

为了保证横管初冷器冷却效果，在初冷器上部连续喷洒来自机械化氨水澄清槽中部的焦油、氨水混合液，在其顶部用热氨水定期冲洗，以清除管壁上的焦油、萘等杂质。初冷器底部排出的冷凝液经水封槽流入冷凝液槽，再送至机械化氨水澄清槽。

从直冷塔底部出来的循环液加兑一定量氨水后，用泵经直冷塔循环水冷却器，用低温水冷却至约 21℃，送到直冷塔顶部循环喷洒，多余部分送至机械化氨水澄清槽。

由气液分离器分离下来的焦油和氨水进入机械化氨水澄清槽，在此进行氨水、焦油和焦油渣的分离。上部的氨水流入循环氨水中间 1 槽，再由循环氨水泵送至焦炉冷却煤气；其中一部分氨水定期经高压氨水泵加压送至焦炉，一部分氨水去初冷器、电捕顶部喷洒，以清除管壁积存的萘、焦油等杂物。多余部分作为剩余氨水经过剩余氨水中间槽沉淀澄清、除焦油器除油后送入剩余氨水储槽，再用剩余氨水泵送至氨水蒸馏装置处理。

机械化氨水澄清槽下部的焦油靠静压流入焦油分离器，进一步进行焦油与焦油渣的沉降分离。分离出的焦油自流入焦油中间槽，用焦油泵送至焦油蒸馏油库的焦油储槽。机械化氨水澄清槽和焦油分离器刮出的焦油渣，排入焦油渣车。

2. 脱硫工段

由鼓风机送来的煤气首先进入预冷塔与塔顶喷洒的循环冷却水逆向接触，被冷却至30℃；循环冷却水从塔下部用泵抽出送至循环水冷却器，用低温水冷却至28℃后进入塔顶循环喷洒。采取部分剩余氨水更新循环冷却水，多余的循环水返回冷凝鼓风工段。

预冷后的煤气进入脱硫再生塔，与塔中部喷淋下来的脱硫液逆流接触以吸收煤气中的H_2S（同时吸收煤气中的氨，以补充脱硫液中的碱源）。经脱硫再生塔后煤气含H_2S约20mg/m³，送入硫铵工段。

吸收了H_2S、HCN的脱硫液由脱硫液循环泵从脱硫再生塔底部抽出送至上部再生段的喷射器，靠喷射器的吸力，脱硫液再生需要的空气同时被吸入再生段，使溶液在塔内得以氧化再生。再生后的溶液从塔顶经液位调节器自流回塔中部循环使用。

浮于塔顶部的硫磺泡沫，利用位差自流入泡沫槽，硫磺泡沫经泡沫泵送入熔硫釜加热熔融，清液流入废液槽，硫磺冷却后装袋外销。

3. 硫铵工段

由脱硫工段来的煤气首先经煤气预热器预热后进入喷淋式饱和器。煤气在饱和器的上段分两股进入环形室，与循环母液逆流接触，其中的氨被母液中的硫酸吸收，生成硫酸铵。脱氨后的煤气在饱和器的后室合并成一股，经小母液循环泵连续喷洒洗涤后，沿切线方向进入饱和器内旋风式除酸器，分出煤气中所夹带的酸雾后，送至终冷洗苯工段。

饱和器下段上部的母液经大母液循环泵连续抽出送至饱和器上段环形喷洒室循环喷洒，喷洒后的循环母液经中心降液管流至饱和器的下段。在饱和器的下段，晶核通过饱和介质向上运动，使晶体长大，并引起晶粒分级。当饱和器下段硫酸母液中晶比达到25%～40%（v%）时，用结晶泵将其底部的浆液抽送至室内结晶槽。饱和器满流口溢出的母液自流至满流槽，再用小母液循环泵连续抽送至饱和器的后室循环喷洒，进一步脱出煤气中的氨。

饱和器定期加酸加水冲洗时，多余母液经满流槽满流到母液贮槽；加酸加水冲洗完毕后，再用小母液循环泵逐渐抽出，回补到饱和器系统。

当饱和器母液系统水不平衡（水分过剩）时，可通过煤气预热器提高煤气温度，对母液操作温度进行调整，以保证系统水平衡及结晶适宜操作温度。

室内结晶槽中的硫铵结晶积累到一定程度时，将结晶槽底部的硫铵浆液经视镜控制排放到硫铵离心机，经离心机离心分离后，硫铵结晶从硫铵母液中分离出来。从离心机分离出的硫铵结晶先经溜槽排放到螺旋输送机，再由螺旋输送机输送到振动流化床干燥器，经干燥、冷却后进入硫铵储斗。从硫铵储斗出来的硫铵结晶经半自动称量、包装后送入成品库。

离心机滤出的母液与结晶槽满流出来的母液一同自流回饱和器的下段。

由振动流化床干燥器出来的干燥尾气在排入大气前设有两级除尘。首先经两组干式旋风除尘器，除去尾气中夹带的大部分粉尘，再由尾气引风机抽送至尾气洗净塔，用尾气洗净塔泵对尾气进行连续循环喷洒，以进一步除去尾气中夹带的残留粉尘，最后经捕雾器除去尾气中夹带的液滴后排入大气。

4. 终冷洗苯工段

从硫铵工段出来的约55℃的煤气，首先从两台并联的终冷塔下部进入，终冷塔分二段冷却，下段用约37℃的循环冷却水，上段用约24℃的循环冷却水将煤气冷却到约27℃后进入两台串联操作的洗苯塔，煤气经贫油洗涤脱除粗苯后，一部分送回焦炉和粗苯管式炉加热使用，其余送往甲醇装置。

终冷塔下段的循环冷却水从塔中部进入终冷塔下段，与煤气逆向接触冷却煤气后用泵抽出，经下段循环喷洒液冷却器，用循环水冷却到37℃进入终冷塔中部循环使用。终冷塔上段的循环冷却水从塔顶部进入终冷塔上段冷却煤气后用泵抽出，经上段循环喷洒液冷却器，用低温水冷却到24℃进入终冷塔顶部循环使用。同时，在终冷塔上段加入一定量的碱液，进一步脱除煤气中的 H_2S，保证煤气中的 H_2S 含量 $\leqslant$ 20mg/m^3。下段排出的冷凝液送至酚氰废水处理，上段排出的含碱冷凝液送至硫铵工段蒸氨塔顶，分解剩余氨水中的固定铵。

由粗苯蒸谐工段送来的贫油从 2# 洗苯塔的顶部喷洒，与煤气逆向接触吸收煤气中的苯，2# 洗苯塔底部的半富油经半富油泵送至 1# 洗苯塔的顶部喷洒，与煤气逆向接触吸收煤气中的苯，1# 洗苯塔底部的富油由富油泵送至粗苯蒸馏工段脱苯后循环使用。

三、成焦机理

（一）煤的热解过程

煤的成焦机理以及配合煤在加热过程中的相互作用对于合理利用和不断扩大炼焦煤源具有很大的理论和实际意义，人们对此曾进行了不少研究工作，但截至目前还没有一个完全成熟的关于结焦过程机理的解释，本书介绍的是比较公认的看法。

煤的热解过程是一个复杂的物理化学过程，它既服从于一般高分子有机化合物的分解规律，又有其依煤质结构不同而具有的特殊性，因此先从煤的结构开始讨论结焦机理。

煤大分子结构模型的量子化学研究表明煤的结构复杂多样，并且由于煤的起源、历史、年代的不同而有很大不同。通过各种分析、测定，证明煤分子结构的基本单元是大分子芳香族稠环化合物，在大分子稠环周围，联接很多烃类的碳链结构、氧键和各种官能团。侧链和氧键又将大分子碳网格在空间以不同的角度互相联接起来，构成了煤复杂的大分子结构。

对于煤分子，无论是热解还是加氢裂解，它所包含的苯环都处在一个很稳定的状态，很难发生键的断裂或被氢饱和。分子中的C—C单键、C—N单键和C—O单键热解时容易断裂，生成甲烷、乙烷、乙烯、苯等物质，这也说明了煤焦化后的产物组成。而煤催化加氢时，C=C双键易发生加氢反应，而苯环很稳定，这也证明了煤催化加氢产物大部分是芳香族和环烷族烃。根据自由基机理对多元苯环乙烷、甲基化学对苯基和二苯烷烃中的脂肪C—C键和$C_{(ar)}$—$C_{(alk)}$键的裂解能进行了计算。从量子化学的角度证明了煤热解的自由基机理的正确性，同时也从量子化学的角度指出了化合物中弱键的键裂解能与化合物的裂解率有直接关系。对于同一模型化合物，脂肪C—C键比$C_{(ar)}$—$C_{(alk)}$键更易断裂。随着脂肪C—C键上取代基的增多，键的裂解能减少，而苯基取代基比甲基取代基更能降低键的裂解能。四氢化萘作为煤中氢化芳烃结构的模型已被广泛用于研究煤液过程中由煤衍生出的供氢溶剂。利用从头计算法可以得出四氢化萘热解反应的热力学数据，并对反应的趋势作出准确的预测，从热力学的角度解释了四氢化萘在不同温度时的反应趋势，即高温对脱氢反应有利，低温对环缩聚反应和开环氢解反应有利。理论计算结果和已有的实验结果具有良好的符合程度。

煤的大分子结构在热解过程中侧链逐渐断裂，生成小分子的气体和液体产物，断掉侧链和氢的碳原子经缩合加大，在较高温度下生成焦炭。

煤热解过程中的化学反应是非常复杂的。包括煤中有机质的裂解，裂解产物中轻质部分的挥发，裂解残留物的缩聚，挥发产物在逸出过程中的分解及化合，缩聚产物进一步分解，再缩聚等过程。总的来讲包括裂解和缩聚两大类反应。从煤的分子结构看，可认为热解过程是基本结构单元周围的侧链和官能团等，对热不稳定成分不断裂解，形成低分子化合物并挥发出去。基本结构单元的缩合芳香核部分对热稳定，互相缩聚形成固体产品（半焦或焦炭）。

煤的热解过程一般可划分为以下6个阶段：

1. 干燥和预热：200℃以前是煤的干燥和预热阶段，同时析出吸附在煤中的CO_2、CH_4等气体，这一阶段主要是物理变化，煤质基本不变。

2. 开始分解：200～350℃煤开始分解。由于侧链的断裂和分解，产生气体和液体，350℃前主要分解出化合水，CO_2、CO、CH_4等气体，焦油蒸出很少。

3. 生成胶质体：350～450℃时由于侧链的断裂生成大量的液体、高沸点焦油蒸汽和固体颗粒，并形成一个多分散相的胶体系统，即胶质体，凡是能生成胶质体的煤都具有黏结性。

4. 胶质体固化：450～550℃时，胶质体中的液体进一步分解，一部分以气体析出，另一部分固化并与平面网络结合在一起，生成半焦。

5. 焦收缩：550～650℃时，半焦进一步析出气体而收缩，同时产生裂纹。

6. 生成焦炭：650～1000℃时，半焦继续析出气体。主要是苯环周围的氢析出，因而半焦继续收缩，平面网络间缩合、变紧，最后生成焦炭。在此阶段析出的焦油蒸汽与赤热的焦炭相遇，部分进一步分解，析出游离炭沉积在焦炭上。

煤的开始分解、胶质体生成及固化温度，随煤种不同而异，一般来说，随变质程度加深，开始分解温度、胶质体固化温度变高。

（二）煤的成焦机理

上面对煤的热解过程所做的一般概述只说明煤热解的基本情况，并不反映真正的热解动态，事实上热解过程中既存在侧链的断裂，同时也发生还原性的聚合、缩合作用，既存在键的断裂、聚合等化学反应，同时也发生热解产物（固体、液体和气体）所组成的分散体系中，不溶解颗粒的再分散及吸附分散介质的表面作用：既有化学键间的作用，又有由于被分解出气体不易透过胶质体而产生的压力作用等。因此，热解过程是由许多同时进行的过程所进行，热解过程的每一阶段也并非绝然分开，而是相互交叉的。再加上配合煤是有各种牌号的煤按照不同的比例组成的，因此加热时配合煤相互间更会发生极复杂的交叉的物理化学作用。对于这样一个复杂的矛盾过程，必须抓住主要矛盾和矛盾主要方面去研究煤的结焦机理。

下面从煤热解过程中，侧链的断裂和同时发生的聚合这一基本矛盾出发，讨论煤结焦过程的黏结和裂纹形成机理。

1. 黏结机理

大量试验研究表明，具有黏结性的煤在热解过程中都有胶质体形成，从煤开始热解到半焦形成，为结焦的第一阶段，即黏结阶段。在这一阶段由于煤大分子进行了剧烈的分解，所生成的液相超过了由于蒸馏与聚合、缩合反应所消耗的液体，因而液相不断扩大，并分散在各固体颗粒之间。继续进行热解，整个系统则发生了剧烈的聚合、缩合反应，使液相不断减少，气体不断产生，胶质体黏度急剧增加，直至液相最后消失，把各分散的固体颗粒黏结在一起，而固化形成半焦。在该过程中由于气体强行通过黏度大、不透气的胶质体而产生的膨胀压力又加强了固体颗粒间的黏结。

因此，黏结性的好坏取决于胶质体的数量、流动性和半焦形成前的热稳定性（可由胶质体的温度停留范围体现）。黏结性强的煤在黏结阶段应有足够数量的胶质体和适当的流动性（太大不利于膨胀压力的产生，太小不利于在各固体颗粒间的分散），以及较好的热稳定性。

低变质程度的煤（长焰煤、弱黏煤、气煤）或煤中稳定组，侧链长且含氧量高、热稳定性差，在较低温度下大部分胶质体被分解，半焦形成前剩下的胶质体数量少，不能填满残留的固体颗粒间的空隙，黏结性差。

中变质程度的煤（肥煤、焦煤）侧链适当且含量少，生成的液体多，热稳定性好，黏度适中，有一定流动性，也有一定的膨胀压力，能形成均一的胶质体，黏结性好。

高变质程度的煤（瘦煤、贫瘦煤）侧链短、数量减少，生成的液体量少，胶质体黏度大，不能填满残留固体间的空隙，黏结性也差。

除煤本身性质外，各种工艺条件对煤的黏结性也有影响，但属外部原因。

胶质体固化过程中，由于气体不易穿过胶质体，故在胶质体内聚积膨胀，当其压力大于胶质体的阻力时便逸出。此时，因胶质体逐渐固化，原来聚积气体的空间便形成了气孔，固化的胶质体与未分解的固体残留物结合在一起，形成了多孔的半焦。

2. 收缩机理

胶质体固化以后，继续加热将进一步分解并发生强烈的叠合、缩合反应。试验表明：胶质体固化后至焦炭形成尚分解出煤料挥发分的一半以上，因此半焦进一步强烈分解是焦炭收缩的根本原因。随着分解的进行，气体不断析出，碳网不断缩合，焦质变紧和失重，体积减小。因此半焦收缩过程同样是胶质体中大分子的侧链进一步断裂和碳网继续缩合的过程，只是收缩阶段断裂的侧链不足以形成液相，而呈气相逸出。碳网的缩合、增长是收缩阶段矛盾的主要方面。

焦炭是具有裂纹的多孔焦块，其质量取决于焦炭多孔材料的强度和焦块的裂纹。

焦炭的裂纹是由于收缩不均匀，有了阻碍均匀收缩的内应力所造成的。焦炭多孔材料阻碍收缩的过程越显著，则收缩过程的内应力越大，焦炭中越容易形成裂纹网。

当其他条件相同时，影响裂纹网的决定因素是由碳网缩合和增长所决定的收缩量及收缩速度。煤在结焦过程中，半焦的收缩速度不是恒定不变的，开始收缩速度逐渐增加至最大值后再减小，各种煤的收缩特性也不同，主要表现为随变质程度增加和挥发分减少，开始收缩温度增加，最大收缩值和最终收缩量减少。如半焦试样的开始收缩温度：气煤在400℃左右，肥煤稍高于400℃，焦煤接近500℃，瘦煤达550℃以上；半焦试样加热过程中的最大收缩值：气煤约3.0%，肥煤与气煤接近，焦煤约2.0%。此外，收缩量也和煤料黏结性有关，通常挥发分相同的煤料，黏结性越好，收缩量也越大。这是因为黏结性差的煤在胶质体固化形成半焦后，颗粒间不完全连接，因此收缩也不完全，即收缩量较小。

随着温度的增高，碳网尺寸增大，700℃以后，由于缩合反应剧烈进行，碳网迅速增大，且在空间的排列愈大愈规则，趋向于石墨化结构，最终形成具有一定强度的焦炭结构。

3. 中间相成焦机理

中间相成焦机理是煤或沥青经炭化过程转化为焦炭的相变规律。炭化时，随着温度升高，或在维温状态下延长炭化时间，煤或沥青首先熔融，形成光学各向同性的塑性体，然后在塑性体中孕育出一种性质介于液相和固相之间的中间相液晶。由于所形成的液晶往往是球状的，故得名中间相小球体。它在母体中经过核晶化、长大、融并、固化的转化过程，生成光学各向异性的焦炭。在炭化体系中，单体分子的大小和平面度，分子的活性和体系的黏度是决定中间相能否生成和长大的程度，以及所形成的焦炭光学组织大小的主要因素。炭化过程的升温速率、炭化时间、原料中的杂质和添加物以及对原料的预处理都对中间相转化有一定影响。研究中间相成焦理论对确定配煤方案、改善焦炭质量，特别是新型炭材料，如针状焦、炭纤维等的开发具有指导意义。

四、炼焦新技术

随着焦化行业的发展，我国的炼焦技术也得到了长足的进步，煤预热、调湿、配型煤技术等都取得了可喜的成绩。

（一）捣固炼焦技术

捣固炼焦是利用专门的粉煤捣固机械将散装煤捣固成致密煤饼，再由炭化室侧面装入，进行高温炭化的一种炼焦工艺。

捣固炼焦最早起源于盛产高挥发分、弱黏结性煤的德国南部的萨尔地区、法国东部的洛林地区、波兰南部及捷克东部地区。自1882年德国首次使用捣固炼焦以来，至今已有近130年的历史。20世纪70年代，德国开发了定点连续给料、多锤连续捣固的捣固装煤推焦机，使这一古老炼焦技术有了新的突破，获得了新生。

德国迪林根中央焦化厂于20世纪80年代初建设了 2×45 孔、炭化室为6.25m的世界最大的捣固焦炉；印度已有两座炭化室高4.5m的捣固焦炉；乌克兰也有炭化室高5m的捣固焦炉；波兰、捷克、罗马尼亚和法国有炭化室高 $3.6 \sim 3.8$ m的中型捣固焦炉。

我国是采用捣固炼焦技术较早的国家。解放前，鞍钢就建有5座考伯斯式捣固焦炉；解放后，曾有两座恢复生产；20世纪 $50 \sim 60$ 年代，我国在大连、抚顺和淮南先后建设了3.2m和3.8m捣固焦炉；$70 \sim 80$ 年代我国又在北台、镇江、佳木斯等地陆续建设了一些中小型捣固炼焦厂。

1993年，鞍山焦耐总院开发研制的凸轮摩擦传动双锤捣固机通过了冶金工业部的技术鉴定，把我国捣固炼焦技术提高到一个新的高度。近几年，国内已建成投产多座炭化室高4.3m、5.5m以及6.25m的捣固焦炉，捣固焦炭产能已达总产能的1/3。

1. 捣固原理

捣固炼焦工艺可以使煤料堆密度由散装煤的 0.72 t/m³ 提高到 $1.10 \sim 1.15$ t/m³，有利于提高煤料的黏结性。其原因是煤料堆密度增加，煤粒间接触致密，间隙减小，填充间隙所需的胶质体液相产物的数量也相对减少。也就是说由煤热分解时填充间隙所需的胶质体液相数量相对减少，即可以使更多的胶质体液相产物均匀分布在煤粒表面。进而在炼焦过程中，在煤粒之间形成较强的界面结合，从而提高焦炭质量。

捣实的煤料结焦过程中产生的干馏气体不易析出，煤粒的膨胀压力增加，这就迫使变形的煤粒更加靠拢，增加了变形煤粒的接触面积，有利于煤热解产物的游离基与不饱和化合物进行缩合反应。同时，热解产生的气体逸出时遇到的阻力增大，使气体在胶质体内的停留时间延长，这样，气体中带自由基的原子团或热分解的中间产物有更充分的时间相互作用，有可能产生稳定的、分子量适度的物质，增加胶质体内不挥发的液相产物，结果胶质体不仅数量增加，而且还变得稳定。这些都有利于增加煤料的黏结性。

2. 捣固特点

与顶装工艺相比，捣固炼焦具有以下差异：

（1）顶装炼焦工艺通过炉顶装煤车装煤，而捣固通过机侧推焦大车往炭化室内装煤；

（2）顶装靠重力从炉顶落入炭化室，它的堆密度约 $0.72t/m^3$，捣固工艺预先将煤样捣实，其堆密度可达 $1.10\sim1.15t/m^3$；

（3）顶装装煤煤料入炭化室后紧贴两侧炉墙，捣固炼焦送入的煤饼与两侧炉墙还有一定间隙；

（4）顶装炼焦的粉尘、荒煤气从炉顶冒出，捣固则通过煤饼与炭化室两侧之间间隙从机侧冒出；

（5）若炉型、主要规格相近，顶装工艺所需结焦时间较捣固工艺短。

3. 捣固炼焦的优势

（1）节约资源、降低成本

煤饼堆密度由顶装煤炼焦的 $0.72t/m^3$ 提高到 $1.1t/m^3$，煤料颗粒间距减小，煤饼堆比重增加，有利于多配入高挥发性煤和弱黏结性煤。节约了大量不可再生的优质炼焦煤，降低了生产成本。

（2）提高焦炭质量

同一配合煤在顶装与捣固两种工艺下炼焦，捣固炼焦可有效提高焦炭的机械强度和反应后强度，一般情况下，焦炭的抗碎强度 M_{40} 约提高 $5.6\%\sim7.6\%$，耐磨强度 M_{10} 约改善为 $2\%\sim4\%$，反应后强度 CSR 提高 $4\%\sim6\%$。

（3）环境保护方面的优势

与同规格的顶装焦炉相比，捣固焦炉出焦次数少、机械磨损少、劳动强度降低、改善操作环境和减少无组织排放的优点。

（4）经济效益显著

尽管捣固焦炉的捣固机和装煤车的投资高于顶装煤的机械费用，但是捣固煤饼的堆积密度比顶装煤高 1/3，故相同生产规模的焦炉，捣固焦炉可以减少炭化室的孔数或炭化室容积，单套机械的服务孔数也相应的增加，因此，捣固焦炉的总投资并不比顶装焦炉高。

捣固炼焦工艺可以比顶装煤炼焦工艺配入更多的高挥发分或弱黏结性的低阶煤，同时增加石油焦及焦粉的配入量，减少焦煤用量，原料煤的采购费用具有明显的优势，直接降低了焦炭的生产成本。

捣固焦炉焦炭质量提高，可相应提高销售价格，而其操作费用和动力消耗与顶装煤工艺基本相同，直接增加了销售收入。

捣固焦炉增加了焦炭的筛分粒度，相应增加了销售收入。

综上所述，捣固炼焦是一项节约能源、保护环境、自动化控制水平高、焦炭产量高、质量好的新型炼焦技术，符合我国煤焦工业发展方向，属国家鼓励发展的炼焦新技术。随着国内外能源，尤其是煤炭资源的日益枯竭和对环保要求的日益严格，捣固炼焦作为一种新兴的特种炼焦技术在国内外，尤其是在国内得到了较快的发展。运用科学的配煤方法，充分发挥捣固炼焦的优势，配入价格较低的弱黏结和不黏结煤，生产出合格焦炭，具有显著的经济效益和社会效益。

（二）煤调湿技术

焦炉入炉煤水分控制（Coal Moisture Control）技术（简称煤调湿或CMC）的前身是煤干燥技术，它是将炼焦煤料在装炉前除掉一部分水分，并保持装炉煤水分稳定的一项技术。CMC与煤干燥技术的区别是：煤干燥技术没有严格的水分控制措施，干燥后的水分随来煤水分的变化而改变，煤调湿技术有严格的水分控制措施确保入炉煤的水分恒定。CMC可使焦炉生产能力提高7%～8%，焦炉加热煤气耗量减少约1/3。CMC技术以其显著的节能、环保和经济效益受到普遍的重视，并得到迅速发展。日本于1983年开始应用此项技术，鉴于煤调湿技术所取得的效果好，且运行成本较低，因此，日本福山、君津等厂纷纷投产该技术。

现有的日本煤调湿装置以第二代煤调湿技术——蒸汽煤调湿装置为主，调湿煤量共有1900t/h，占日本调湿煤总量的82%，蒸汽都来自干熄焦发电后的二级蒸汽，蒸汽压力一般在0.07～1.2MPa之间，常用压力为0.5MPa，每吨调湿煤使用的蒸汽量约为70kg。

20世纪60年代煤调湿技术在我国有过较大的发展，鞍钢、本钢、首钢、太钢等焦化厂都曾进行过生产性试验，收到一定的增产、节能效果。但由于当时炼焦技术装备不够完善，同时对于煤干燥程度没有明确的目标值，有时出现过干燥，以致造成装炉困难、操作不顺、事故频繁等难题，因而相继停产。而有些小型焦化厂却能长期使用，取得了较好的效果。近年来，太钢、宝钢、济钢等又开始引进该技术，取得了一定的成果。

煤调湿技术的基本原理是利用外加热能将炼焦煤料在炼焦炉外进行干燥、脱水等措施对入炉煤的水分进行调节，以控制炼焦耗煤量、改善焦炉操作、提高焦炭质量。煤经过调湿后，装炉煤水分稳定，因焦炉在正常操作下的单位时间内供热量是稳定的，一定量煤的结焦热是一定的，所以装炉煤水分稳定有利于焦炉操作稳定，避免焦炭不熟或过火；装炉煤水分较常规装煤水分降低，有利于缩短结焦时间、提高加热速度，减少炼焦耗热量，进而有利于装炉煤堆密度增大、焦炉生产能力提高，改善焦炭质量或多配加高挥发分弱黏结性炼焦煤。

煤调湿技术的进展及其主要形式：

1. 最早的第一代煤调湿技术采用导热油回收焦炉烟道气的余热和焦炉上升管的显热，然后，在多管回转式干燥机中，导热油对煤料进行间接加热，从而使煤料干燥。该工艺热源来自上升管等处，节能效果好，但工艺复杂，设备维护困难，特别是夹套上升管在使用一段时间后，容易泄漏，泄漏的导热油进入炭化室后极易着火，对安全威胁较大。

2. 第二代煤调试技术采用蒸汽干燥煤料。主要是利用干熄焦蒸汽发电后的背压汽或工厂内的其他低压蒸汽作为热源，在多管回转式干燥机中，蒸汽对煤料间接加热干燥。这种技术对于干熄焦应用比较多且蒸汽富裕的焦化厂比较合适，工艺比较简单，操作维护也比较容易。

3. 第三代煤调湿技术用焦炉烟道气作为热源，其温度为180～230℃，抽风机抽吸焦炉烟道废气，送往流化床干燥机。与湿煤料直接换热后的含细煤粉的废气入袋式除尘器过滤，然后由抽风机送至烟囱外排。该种工艺流程短，设备少且结构简单，具有投资省、操作成本低，便于检修、占地面积小等优点。

4.CMC现已成为我国钢铁行业除CDQ以外重点开发并积极推广的技术。在《产业结构调整指导目录（2007年修订）》中有明确推荐。在国家发改委公布的《中国节能技术政策大纲》（2005年修订，征求意见稿）中明确提出"新建及改扩建焦炉应有入炉煤调湿和荒煤气显热回收技术装备……"、"炼焦入炉煤灰分、硫分、水分要求分别稳定在12%、1%、7%以下"。由此可见，煤调湿技术的推广和应用不仅可行，而且是势在必行。

（三）煤预热炼焦技术

将装炉煤预先加热到150～250℃后装炉，是炼焦煤准备的一种特殊技术措施，对扩大炼焦煤资源、改善和提高焦炭质量、增加生产能力和降低炼焦能耗等具有重要意义。

煤预热炼焦原理是将装炉煤在惰性气体载体中快速预热到煤软化温度以下（150～250℃），此时，装炉煤所固有的煤的性质无明显变化。但是这种预热煤在焦炉炭化室内随结焦过程的进行，其软化、熔融、热解、固化、收缩的过程发生了显著变化。研究表明：预热煤装入焦炉炭化室后，煤料的堆密度和炭化室煤料内部的传热情况发生了变化。炭化室内煤料堆密度比常规装炉增加10%～13%；且沿炭化室高度向上预热煤的堆密度较为均匀。

预热煤炼焦时，由于煤料软化前的加热速度增加和堆密度增加，故在炭化室内距炉墙不同距离处，所形成的塑性层比较厚，煤料在460～560℃的软化温度区间内温度梯度最小，即胶质层的停留时间较长，这些均有利于改善煤料的黏结性和提高焦炭质量。

综上所述，预热煤在焦炉炭化室内的变化主要为：

1.装炉煤堆密度增大而且均匀化。将煤加热到150～250℃后，煤颗粒表面的水分几乎脱尽，煤颗粒之间相对位移的阻力减小到最低限度，所以煤预热装炉时料流通畅，装入炭化室后能自动铺平并且紧密堆积，使装炉煤堆密度增加（约0.81～0.84t/m³），但预热煤温度过高时，由于装煤过程大量粗煤气析出及部分煤粒变黏，堆密度反而下降。

2.装炉煤的升温速度加快。由于煤预热后不含水分而且温度达到150～250℃，焦炉供给炭化室的热量不需要用于蒸发煤中的水分而是直接用于热解煤，单位时间内预热煤吸收的热量比湿煤多，使装炉煤的塑性层厚度增大、塑性改善、膨胀压力增大，所以，与常规炼焦相比，煤预热炼焦所得焦炭具有真密度大、气孔率低、机械强度高、反应性低、反应后强度高的优点。

（四）配型煤炼焦

配型煤炼焦是将一部分装炉煤料在装炉前配入黏结剂压制成型煤，然后与大部分散装煤按比例配合后装炉炼焦。

1. 基本原理

在炼焦过程中配加型煤块，提高了装炉煤堆密度（约提高10%），这样就降低炭化过程中半焦阶段的收缩，从而减少焦块裂纹；而在型煤块中添加了一部分黏结剂，从而改善了煤料的黏结性能，对提高焦炭质量有利。因此，配加型煤块后炼焦，可有效提高焦炭强度，改善焦炭质量，或在相似焦炭质量下，增加高挥发分煤配入量，降低生产成本，提高经济效益。

2. 影响因素

由于原料煤性质、工艺流程、型煤质量和型煤配比的不同，配型煤工艺对焦炭质量和焦炉操作的影响也各不相同。

（1）型煤配比的影响。一般情况下，型煤配比不超过50%时，配型煤的效果随型煤配入比的增加和煤料散密度的提高而增大，焦炭强度也随之得到改善；当型煤配比超过50%时，焦炭强度反而下降。

（2）原料煤性质的影响。由于原料煤性质不同，配型煤效果也有所差异。黏结性强的原料煤成型炼焦的效果不如黏结性弱的原料煤。而对弱黏结性煤而言，煤化程度高的低挥发分煤较煤化程度低的高挥发分煤有利。

（3）型煤强度与密度的影响。型煤的强度差，输送过程中容易破碎，装炉前产生的粉率增多，影响焦炭质量的改善。型煤密度也对焦炭质量有所影响，型煤密度越高，对焦炭质量改善越好，但当型煤密度超过 $1.2t/m^3$ 时，焦炭质量随型煤密度的提高反而下降。

（4）对焦炉操作的影响。煤料堆密度的提高，焦炉装煤量也增加，当型煤配比为30%时，装煤量可增加 7%～8%，结焦时间相应延长 6%～7%，焦炉产量没有明显提高。但在相同的情况下，推焦次数减少，对改善操作有利。

3. 配型煤工艺的特点

（1）在配煤比相同的条件下，焦炭强度有了明显改善。一般情况下，抗碎强度变化不大或稍有提高，耐磨强度 M_{10} 降低 2%～3%；

（2）在保持焦炭质量不降低的情况下，配型煤工艺强黏结性煤用量可减少 10%～15%；

（3）焦炭筛分组成有所改善，大于80mm级产率有所降低，80～25mm级显著增加（一般增加 5%～10%），小于25mm级变化不大，故提高了焦炭的粒度均匀系数。

综上而言，配型煤工艺是有效提高焦炭质量、降低生产成本的有效炼焦新工艺、新技术之一。

第三节 焦化污染物排放

一、煤焦化污染物排放

焦炉排放物是指在焦炭生产过程产生的颗粒、气态和气体化合物的混合物，一般包括无机化合物（如 CO、NO_x、SO_2 等）、有机物（如多环芳烃、甲醛、丙烯醛、脂肪醛，胺类、苯酚等）、重金属（如镉、砷和汞等）。炼焦污染物伴随整个焦炭生产过程，除焦炉排放物外，还包括废渣和炼焦废水等。一般的机械炼焦厂包括焦炭工段（生产过程包括焦煤洗选、焦煤装炉、冶炼、推焦和熄焦）和化产工段（包括焦炉煤气的纯化和一些化工产品的分离及硫氨等产品的生产）。机械炼焦焦炉生产工艺及污染物排放如图 1-1 所示。

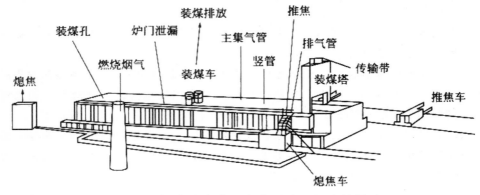

图 1-1　机械炼焦焦炉生产工艺及污染物排放

本节将重点阐述从装煤至熄焦过程中污染物排放情况。

洗精煤经配煤、粉碎后送入煤塔后用装煤车将煤塔备用的原料煤装入焦炉炭化室，隔绝空气于 950～1400℃ 高温干馏 15～30h，炼制成冶金焦或铸造焦。焦煤通过焦炉煤气在燃烧室燃烧供热进行焦化，焦化过程是从与焦炉壁接触的煤层开始逐渐向内靠近，焦煤经过熔融、膨胀、定型和凝结等过程而最终形成多孔状焦炭。炭化室由自产煤气和高炉煤气为燃料在加热室燃烧间接加热，废气由焦炉烟囱排入大气。炼制成的赤热焦炭由推焦车推出，经拦焦车导焦栅送入熄焦车中，将熄焦车牵引至熄焦塔。熄焦时有大量水蒸气和焦粉产生，废气经折流板捕雾除尘后排放大气，熄焦废水经沉淀后循环使用。熄焦后的焦炭送到晾焦台，继而送筛焦楼破碎筛分处理。

在焦煤焦化过程中，焦煤在熔融过程中持续放出荒煤气，它经集气管进入气液分离器将煤气及焦油和氨水分离。焦油、氨水和焦油渣混合液进入机械化氨水澄清槽进行分离。大部分氨水由循环泵送往焦炉，喷洒冷却煤气，剩余氨水送蒸氨塔，蒸氨塔蒸出的氨送至硫铵工段，废水进行生化处理。煤气经横管冷却器间接冷却，将大部分焦油、萘等冷凝下来，进入冷凝液槽，之后煤气经过脱氨和脱苯工序后形成煤气供炼焦过程和化产工序及外卖。

装煤过程中，进入高温炭化室的冷煤骤热喷出煤尘和大量烟尘、硫氧化物、苯并［a］芘等污染物，它们一般以无组织状态排放。炼焦过程中，由于炭化室内压力一般保持在 10～15mmH₂O 柱，产生的荒煤气将从炉门、炉顶加煤口、上升管及非密封点泄漏。在推焦过程中，炽热的焦炭从炭化室推出与空气骤然接触会生成 CO、CO_2、C_xH_y 和尘等污染物，同时对环境产生热污染。目前国内机焦生产中大都采用湿式熄焦，该过程红热焦炭与水直接接触，产生尘和烃类化合物等污染物，同时也有含有大量悬浮物、酚、氰等污染物的废水产生。此外在荒煤气冷却过程及煤气脱硫、洗氨、洗苯等化产回收净化过程中产生外排废水也含有大量的污染物，是炼焦污染排放的重要途径之一。

土焦炉和热回收焦炉的焦化生产同样经过装煤、焦化、熄焦过程，不同的是它们一般为冷态装煤、焦化时间很长，一般为10～24d。土焦炉是在露天生产的，焦化过程中通过焦煤燃烧来供热，由于没有任何烟气排放系统，焦煤燃烧释放的气体被直接排放而弥散在焦炉周围，属典型的点污染源。改良焦炉是在密封炉体内生产，焦化过程释放的荒煤气除部分为炼焦供热外，其余被直接排放。与改良焦炉不同，热回收焦炉虽然也是在密封炉体内焦化，但由于炼焦过程焦炉呈负压和二次燃烧室的设置，监测显示整个过程污染物经以无组织和尾气的形式排放的量都小。机焦炉实行了燃烧室和炭化室分离，采用焦化过程释放的煤气来供热，而且在装煤和出焦过程有尾气处理设备，污染物排放较小。

二、焦化污染物的环境与健康影响

炼焦生产释放污染物是焦化厂区污染和周围大气污染的重要来源。据Romund-stand等报道，1964～1988年在挪威炼焦厂生产运转期间，焦炉顶空气中多环芳香烃（PAHs）、炭颗粒和石英颗粒浓度均值分别高达（300±254）$\mu g/m^3$、（16.2～18.2）mg/m^3，$240mg/m^3$；另外还含有大量的一氧化碳、砷、苯及苯并[a]芘等。炼焦空气污染物通过扩散和烟囱输送对周围地区大气构成了严重危害。王广康等对山西太原炼焦厂生产环境空气中苯并[a]芘浓度进行过测定，发现炉顶空气浓度均值为$6.48\mu g/m^3$，炉旁为$1.55\mu g/m^3$，都显著高于非炼焦区的$0.74\mu g/m^3$。据测定焦炭生产地区TSP，SO_2、BaP日均最大值超过了GB 3095—1996《环境空气质量标准》二级标准值的10倍、2.5倍和11.1倍，离焦炉2km以上的地方的苯溶性成分（BSO）浓度几何均值也高达10（1～37）$\mu g/m^3$。

目前关于暴露剂量风险评价的研究主要集中于两个方面：生物监测指标的研究，以全面评价个体在环境中的暴露状况；健康风险评价的研究，以制定合理的环境卫生标准和法规。研究表明血浆苯并[a]芘及代谢产物1-羟基芘是反映人体接触PAHs的灵敏指标。在城市职业燃煤环境和室内小煤炉采暖的环境中，用人尿中1-羟基芘作为人体接触环境中PAHs的指标获得了良好的结果。赵振华等对人体接触PAHs指标的应用做过比较全面、系统、深入的研究，并分析评价了警察、炊事员、清洁工、铝厂工人尿中的1-羟基芘含量及其职业暴露的相关关系，结果表明尿中1-羟基芘的浓度与空气中BSO有很好的正相关。炼焦车间的研究显示血浆苯并[a]芘浓度与空气苯并[a]芘浓度呈高度正相关，而且血浆苯并[a]芘浓度与炼焦作业工龄有明显的线性关系。此外，焦炉工人的尿检显示，值班前、后尿中1-羟基芘浓度及值班后尿1-羟基芘浓度增加值都与工作环境空气中的BSO浓度呈高度正相关，职业性BSO暴露水平是值班后尿1-羟基芘改变的唯一预报因素，工作环境空气中的BSO增加10倍，尿1-羟基芘浓度大约增加2.5倍。结合职业接触史和环境暴露状况，测定尿1-

羟基芘浓度和血浆苯并［a］芘浓度可作为评价暴露于炼焦污染物的有效生物学标志。

受高浓度炼焦污染物的长期暴露必将对工人健康带来危害。多数研究用血清 ALT 活性、DNA 潜在损伤和修复能力及淋巴细胞微核率等指标评价了炼焦污染物长期暴露的健康影响。研究显示焦炉顶工人血清 ALT 活性升高，DNA 修复能力降低和细胞微核阳性率增高。微核阳性与血浆苯并［a］芘浓度之间存在着剂量－效应关系，苯并［a］芘浓度越高，微核阳性越多，表明炼焦工人长期吸入含苯并［a］芘黄等有害物质的空气，会对淋巴细胞微核率造成影响，导致细胞遗传学损害，甚至会引发癌基因表达，进而发生癌症。除了生物学指标，流行病学调查也用于炼焦污染的健康危害调查，结果显示炼焦工人皮肤角化、黑变病、痤疮、光毒性皮炎、继发色素沉着等皮肤病发病率高达 80.7%，并且随着炼焦工龄的增长而上升。炼焦工人的皮肤病发病率按照炉顶、炉旁和炉底的顺序递减，与炼焦环境空气中有害物质浓度呈较好的剂量－反应关系，证实炼焦散发出来的有害物质能增加全身各系统疾病患病率。长期的调查显示焦化厂区居民各种癌症的患病率有显著上升，以心血管疾病和癌症死亡率升高最为明显，呼吸系统疾病死亡率也有一定数量的增加。炼焦所致的空气污染不仅能够直接影响炼焦工人的健康，而且对炼焦炉周围居民的生存也具有重要的不利影响。

炼焦生产是世界能源转化的重要形式，生产过程的污染物排放、焦化厂及附近地区污染物暴露和焦化污染物的健康危害是目前研究重点。国内外开展了大量的研究报道炼焦污染物排放，具体表现如下。

中国对炼焦污染的汞、SO_2 及 NO_x，排放做了估计。土法炼焦过程生产每吨焦炭将有 $300 \sim 500 m^3$ 废气排放，含烟尘 5kg、CO 0.33kg、SO_2 0.2kg、H_2S 0.54kg、苯系物 0.16kg，在焦炭主产区内不足 $60 km^2$ 的地方炼焦排放的烟尘达 5514t/a、SO_2 2006t/a、BaP 42kg/a。蒋靖坤等报道了中国炼焦汞排放因子为 Hg^0 0.07μg/g、Hg^{2+} 0.58μ/g、Hg^p 0.35μg/g，炼焦过程 37% 的汞进入焦炭和煤焦油中。焦化生产对焦炭产区的环境质量造成了严重危害。我国国家环保总局的数字显示炼焦主产区 BaP 浓度高达 $64 ng/m^3$。由于没有脱硫设备，炼焦 SO_2 排放占山西省硫排放总量的 30% 以上，炼焦过程排放的 NO_x 的排放因子为 0.37kg/t，受此类污染物的影响太原市 SO_2 和 NO_x 浓度高达 $101 μg/m^3$ 和 $272 μg/m^3$。

焦化生产是 PAHs 等半挥发性污染物的重要来源，进行的研究工作包括炼焦生产过程中 PAHs 组成特征、排放估计和焦炉工人暴露与健康评价。国外开展大量工作研究焦炉释放的 PAHs 及其对焦炉工人的健康影响。德国计算了焦化 BaP 排放因子为 60mg/t 焦，而新建焦化厂该值降低到 40mg/t 焦。研究表明焦化厂空气中的各 PAHs 的相对含量是稳定的，因而可以通过某个化合物的检测来估计 PAHs 的暴露。流行病学调查显示尿中的 1-羟基芘可以有效反映总 PAHs 的暴露和内摄入量。Pyy 等发现上班过程焦炉工人尿液中的 1-羟基芘浓度缓慢升高，但是它和空气中 PAHs 浓度相关性较小，说明在低浓度暴露下不能用焦炉空气中的 PAHs 的浓度预测尿液中 1-羟基芘水平。中国焦化厂监测显示炼焦 PAHs 排放量高于民用燃煤和石油沥青，而且炼焦 PAHs 组分特征不同于民用燃煤和交通排放，可以用于源解析。Lindstedt and sollenberg（1982）根据检测到的BaP浓度将炼焦职业暴露分为四个级别，焦炉顶和某些工段的工人暴露都高于$1\mu g/m^3$。国内通过焦化厂不同生产工段采样分析发现焦化厂区12种PAHs浓度之和高达$11.75\sim46.66\mu g/m^3$（BaP $0.050\sim1.054\mu g/m^3$），且出焦处和焦炉顶浓度高于大门口和熄焦处及煤烟和交通干线中的报道值。

焦化生产过程除主产品焦炭外，还包括由含氢气55%～60%、甲烷23%～27%、一氧化碳6%～8%（体积）和少量挥发性有机化合物等组成的焦炉煤气。EPA在AP-42因子终报告中在统计美国焦化厂污染物排放基础上对炼焦过程NMHC排放和各生产过程分担做了描述，不过他们将此类因子定为C类，说明本身具有很大的不确定性。故而，Klimont等2002年运用该因子估算了中国炼焦挥发性有机物（VOCs）的排放量并不能真正反映中国炼焦排放的VOCs现状。中国是焦炭生产大国，目前除国家政府部门有一些炼焦焦炉煤气排放的估计外，尚无关于炼焦非甲烷碳烃化合物（NMHC）方面的学术研究报道。国家发改委估计山西等地由于土法炼焦每年有200亿立方米的焦炉煤气外排，如果照此估算土法炼焦的甲烷和NMHC排放将达到很大排放量，它对地区污染的负担是不可忽视的。

第四节 炼焦配煤和焦煤洗选

一、炼焦用煤准备

不同变质程度的煤各有其特点，为了得到不同组分和性质的焦炭，需要将不同煤中按照一定比例混合起来，利用各种煤在性质上的相辅相成，满足冶金等行业的生产要求。根据我国煤炭资源的具体情况，采用配煤炼焦既可以合理利用各地区炼焦煤的资源，又是扩大炼焦用煤的基本措施之一。研究各单种煤的特性以及它们在配煤中的相容性是配煤技术的关键。

（一）煤的种类和性质

煤按照在炼焦过程中的性状，可以分为炼焦煤和非炼焦煤。炼焦煤是指用单种煤炼焦时，可以生成具有一定块度和机械强度的焦炭的煤。这类煤具有黏结性，主要供炼焦用。烟煤中的气煤、肥煤、气肥煤、1/3焦煤、焦煤和瘦煤都属于炼焦煤。非炼焦煤在单独炼焦时不软化、不熔融、不能生成块状焦炭。这类煤没有或仅有极弱的黏结性，一般不作为炼焦用煤，但是当配煤中黏结组分过剩或需要生产特殊焦炭（例如铸造焦）时，可以配入少量非炼焦煤，

作为瘦化剂使用。褐煤、无烟煤以及烟煤中的长焰煤、不黏煤和贫煤都属于非炼焦煤。具体性质如下。

1. 无烟煤（WY）

无烟煤是变质程度最高的煤种，特点是硬度高，密度大，燃点高，挥发分低，无黏结性，燃烧时无烟或少烟，加热至高温也不结成焦炭，可作为炼焦配煤中的瘦

化剂少量配用。与较肥的煤配合进行炼焦，但无烟煤需经过细粉碎。一般不提倡将无烟煤作为炼焦配料使用。

2. 贫煤（PM）

贫煤属变质程度最高的烟煤，不黏结或微黏结，在层状炼焦炉中部结焦。但可以作为瘦化剂少量配入，与肥煤结合炼焦，但必须粉碎。

3. 贫瘦煤（PS）

贫瘦煤是具有一定黏结性的较高变质程度的烟煤，结焦性比典型瘦煤较差，但在配煤炼焦中配入一定比例时也能起到瘦化作用。

4. 瘦煤（SM）

该煤的变质程度高，挥发分较低，炼焦时仅能产生数量较少的胶质体，能单独结成块度大，裂纹少、抗碎强度较好的焦炭，但焦炭耐磨强度较差，作为配煤使用主要起增大焦炭块度和一定的瘦化作用。

5. 焦煤（JM）

焦煤具有中等挥发分与中等胶质层厚度，加热时能产生稳定性很高的胶质体。单独炼焦时能获得块度大、裂纹少，抗碎程度和耐磨强度很高的优质焦炭。但单种煤炼焦时由于膨胀压力大，易损坏炉壁和使推焦困难，所以常用于配煤炼焦，它可以起到提高焦炭机械强度的作用。

6. 肥煤（FM）

该煤为中等变质程度的烟煤，其挥发分范围较广，加热时能产生大量的胶质体，胶质层厚度 $Y>25mm$。肥煤单独炼焦时能产生熔融性良好的焦炭，但有较多裂纹，在焦根部分有蜂焦。焦炭的抗碎强度和焦煤炼出的焦炭相似，耐磨强度比相同挥发分的焦炭炼出的焦炭还好。肥煤一般是配煤炼焦的基础煤，它可以多配用弱黏结煤或不黏结煤。

7. 1/3焦煤（1/3JM）

相当于原中国煤炭分类方案中的2号肥气煤及部分2号肥焦煤，是介于焦煤、肥煤和气煤之间的过渡煤种。单煤种炼焦时能产生质量较好的焦炭。焦炭的抗碎强度近于肥煤焦，耐磨性稍微低于肥煤焦而明显高于肥焦煤和气焦煤。故它可单煤种炼焦供中型高炉使用，是良好的配煤炼焦的基础煤之一。某些1/3焦煤的结焦性能很好，可适当多配加使用。

8. 气肥煤（QF）

气肥煤是一种挥发分和胶质层厚度都很高的强黏结性炼焦煤，有人称之为液肥煤。单独炼焦时能产生大量气体和液体化学产品，焦炭的强度高于气煤焦而又低于肥煤焦。它适于高温干馏作城市煤气的原料，也可配煤炼焦，以增加焦化厂的化学产品的产率。

9. 气煤（QM）

气煤是一种变质程度较低的炼焦煤，其挥发分主要为28%～37%，$Y>9～25mm$ 和挥发分>37%，$Y>5～25mm$ 两个区域，因而其性质差别较大，加热时能产生较高的煤气和较多的焦油。胶质体的热稳定性低于肥煤，也能单独炼焦。但焦炭的抗碎强度和耐磨强度较其他炼焦煤稍差。焦炭多呈细长条状，易碎，并由较多的纵裂纹。在配煤炼焦时多配入煤气，能增加产气率和化学产品产率，也可以单独高温干馏制成城市煤气。在配煤炼焦过程中，气煤可以减缓炼焦过程中的膨胀压力和增加焦饼收缩。

10.1/2 中黏煤（RN）

该煤属于中等黏结性的中高挥发分烟煤。其中有一部分煤在单煤种炼焦时能结成一定强度的焦炭，但其焦炭强度一般都较差，粉焦率高，故可作为配焦炼焦的原料适当配入。此种煤主要作为气化用煤或动力煤使用。

11. 弱黏煤（RN）

弱黏煤是一种黏结性较弱的从低变质到中等变质的烟煤。加热时产生的胶质体较少，炼焦时有的能结成强度很差的小块焦，有的只有少部分能结成碎屑焦，粉焦率很高。因此这种煤多适宜作气化原料煤和电厂、机车、工业锅炉燃料，有时考虑某地区的弱黏煤具有低灰低硫特点以及考虑降低炼焦成本时，可少量使用。

12. 不黏煤（BN）

不黏煤多是在成煤初期已经受到相当程度氧化作用的低变质程度到中等变质程度的烟煤。加热时不产生胶质体，煤的水分大，有的还含有一定量的次生腐殖酸，含氧量高，有的高达10%以上。主要作为气化、发电用煤，也可作动力和民用燃料，一般不作炼焦配料。

13. 长焰煤（CY）

长焰煤是变质程度最低的烟煤，其挥发分高达37%以上，从无黏结性到弱黏结性均有。其中最年轻的还含有一定数量的腐殖酸，储存时易风化碎裂。其中煤化程度较高的长焰煤加热时能产生数量极微的胶质体，也能结成细小的长条形焦炭，但焦炭强度很差，粉焦率高。因此，长焰煤一般作为气化、发电、蒸汽机车、工业窑炉等的原料和燃料。在某些长焰煤多的地区且炼焦煤料较"肥"时，可少量配加质量较好的该煤种。

14. 褐煤（HM）

褐煤分为透光率 PM>30%～50% 的年老褐煤和 PM≤30% 的年轻褐煤两类。其特点是水分大、密度较小、挥发分高、不黏结、热值低，含有不同数量的腐殖酸，煤种含氧量常高达15%～30%左右，化学反应性强，热稳定性差，块煤加热时破碎严重，存放在空气中易风化变质，碎裂成小块甚至粉末。可通过直接成型或热解半焦加热黏结剂成型炼制型焦以及将其热解半焦配入作炼焦瘦化剂使用。

（二）炼焦配煤

1. 配煤指标

不同用途的焦炭对配煤的质量指标要求不同。中国的配煤方案是以气煤、肥煤、焦煤和瘦煤四种煤为基础煤按照一定比例配合确定的。但由于中国炼焦煤资源分布不均衡，不可能在所有地区满足四种煤配合的原则，因而开发了各种配煤技术如用配煤质量指标确定配煤方案。在进行炼焦配煤操作时，对配合煤的主要质量指标要求包括：化学成分指标，即灰分、硫分和磷含量；工艺性质指标，即煤化度和黏结性，煤岩组分指标；工艺条件指标，即水分、细度、堆密度等。

（1）配合煤的灰分

煤中灰分在炼焦后全部残留于焦炭中。

配煤的灰分指标是按焦炭规定的灰分指标经计算得来的，即：

配煤灰分（A煤）=焦炭灰分（A焦）×全焦率（K，%）

不同用途的焦炭对灰分的要求各不相同，一般认为，炼冶金焦和铸造焦时，配合煤灰分为7%～8%比较合适；炼气化焦时，则为15%左右。

（2）配合煤的硫分

随焦炭带入高炉中的硫占全部炉料中硫的大部分，因此，炼焦配合煤的硫分应控制在规定的指标以下。煤中硫分约有60%～70%转入焦炭。因配合煤的产焦率为70%～80%，故焦炭硫分约为配合煤硫分的80%～90%。由此可根据焦炭对硫分的要求计算出配合煤硫分的上限。

（3）配合煤的磷含量

由于含磷高的焦炭将使生铁冷脆性变大，因此生产中要求配合煤的含磷量低于0.05%。中国的冶金焦和铸造焦出口时，外商对磷含量的要求十分严格。气化焦对磷含量一般没有特殊要求。

（4）配合煤的煤化度

表述煤的变质程度量常用的指标是其挥发分 V_{daf} 和平均最大反射率 $\bar{R}_{max}$，两者之间有密切的联系。确定配合煤的煤化度控制值应从需要、可能、合理利用资源、经济实效等方面综合权衡。配合煤的挥发分对焦炭的最终收缩量、裂纹度及化学产品的产量、质量有直接影响。从兼顾焦炭质量以及焦炉煤气和炼焦化学产品产率出发，各国通常将装炉煤挥发分控制在28%～32%范围内。制取大型高炉用焦炭的常规炼焦配合煤，煤化度指标控制的适宜范围是 $\bar{R}_{max}=1.2\%～1.3\%$，相当于 $V_{daf}=26\%～28\%$。但还应视具体情况，并结合黏结性指标的适宜范围一并考虑。气化焦用煤的挥发分应大于30%。

（5）配合煤的黏结性

配合煤的黏结性指标是影响焦炭强度的重要因素。各国用来表征黏结性的指标并不相同。常用的黏结性指标有煤的膨胀度b煤的流动度MF，胶质层最大厚度y、最终收缩度X和黏结指数G。这些指数值大，表示黏结性强。多数室式炼焦配合煤黏结性指标的适宜范围有以下数值：最大流动度MF值为70（或100）～103ddpm；奥-阿膨胀度≥50%；最大胶质层厚度y为（17～22）mm；G为58～72。气化焦对配煤的黏结性指标要求较低。配合煤的黏结性指标一般不能用单种煤的黏结性指标按加和性计算。

（6）配合煤的煤岩组分

配合煤中煤岩组分的比例要恰当。配合煤的显微组分中的活性组分应占主要部分，但也应有适当的惰性组分作为骨架，以利于形成致密的焦炭，同时也可缓解收缩应力，减少裂纹的形成。惰性组分的适宜比例因煤化度不同而异，当配煤的平均最大反射率 $\bar{R}_{max}<1.3$ 时，以30%～32%较好；当 $\bar{R}_{max}>1.3$ 时，以25%～30%为好。采用高挥发分煤时尚需考虑稳定组含量。

（7）配合煤的水分

无论炼制何种焦炭，配合煤的水分一般要求在7%～10%之间，并保持稳定，以免影响焦炉加热制度的稳定。对生产来说，水分高将延长结焦时间，配合煤的水分每增加1%，结焦时间需延长20min，从而降低产量，增加耗热量。其次配煤水分过高，产生的酚水量增加。此外，在一般细度的条件下，当配合煤水分为7%～8%时，堆密度最小，对煤进行干燥可使堆密度增加，从而改善煤料的黏结性。

（8）配合煤的细度

细度是量度炼焦煤粉碎程度的一种指标，用小于3mm粒级煤占全部配合煤的质量百分率来表示。各国焦化厂都根据本厂煤源的煤质和装炉煤的工艺特征确定细度控制目标。将煤粉碎到一定细度，可以保证混合均匀。从而改善焦炭内部结构的均匀性。但是，粉碎过细会降低装炉煤的黏结性和堆密度，以至于降低焦炭的质量和产量。在配合煤中，弱黏结性煤应细粉碎（如气煤预破碎或选择粉碎工艺），强黏结性煤细度不要过高，有利于提高焦炭的质量和产量。一般对配合煤细度控制范围为：常规炼焦时小于3mm粒级量为72%～80%；配型煤炼焦时为85%左右；捣固炼焦时为90%以上。控制配合煤细度的措施主要有：正确选用煤粉碎机；在粉碎前筛出粒度小于3mm的煤，以免重复粉碎。

（9）配合煤的堆密度

该质量控制指标是指焦炉炭化室中单位容积煤的质量，常以kg/m3表示。配合煤堆密度大，不仅可以增加焦炭产率，而且有利于改善焦炭质量。但随着堆密度的增加，膨胀压力也增大，而配合煤膨胀压力过大会引起焦炉炉体破坏。因此，提高配合煤堆密度以改善焦炭质量的同时，要严格防止膨胀压力超过极限值，一些国家对膨胀压力极限值视试验条件不同而不同，其范围在10～24kPa内波动。

提高堆密度的途径主要有：合理控制煤的水分和粒度分布；采用煤捣固工艺、煤压实工艺、煤干燥工艺、煤预热工艺或配型煤工艺等。

2. 配煤方法

为了使配合煤符合上述基本质量指标要求，从而保证焦炭质量，并有利于焦炉操作和合理利用炼焦煤资源，应采用如下经验方法进行配煤。

（1）正常情况

在配合煤中，挥发分为20%～30%的强黏结性煤一般不能低于55%～60%。这部分煤是生产优质焦的必要条件，是配合煤中的基础煤，其余40%～45%的配入煤可以参照以下原则选定。

①低挥发分配入煤 以挥发分小于20%的低挥发分煤为主要的配入煤时，可得到典型的中、低挥发分配合煤。这种配合煤炼制的焦炭结构致密，强度高，反应性低。为了减小炼焦时的膨胀压力，可配入少量挥发分为30%以上、黏结性中等的高挥发分煤，当炼制优质高炉焦和铸造焦时，常选用这类配合煤。

②高挥发分配入煤 以挥发分大于30%的高挥发分煤为主要配入煤时，应考虑其黏结性具体情况，以挥发分在30%～37%之间，具有中等或较好黏结性，胶质体软固

化温度区间宽的高挥发分煤为主要配入煤可得到典型的中、高挥发分配合煤。这种配合煤炼制的焦炭冷态强度好，但反应性略高，内裂纹多，热稳定性较差。改善的办法是添加少量抗裂剂，如低挥发分煤、半焦或延迟焦粉。这种配合煤中如有一定比例的焦煤时也可生产出优质焦炭。在中国，挥发分大于37%的高挥发分煤可选性好，存品得到低灰低硫的精煤，若配合适当是可以利用的。

（2）某些特殊情况

在受煤的资源限制，某些煤种缺乏时，或对焦炭强度要求不高，或有特殊要求时，应采取以下配煤方法。

①焦煤不足时，应增加挥发分为26%~30%的肥煤用量。这时不宜再多用高挥发分煤，如有黏结性较好的低挥发分煤，则用肥煤与这种低挥发分煤为主的配合煤，也可得到强度和理化性能较好的焦炭。

②有时为了降低配合煤的灰分和硫分，需配入低灰、低硫的弱黏煤。或因缺乏瘦煤资源，而不得不用贫瘦煤或贫煤代替时，必须增加黏结性好、并能与这些黏结性差的煤相容的肥煤，才能保证焦炭强度。

③铸造焦要求块度大、气孔率低，在配煤中应配入一定量的瘦化剂（抗裂剂），以减少裂纹生成。为了保证煤料的黏结性，必须有一定量的基础煤（焦煤和肥煤），必要时还需加入少量黏结剂，如沥青等。

④气化焦、化工用焦、小高炉用焦等对强度的要求不高，这时基础煤数量可以减少，可多配一些高挥发分或黏结性较差的煤。有对可以利用挥发分为28%~35%的煤单独炼焦。有的焦炭如电石用焦、铁合金焦等要求比电阻高，活性大，选时应多用高挥发分煤，甚至全部采用中等黏结性的高挥发分煤。

⑤当炼焦用煤的资源受到限制，致使配合煤的固有质量不够理想时，可在炼焦煤准备过程中采用某些预处理技术，以改善配合煤的性质或改善结焦条件，从而提高焦炭质量。常用的预处理技术有煤捣固工艺、配型煤工艺、煤干燥工艺、煤预热工艺和炼焦煤粒度、水分调整技术等。

二、煤炭洗选

（一）煤炭洗选的重要性

煤炭的洗选是根据煤中各组分的密度、表面物理化学性质以及其他性质的差异而分选成不同质量产品的加工过程。选煤的主要任务是清除煤中的无机物质，降低煤的灰分和硫分，改善煤质。因此，选煤是洁净煤技术的基础和源头，具有重大的社会效益和经济效益。

对动力用煤、化工用煤及民用煤，灰分都是有害的。煤炭燃烧时，其中的绝大部分矿物质不仅不产生热量，反而要吸收一部分热量随炉灰排掉。动力煤灰分每增高1%，大约要多消耗2.0%~2.5%的煤炭。我国电厂粉煤锅炉燃原煤热效率一般为28%左右，如改燃洗选后的煤，热效率可提高到35%。我国炼焦煤可选性总的特点是高灰难选，已严重影响炼焦精煤质量的提高，多年来我国炼焦精煤平均灰分波动在

10%左右。例如，炼焦煤灰分每降低1%可使炼出的焦炭灰分降低1.33%。在炼铁过程中，焦炭灰分每降低1%，高炉焦炭消耗量可减少2.66%，同时少用4%的石灰石。生铁产量还可提高2.6%～3.9%。煤中的硫分也是危害极大的成分。硫分在燃烧过程中产生SO_2、SO_3、H_2S等酸性气体严重污染大气。洗选1亿吨原煤，一般可减少燃煤排放$SO_2$100万～150万吨。

我国煤炭资源90%以上储存在长江以北，北煤南运，西煤东运的局面将长期存在。不加洗选，直接运输原煤，其中运输了大量有害的"矸石"，造成大量运力和运费的浪费。

综上所述，煤炭的洗选加工是非常重要的，它可以提高煤炭的质量，增加企业效益，满足用户对商品煤质量的要求，提高煤炭利用的热效率；它可以减少无效运输，大量节省运力和运费，更为重要的是它大大利于环境保护，提高煤炭的社会效益、经济效益。

（二）选煤厂的构成与分类

选煤厂对煤的加工处理大致可分为3个作业。

1. 准备作业对原煤进行筛分、破碎、拣矸等环节，为分选作业准备好粒度适当的原煤。

2. 分选作业使用各种分选机械，使煤和矸石、矿物杂质分离，分成不同产物。

产物处理作业对选后的各类产品进行脱水、浓缩、过滤、压滤和干燥等，最终把选后产物收集成不同产品。

按照选后精煤的供应对象，选煤厂可分为炼焦煤选煤厂和动力煤选煤厂两种类型。炼焦煤选煤厂主要产品是供炼焦用的精煤，副产品是中煤和煤泥。一般对入厂原煤的块煤和煤粉都要进行选别处理。动力煤选煤厂的产品主要作为发电、运输或民用燃料。这类选煤厂大多数选择6～13mm以上的块煤，对6～13mm以下的末煤和煤泥不做精选，因此动力煤选煤厂的工艺流程一般比较简单。

选煤厂是一个机械化的连续生产系统，一个大型的现代化选煤厂一般都拥有数百台大、中型机械设备。

（三）煤炭洗选

1. 重介质选煤

（1）重介质选煤原理

重介质选煤是用密度介于煤与矸石密度之间的液体作为分选介质的选煤方法。目前，国内外普遍采用磁铁矿粉与水配制的悬浮液作为选煤的分选介质。此外，一些国家还采用砂子、黏土、矸石粉或浮选尾矿等作为加重质配制成悬浮液。重介质选煤具有分选效率高、分选密度调节范围宽、分选粒度范围宽、生产过程易于实现自动化等优点。但它的缺点是增加了加重质的净化回收工序，设备磨损比较严重。重介质选煤的主要适用范围是用于排矸、分选难选煤以及脱除煤中黄铁矿。

重介质选煤是应用阿基米德原理，即"物体在介质中所受的浮力，等于该物体所排开同体积介质的重量"。因此，物体在介质中的重量G_0可由下式计算：

$$G_0 = V (\delta - \Delta) g = \frac{\pi d^3 (\delta - \Delta) g}{6}$$

式中 V——物体的体积，m^3；

Δ ——介质的密度，kg/m^3；

δ ——物体的密度，kg/m^3；

g——重力加速度，m/s^2；

d——物体的当量直径，m。

由上式可知，物体在介质中所受重力 G_0 的大小与物体的体积、物体与介质间密度差成正比；G_0 的方向只取决于（$\delta - \Delta$）值的符号。凡密度大于分选介质密度的物体，G_0 为正值时，物体在介质中下沉；反之，G_0 为负值时物体上浮。

煤粒在重介分选机中的分层规律只取决于它的密度。但是其分层速度却与煤粒粒度以及煤粒与介质的密度差有关，粒度越大，密度差越大，煤粒的分层速度越快，所需要的分层时间就越短。反之，分层速度就越慢，所需要的分层时间就越长，所以采用重介质选煤时对块煤和末煤要分别处理。

（2）重介质分选机

重介质分选机的作用是把原料煤置于一定密度的悬浮液中，按密度将其分成两种或三种产品。重介质分选机的种类很多，如块煤重介质分选机分为斜轮分选机、立轮分选机和筒型分选机等；末煤重介质分选机有重介质旋流器等。下面介绍两种重介质分选机。

①斜轮重介分选机是目前我国选块煤应用最广泛的一种设备。其优点是：分选精确度高；分选粒度范围宽，分选粒度上限为200～450mm，最大可达1000mm，下限为6～8mm；处理量大，槽宽1m的分进机，处理量为50～80t/h。所需悬浮液循环量少，约0.7～1.0m^3/（t·入料），分选槽内介质比较稳定，分选效果良好。这种分选机的缺点是外形尺寸大，占地面积大，只出两种产品。

②立轮重介分选机也是目前应用较广泛的分选机，其工作原理与斜轮分选机基本相同，所不同的是提升轮垂直安置在分选槽内，与斜轮分选机相比，具有结构紧凑、占地面积小、传动机构简单、提升轮的磨损较轻等优点。目前，国内外应用的立轮分选机的类型较多，其主要部件提升轮和分选槽的结构大体相同，但提升轮的传动方式不同，如太司卡分选机采用圆圈链条链轮传动；我国JL型立轮分选机采用棒齿圈传动；迪萨型立轮分选机则采用悬挂式胶带传动。

（3）悬浮液的回收与净化

原煤经重介质分选后，其产物混有大量介质，必须脱除，介质要经过再生处理后回收循环再用。为使回收悬浮液的性质符合要求，还需对它进行净化浓缩。所以，悬浮液的回收与净化是重介质选煤流程中的一个重要组成部分。

经重介质分选后的产品和悬浮液混合物，一般要经两段脱介。先在脱介筛第一段脱介，为了增加脱介能力，往往在第一段脱介筛前加固定筛或弧形筛。脱下的介质（占总循环量90%以上）返回合格介质循环使用。经过第一段脱介后的产品，还黏附许多磁铁矿和煤泥，再进入第二段脱介筛，加喷水冲洗脱介。由第二段脱下的悬浮液不仅浓度和密度降低，而且其中还混有煤泥和细泥等，不能直接循环使用，必须经浓缩和净化，除掉杂质和提高密度。为了提高悬浮液浓度和密度，可用浓缩机、磁力脱水槽等设备进行。澄清水可做脱介筛的喷水。浓缩后的底流进入两段磁选机回收磁性介质。两段磁选的回收率可达99.8%以上，磁选的磁性物含量可达90%，密度为2.0kg/L左右。磁选精矿返回合格介质桶，并与脱介筛第一段脱下介质一起组成合格介质，供分选机循环。

（4）重介质选煤流程

重介质选煤（重介选煤）流程可分为三类。

第一类是块煤、末煤全部重介选，块煤（大于13mm）用斜轮（或立轮）分选机分进，末煤（13～0.55mm）用重介质旋流器分选，煤泥（小于0.5mm）用浮选精选。该流程分选效率高，适于分选难选和极难选煤。缺点是工艺流程复杂。

第二类是块煤重介选。该流程可以充分发挥重介选的优点，避免用它处理末煤时碰到的一系列困难，如分选效率不如块煤高，介质回收与再生系统复杂等，适于处理中等可选或难选煤。

第三类中煤重介选流程，是将重介选作为辅助性的再选作业。该流程用重介方法分选跳汰中煤，适于处理难选或极难选煤。

2. 跳汰选煤

（1）跳汰选煤原理

跳汰选煤已有一百多年的历史，对跳汰理论的研究提出了许多假设和模型，但由于跳汰分选过程复杂，影响因素很多，因此，迄今为止还没有建立一套完整而统一的理论（或假设）能比较圆满地解释跳汰选煤过程。

一般认为使煤在时上时下的变速脉动水流中按密度进行分选的过程，叫作跳汰选煤。实现跳汰进煤的设备叫作跳汰进煤机，简称跳汰机。图1-2为跳汰机工作原理。入选原煤和水（冲水）一齐给入跳汰机，在筛板上形成一定厚度的床层，在上升和下降水流交替作用下，床层的煤和矸石按照本身的特性（密度和粒度）彼此做相对运动而进行分层。物料在实现分层的同时，在冲水的作用下逐渐移向跳汰机的排料端。在排料闸门处矸石离开床层，下沉后由矸石提斗提出机外。精煤和中煤则超过一段溢流堰，进入跳汰机的第二段，且在脉冲水流的作用下，中煤和精煤继续分层，向前移动到达中煤排料闸门，中煤离开床层下沉由中煤提斗提到机外。剩下的精煤则越过二段的溢流堰，经过脱水后成为精煤产品。

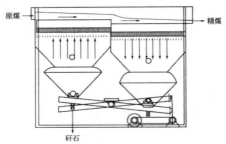

图1-2 跳汰机工作原理示意

（2）跳汰机

跳汰机主要由机体、风阀、排料装置、床面布置和自动化系统组成。目前，选煤用跳汰机分筛侧空气室和筛下空气室两大类。

（3）跳汰选煤工艺流程

跳汰选煤流程分为分级入选流程和不分级入选流程。我国多数厂采用不分级入选流程。

分级跳汰入选范围是块煤 100（80）～13（10）mm；末煤是 13（10）～0.5mm。采用块煤和末煤跳汰机进行分选。不分级跳汰入选粒度一般为 50～0mm，也可将入选范围加宽，如 80～0mm 或 150～0mm 等，视具体情况而定。

3. 浮游选煤

（1）浮游选煤基本原理

浮游选煤就是利用煤和矸石表面湿润性的差异，分选细粒煤（0.5mm 以下）的一种选煤方法。随着机械化采煤的发展，细粒煤产量越来越大；在选煤过程中，各种破碎作用也会产生一些煤泥。重力选煤对细粒煤很难得到有效分选，而浮选是细粒和极细粒物料分选中应用最广泛的方法。

（2）浮选剂

为了扩大煤和矸石表面性质的差异，必须使用浮选药剂，以增强煤表面的疏水性，增加气泡的稳定性和分散度。煤用浮选剂主要有以下几种。

①捕收剂　主要在固-液界面上发生作用，能选择性地吸附在煤粒表面，提高其表面疏水性和可浮性，使之易和气泡发生附着并增强附着的牢固性。煤油和轻柴油是选煤使用最多的捕收剂。

②起泡剂　主要吸附在气水界面降低界面张力，促使形成直径小、分散度高的气泡。在煤泥浮选中，多数起泡剂也在煤粒表面发生吸附并显示捕收作用。醇类（如仲辛醇）是得到广泛应用的起泡剂。

③促进剂　是改善捕收剂和起泡剂作用效应的添加剂，具有增溶、分散和乳化作用。它在气液、液液和固-液界面显示作用，从而改善煤的浮选过程。促进剂多为表面活性剂，具有杂极性分子结构，如胺类链烷醇胺-妥尔油脂肪酸缩合物等。

（3）浮选机

浮选机的性能对浮选效果影响很大，对煤用浮选机的要求是充气量大，搅拌作用充分、均匀，不翻花，气泡分布均匀，气泡组成中应有部分小气泡和微细气泡，刮泡迅速及时，浮选时间短，处理量大，电耗小，结构简单。煤用浮选机种类很多，根据充气方式可将浮选机分为机械搅拌式浮选机和非机械搅拌式浮选机。目前，机械搅拌式浮选机应用最为普遍。

（4）浮选流程

由于浮选成本较高，比重选作业更强调流程的简化，只有在产品要求很高或有某些特殊要求（例如需要脱硫）时才考虑多段复杂流程。

①一次浮选流程　浮选入料从一组浮选槽的第一室给入，各室泡沫作为精煤，最后一室底流作为尾煤。这种流程结构简单，适用于煤泥可浮性较好或精煤质量易

选到要求的情形。目前，大多数选煤厂采用该流程。

②三产品流程 由一组浮选槽分成两段（a）或由二组浮选槽组成（b）、（c）浮选结果产出精煤、中煤、尾煤三产品。这种流程可得到较低灰分的精煤和可废弃的高灰分尾煤，而浮选精煤产率有所降低。当中煤基本上是煤和矸石的连生体时，采用这种流程是合适的。但需增设中煤脱水和输进设备，使生产系统复杂化。

③中煤再选流程 把浮选机后几槽灰分较高的泡沫返回再选（a）或送至另一组浮选槽再选（b）。这种流程较容易保证精煤和尾煤的质量，可提高精煤产率，适用于较难选的煤泥。但由于中煤返回形成循环负荷，使操作复杂，并降低浮选机的处理能力。

④精煤再选流程 粗选浮选机泡沫进入精选浮选机精选。精选尾煤根据其性质和指标要求，与粗选尾煤合并，或分别处理。该流程结构复杂，操作管理困难，浮选机处理量低，只有当煤泥可浮性差或精煤质量要求高时才采用。

（四）煤炭洗选脱硫

煤中硫由有机硫和无机硫组成，无机硫又分为硫酸盐硫和硫铁矿硫。硫铁矿硫中又以黄铁矿硫占绝对优势。资料表明，中国煤中硫的组成成分以硫铁矿硫为主。从国有煤矿煤层煤样硫分统计看，硫铁矿硫占全硫的 54.3%。在中高和高硫煤矿区中，除少数矿区以有机硫为主外，绝大多数矿区的硫铁矿硫比例较高，平均占全硫 2/3 左右。鉴于有机硫的燃前脱硫技术尚未成熟，通过洗选加工，降低煤的硫分（主要脱除黄铁矿硫），是中国现阶段煤炭脱硫的主要途径。应用选煤脱硫技术，必须掌握煤中硫的储存状态和可选性特征，根据不同的硫特性选择不同的脱硫工艺。两种硫特性不同的煤，即使硫含量相同，脱硫效率可以完全不同。

煤中黄铁矿以不同的形式和粒度与煤或矸石共生，单独存在的团块状黄铁矿，选煤过程中较易脱除，而浸润状黄铁矿较难脱除，与有机质结合紧密的黄铁矿极难脱除，因此在选煤过程中要脱除黄铁矿，必须使原煤破碎到黄铁矿与煤充分解离的程度。必须根据黄铁矿在煤中的嵌布状况决定破碎上限。例如破碎到 0.5mm 以下，有的甚至需要磨碎到几十微米。

选煤脱除黄铁矿首要问题是根据煤中黄铁矿的粒度分析，选择适当的选别手段。要求选别的粒度越细，所需要的选别工艺越复杂，选别的成本自然越高。

我国西南地区煤的平均含硫量最高，四川南桐矿产高硫煤，其脱硫生产工艺流程具有如下特点。

（1）入选原煤含硫 3.35%，用 6m² 跳汰机排除矸石和部分最终中煤，跳汰机脱硫率，矸石占 37.14%，中煤占 21.78%，跳汰机对脱除煤中结棱状、与矸石连生的硫效果较好。

（2）中煤破碎脱硫，破碎粒度愈细，浓缩漏斗溢流中含硫愈低，摇床脱硫效率愈高。

（3）末煤摇床脱硫率可选 54%～58%，视解离情况而变，当中煤破碎到 13～0mm 时，脱硫率为 44.07%；破碎到 6～0mm 时，脱硫率为 63.77%；破碎到 3～0mm 时，脱硫率增至79.4%，总脱硫率随细精煤回收率的提高而降低。

（4）煤泥摇床在高处理量时的产品筛分试验表明，当处理量为4～4.7t/（h·台），脱硫率可达36%～51%，当处理量增加2倍以上时［15.7t/（h·台）］脱硫率只有20%。在高处理情况下，机械误差大，但仍能获得灰、硫较高的尾煤。

（5）浓缩漏斗实际上是大直径旋流器，利用粒度越小灰、硫越低的特点，分数粒度为0.1mm；大于0.1mm的进摇床；小于0.1mm的进角锥池，漏斗溢流灰降1.57%，硫降0.29%，为浮选创造了必要条件。

（6）浮选入料含硫量低，该作业只起降灰而不起脱硫的作用。

经过以上环节分选后，总脱硫率达54.48%，精煤回收率与脱硫率是矛盾的，生产中要求在精煤含硫率合格的条件下，尽量提高精煤回收率。

1. 磁选、电选脱硫

电磁选煤主要包括静电分选和磁选。电磁选煤脱硫目前虽未获得工业应用，但从其选别机理分析，具有发展为高效合理选别手段的潜力。这里仅以高梯度磁选和静电选煤脱硫为例简单介绍电磁选煤脱硫。

（1）高梯度磁选煤脱硫

高梯度磁选法是利用颗粒物料磁化特性的差异进行分选。一般认为与煤共生的黄铁矿具弱顺磁性，而煤是逆磁性的。在高梯度磁场作用下黄铁矿等弱顺磁性能够被吸引在强磁场区，而煤粒则受排斥。由于作用于颗粒上的磁性力是颗粒的磁化率、颗粒体积、磁场强度和磁场梯度的正比函数，因此在高梯度条件下，即使很细的弱磁性颗粒（如黄铁矿）也可受到足够强的磁力吸引，从而实现与逆磁性矿物（如煤）的分离。

中国矿业大学（北京）研究生部对高梯度磁选煤脱硫进行了系列研究，采用CHQ-10连续型HGMS机，处理0.5mm的中梁山高硫煤，背景场强仅用1T，即可获得精煤脱硫率60.7%，脱灰率32.9%，产率71.6%的中试效果（处理量80t/h）。

美国Auburn大学和Qak Ridge国家实验室、德国C.P. Van Drie等，采用高磁场强度（1～8T），进行高梯度磁选的煤脱硫实验，证明对黄铁矿硫脱除率可达90%以上，脱灰率可达70%。

（2）静电选煤脱硫

静电分选系利用煤与矿物杂质介电性质不同而进行分选。目前研究的静电选煤脱硫都是干法分选。干法分选处理细粒煤可省去庞大的脱水和干燥系统，显著减少环境污染。静电分选微细粒煤，目前虽未实现工业应用，但是具有很大的研究价值和发展潜力。煤中有机质具有较低的介电常数和导电率，而煤中黄铁矿和大部分矿物质具有较高的介电常数和电导率，这种明显的电性差异是静电选煤脱硫的基本前提。

电选过程是首先使入选的物料带电，然后使带电物料中电性不同的矿物在高压静电场中分离，从而达到脱灰脱硫的目的。

2. 化学脱硫和微生物脱破

煤的化学脱硫和微生物脱硫，对无机硫和有机硫可同时脱除，该技术在世界范围内已经取得了大量的实验研究成果，积累了大量的资料，但主要因为工艺过程费用昂贵，目前尚未进入工业应用阶段。

（1）煤的化学脱硫

煤的化学方法脱硫主要是利用强碱、强酸、或强氧化剂等化学试剂，通过氧化、还原、热解等化学反应将煤中的硫分转化为液态或气态的硫化物后抽取出来，从而实现脱硫目的。根据已报道的众多的化学脱硫技术资料，化学脱硫法大体可分为碱处理法、氧化法、溶剂萃取法、热解法等几大类，部分研究成果中，还采用了微波辐射强化化学脱硫过程。从广义上讲，煤的气化、液化等转化技术也包含了化学脱硫的过程。

①碱处理脱硫　这类方法的基本特征是，用苛性碱（固体或溶液）在一定温度和压力下与煤中的含硫化合物产生化学反应，生成可溶性的碱金属硫化物或硫酸盐，然后通过洗涤、过滤或离心脱液的方法把煤中的硫分脱除。其中以熔融碱浸提法最为典型。碱处理脱硫技术还取得了"微波加热溶液脱硫"、"超声波强化碱溶液脱硫"、"稀碱溶液浸提脱硫"等多种研究成果，基本规律是，碱与煤的化学作用越强烈，脱硫效果越好，但对煤的化学工艺性质破坏也越大。

②氧化脱硫　利用化学氧化剂与煤在一定条件下进行反应。将煤中硫分转化为可溶于酸或水的组分后予以分离脱除。氧化脱硫方法有数十种之多，大都具有脱除煤中无机硫和部分有机硫的能力。研究常用的氧化试剂有过氧化氢、氯气、高锰酸钾、铜或铁的氯化物、铜或铁的硫酸盐等。

需要指出，所有的化学氧化脱硫方法对煤的黏结性有不同程度的破坏，并使煤的热值降低。总的规律也是氧化反应越强，脱硫效果越好，对煤化性质破坏程度越深。

③溶剂萃取脱硫　将煤与有机溶剂按一定比例混合，在惰性气氛保护下加热、加压（或常压）处理，利用有机溶剂分子与煤中含硫官能团之间的物理、化学作用，将煤中的硫抽提出来。溶剂萃取脱硫法的脱硫率不如碱融熔法和氧化法高，但对煤的化学破坏轻，且相对比较经济。这种脱硫方法常用的有机溶剂有四氯乙烯、乙醇、三氯乙烷等。

（2）微生物脱硫法

目前人们已发现十余种微生物可以进行煤中黄铁矿的脱除，主要的有硫杆菌属、钩端螺旋体菌属、硫化叶菌属及嗜酸菌属等。这个方法的原理是，利用某些嗜酸耐热菌在生长过程消化吸收 Fe^{3+}、$S°$ 等的作用，从而促进黄铁矿氧化分解与脱除，硫的脱除率可达90%以上，总的反应可以用如下反应式描述：

$$2FeS_2 + \frac{15}{2}O_2 + H_2O \xrightarrow{\text{细菌}} 2Fe^{3+} + 4SO_4^{2-} + 2H^+$$

该方法可以有效地脱除煤中细分散状的黄铁矿，具有工艺简单、处理量大、不受场地限制的特点。其成本与某些分选技术相当，因此应用前景十分广阔，但由于脱硫周期较长，特别是堆浸法，甚至需要11个月以上，难以适应工业化的脱硫需要，因此进行先进细菌脱硫方法的研究，选择出周期短、效率高的脱硫工艺显得十分紧迫。

美国匹兹堡能源研究中心利用氧化亚铁硫杆菌进行脱除煤中无机硫试验。当 pH 值为 2.0，煤样粒度小于 0.074mm 时，微生物处理 2 周后脱除 80% 无机硫，30 天后可除脱 95% 无机硫。利用微生物脱除煤中的有机硫的研究，近年来也取得了进展。如美国气化工艺所（IGT）培养的混合菌种 IGT S8 对脱除伊利诺煤田的 IBC 101 煤中的有机硫，煤样粉碎到小于 0.074mm，经细菌处理 3 周，可脱除 64% 有机硫。

三、精煤脱水和水净化

（一）精煤脱水

在选煤过程中脱水是湿法选煤厂不可缺少的生产环节。脱水设备工作的好坏，不仅决定着选后产品的水分，而且也影响到选煤厂的洗水闭路循环和生产管理。

在选煤厂，各种精煤的综合水分一般要求选到 10%～12%，高寒地区要求选到 8% 以下。常用的脱水设备有脱水斗子提升机、脱水筛、离心脱水机、真空过滤机、压滤机、脱水仓及火力干燥机等。

精煤产品脱水要根据产物的粒度和所要求的水分，选用相应的脱水设备。

1. 块精煤的脱水　一般采用振动筛脱水，水分指标在 6%～8%。

2. 末精煤的脱水　一般采用两次脱水，常用筛分机和离心脱水机，水分指标为 8%～9%。浮选精煤的脱水，由于其粒度很细，一般采用真空过滤机脱水或沉降过滤式离心脱水机，水分指标为 24%～28%。

3. 浮选尾煤的脱水　由于浮选尾煤矿浆浓度很低，不能直接进行机械脱水，必须先经过浓缩处理，再采用压滤机、沉降式离心脱水机等进行脱水。

当对水分有特殊要求，用上述机械方法难以达到水分指标时，对末精煤和浮选精煤可采用火力干燥方法再次脱水，一般可使脱水指标降至 6%～8% 以下。

对中煤和矸石产品的脱水一般要求不高，往往采用简单的方式脱水，如跳汰中煤和矸石只需经脱水斗子进行一次脱水即可，水分指标 20% 左右。如用户对中煤水分有特殊要求时，也可进行二次脱水，常用脱水筛、离心机、脱水仓等，其水分指标可达 10%～16%。

总之，为了达到产品储运和用户对产品水分的要求，希望产品的水分越低越好。目前的趋向是研制高效、先进、大型化的脱水设备和脱水方法，进一步降低出厂产品的综合水分。

（二）煤泥水处理

由于入选原煤中含有大量煤尘，因而在使用过的洗水中会带有许多的煤泥。显然，含有大量煤泥的洗水既难于直接重复使用，又不可直接排出厂外。因此，煤泥水的澄清、浓缩、煤泥回收和洗水循环、再用是关系着选煤厂生产指标优劣的重要环节。实现选煤厂洗水闭路循环是选煤工作者的重要任务之一。

常见的浓缩和澄清设备可分为两类：一类是依靠重力作用，使煤泥水中的固体颗粒沉降的设备和设施，如浓缩漏斗、沉淀塔、角锥沉淀池、斗子捞坑、耙式浓缩机和厂外沉淀池等；另一类是借助于离心力作用进行浓缩的设备，如水力旋流器、沉降式离心脱水机等。

为了加速煤泥的沉降，近年来许多厂采用高分子絮凝剂，这对煤泥水的净化、回收和洗水的再用将是不可缺少的。研究证明，合成高分子絮凝剂的絮凝效果最好。其特点是：用量少，通常只需是浮固体质量的0.01%左右或稍多些，而絮凝效果却能提高几百倍以上，因而浓缩设备可大大缩小。

絮凝剂的作用主要是使分散的微粒聚合为较大絮凝体，以加速沉淀过程。絮凝剂的种类有以下几种：无机电解质类絮凝剂有石灰、硫酸、明矾、苛性钠、硫酸铁等；天然高分子化合物有动物胶、淀粉、马铃薯渣等（有良好的絮凝剂力，但来源较困难）；合成高分子絮凝剂有聚丙烯酰胺、羧甲基纤维素、聚乙烯基乙醇等。

由于高分子絮凝剂的絮凝速度很快，同时还可以得到蓬松状、多孔性的絮凝物，从而提高过滤速度，因此，研究与使用高分子絮凝剂具有重要意义。目前生产中，使用较多的絮凝剂是聚丙烯酰胺及其衍生物。

煤泥水处理流程的形式很多。概括起来可分为煤泥水全闭路和半闭路两类流程，前者按我国选煤厂洗水闭路循环规定属于一级标准，后者属于二级或三级标准。

煤泥水全闭路流程的特点是全部煤泥水经过充分浓缩、澄清，将水全部回收循环使用。

煤泥水半闭路流程的特点是全部煤泥水经过充分浓缩，澄清，少部分洗水不能循环使用而排出厂外。

洗水平衡是洗水闭路循环的先决条件。因此，除流程合理，设备先进可靠外，加强生产管理非常重要。严格控制补加清水（可用作精选产品的喷水）量，使补加清水量恰好等于最终产品所带走的水量，以保持进入作业的水量和排出作业的水量平衡。

第五节 炼焦化学产品的回收与加工

一、炼焦化学产品的回收目的和意义

在炼焦过程中，除焦炭产品外，还有约20%生成各种化学产品及煤气。因此，化学产品和煤气的回收及合理利用对于综合利用煤炭资源有着十分重要的意义。

来自焦炉的荒煤气，经冷却和用各种吸收剂处理后，可以提取出煤焦油、氨、萘、硫化氢、氰化氢及粗苯等化学产品，并得到净焦炉煤气。

氨可制取硫酸铵和无水氨；煤气中所含的氢可用于制造合成氨、合成甲醇、双氧水、环己烷等，合成氨可进一步制成尿素、硝酸铵和碳酸氢铵等化肥；所含的乙烯可用作制取乙醇和二氯乙烷的原料。

硫化氢是生产单斜硫和元素硫的原料，氰化氢可用于制取黄血盐钠或黄血盐钾。同时，回收硫化氢和氰化氢对减轻大气和水质的污染，加强环境保护以及减轻设备腐蚀均具有重要意义。

粗苯和煤焦油都是组成相当复杂的半成品，经过精制加工后，可得到的产品有：二硫化碳、苯、甲苯、二甲苯、三甲苯、古马隆、酚、甲酚、萘、蒽和吡啶盐基及沥青等。这些产品具有极为广泛的用途，是塑料、合成纤维、染料、合成橡胶、医药、农药、耐辐射材料、耐高温材料以及国防工业的重要原料。

焦炉煤气除满足自身的需要外，其余部分经深度脱硫后，可供民用或作为合成原料气，生产甲醇、LNG等。

世界各国都十分重视炼焦化学工业的发展，近年来，为了经济竞争和加强环境保护，炼焦化学工业在改进生产工艺，生产优质多品种的炼焦化学产品、降低生产成本和减少投资等方面均取得了很大进展。目前，中国已从焦炉煤气、粗苯、煤焦油中提取出上百种产品。今后，在中国丰富的煤炭资源基础上，煤的综合利用将更加合理和高效地发展。

二、煤气的初冷和焦油氨水的分离

焦炉煤气从炭化室经上升管出来时的温度，与炭化室装满煤的程度以及炭化初期和末期煤气发生的情况等有关，其温度约为650～750℃。此时，煤气中含有煤焦油气、苯族烃、水汽、氨、硫化氢、氰化氢、萘及其他化合物。为回收和处理上述化合物，首先应对焦炉煤气进行冷却，原因如下：

（一）从煤气中回收化学产品和净化煤气时

需在较低的温度下，25～35℃，才能保证有较高的回收率，实际生产中多采用较为简单易行的冷凝法、冷却法和吸收法。

（二）由于高温煤气含有大量水汽

导致其体积大，因此所需输送煤气管道直径、鼓风机的输送能力和功率均增大，这是非常不经济的。例如0℃时1m³干煤气，在80℃经水蒸气饱和后的体积为2.429m³，而在25℃经水汽饱和的体积为1.126m³，前者比后者大1.16倍。

（三）煤气初冷的过程中

使水汽冷凝，同时大部分焦油、萘也被分离出来。部分硫化物、氰化物等腐蚀性介质也溶于冷凝液中，从而可减少对设备及管道的堵塞和腐蚀。

煤气的初步冷却分为两步进行：第一步是在集气管及桥管中用大量循环氨水喷洒，使煤气冷却到80～90℃；第二步再在煤气初冷器中冷却。

煤气初冷器中若以硫酸或磷酸作为吸收剂，用化学吸收法除去煤气中的氨，初冷后煤气温度可以高一些，一般为25～35℃；若以水作为吸收剂，用物理吸收法除去煤气中的氨，初冷后煤气温度要低些，一般为25℃以下。

三、氨和吡啶回收技术

在高温炼焦过程中，炼焦配合煤中所含的氮中约60%残留于焦炭中，有10%～12%

变为氮气，15%～20%生成氨，1.2%～1.5%转变为吡啶盐基。

煤气初冷时，含氮化合物中一些高沸点吡啶盐基溶于煤焦油氨水，沸点较低的几乎全部留在煤气中。初冷器后煤气含氨约4～6g/m³。氨是一种制造氨肥的原料，但合成氨工业规模很大，焦炉煤气中的氨回收与否对氨生产与使用的平衡影响不大。不过焦炉煤气中的氨必须回收，因为焦炉煤气中含有水蒸气，冷凝液中必含氨，为保护大气和水体，含氨的水溶液不能随便排放；焦炉煤气中的氨与氰化氢、硫化氢化合，加剧了腐蚀作用，煤气中氨在燃烧时会生成氧化氮；氨在粗苯回收中能使洗油和水形成乳化物，影响油水分离。为此，焦炉煤气中的氨含量不允许大于0.03g/m³。

目前，我国焦化企业炼焦时生成的氨主要生产硫酸铵，也有用磷酸吸收氨制取无水氨的工艺。煤气中氨的回收主要采用硫酸吸氨法和磷酸吸氨法。

轻吡啶盐基的重要用途是作医药的原料和合成纤维的溶剂，在焦化厂粗轻吡啶盐基都是在生产硫酸铵的工艺中从硫酸铵母液中提取回收的。

四、粗苯回收技术

粗苯和煤焦油是炼焦化学产品回收中最重要的两类产品。在石油工业中曾被称为基础化工原料的8种烃类中有4类（苯、甲苯、二甲苯、萘）从粗苯和煤焦油产品中提取。目前，中国年产焦炭超过2×10^8t，可回收的粗苯资源超过200×10^4t。虽然可以从石油化工中生产这些产品，但焦化工业仍是苯类产品的重要来源，因此，从焦炉煤气中回收苯族烃具有重要的意义。

焦炉煤气一般含苯族烃30～45g/m³，经回收苯族烃后焦炉煤气中苯族烃降到2～4g/m³。

（一）粗苯基本性质和回收方法

粗苯是由多种芳香烃和其他化合物组成的复杂混合物。粗苯中主要含有苯、甲苯、二甲苯和三甲苯等芳香烃。此外，还含有不饱和化合物、硫化物、饱和烃、酚类和吡啶碱类。当用洗油回收煤气中的苯族烃时，粗苯中尚含有少量的洗油轻质馏分。粗苯各组分的平均含量见表1-1。

表1-1 粗苯各组分的平均含量

组分	分子式	含量（质量分数）/%	备注
苯	C_6H_6	55～80	同分异构物和乙基苯总和
甲苯	$C_6H_5CH_2$	11～22	
二甲苯	$C_6H_3(CH_3)_2$	2.5～8	
三甲苯和乙基甲苯	$C_6H_3(CH3)_3C_2H_5C_6H_4CH_3$	1～2	同分异构物总和
不饱和化合物		7～12	
环戊二烯	C_5H_6	0.5～1.0	
苯乙烯	$C_6H_6CHCH_2$	0.5～1.0	

组分	分子式	含量（质量分数）/%	备注
苯并呋喃	C_8H_6O	1.0～2.0	包括同系物
茚	C_9H_8	1.5～2.5	包括同系物
硫化物		0.3～1.8	按硫计
二硫化碳	CS_2	0.3～1.5	
噻吩	C_4H_4S	0.2～1.6	
饱和物		0.6～2.0	

粗苯的组成取决于炼焦配煤的组成及炼焦产物在炭化室内热解的程度。在炼焦配煤质量稳定的条件下，在不同的炼焦温度下所得粗苯中苯、甲苯、二甲苯和不饱和化合物在180℃前馏分中含量如表1-2所示。

表1-2　不同炼焦温度下粗苯（180℃前馏分）中主要组分的含量

炼焦温度/℃	粗苯中主要组分的含量质量分数/%			
	苯	甲苯	二甲苯	不饱和化合物
950	50～60	18～22	6～7	10～12
1050	65～75	13～16	3～4	7～10

此外，粗苯中酚类的含量通常为0.1%～1.0%，吡啶碱类的含量一般不超过0.5%。

当硫酸铵工段从煤气中回收吡啶碱类时，则粗苯中吡啶碱类含量不超过0.01%。粗苯中各主要组分均在180℃前馏出，180℃后的馏出物称为溶剂油。在测定粗苯中各组分的含量和计算产量时，通常将180℃前馏出量当作100%来计算，故以其180℃前的馏出量作为鉴别粗苯质量的指标之一。粗苯在180℃前的馏出量取决于粗苯工段的工艺流程和操作制度。1801前的馏出量愈多，粗苯质量就愈好。一般要求粗苯180℃前馏出量在93%～95%。粗苯是黄色透明的油状液体，比水轻，微溶于水。在储存时，由于低沸点、不饱和化合物的氧化和聚合所形成的树脂状物质能溶解于粗苯中，使其着色变暗。粗苯易挥发、易燃，闪点为12℃，初馏点40～60℃。粗苯蒸汽在空气中的体积分数达到1.4%～7.5%范围时，能形成爆炸性混合物。

（二）回收苯族烃的方法

从焦炉煤气中回收苯族烃采用的方法有洗油吸收法、固体吸附法和深冷凝结法。其中洗油吸收法工艺简单、经济，得到广泛应用。

1. 洗油吸收法依据操作压力分为加压吸收法、常压吸收法和负压吸收法。加压吸收法的操作压力为800～1200kPa，此法可强化吸收过程，适于煤气远距离输送或作为合成氨厂的原料气。常压吸收法的操作压力稍高于大气压，是各国普遍采用的方法。负压吸收法应用于全负压煤气净化系统。

2. 固体吸附法是采用具有大量微孔组织和很大吸收表面积的活性炭或硅胶作吸附剂，活性炭的吸附表面积为$1000m^2/g$，硅胶的吸附表面积为$450m^2/g$。用活性炭等吸附剂吸收煤气中的粗苯。该法在中国曾用于实验室分析测定。例如煤气中苯含量的测定就是利用这种方法。

3.深冷凝结法是把煤气冷却到-50～-40℃，从而使苯族烃冷凝冷冻成固体，将其从煤气中分离出来，该法中国尚未采用。吸收了煤气中苯族烃的洗油称为富油。富油的脱苯按操作压力分为常压水蒸气蒸馏法和减压蒸馏法；按富油加热方式又分为预热器加热富油的脱苯法和管式炉加热富油的脱苯法。各国多采用管式炉加热富油的常压水蒸气蒸馏法。

（三）煤气的终冷和除萘

在生产硫酸铵的回收工艺中，饱和器后的煤气温度通常为55℃左右，而回收苯族烃的适宜温度为25℃左右，因此，在回收苯族烃之前煤气要再次进行冷却，称为最终冷却（终冷）。在终冷前煤气含萘约1～2g/m³，大大超过终冷温度下的饱和含萘量。因此，煤气最终冷却同时还有除萘作用。早些年，煤气净化流程中普遍采用直接式最终冷却兼水洗萘工艺，即用水直接喷洒进入终冷塔的煤气，在煤气冷却的同时，萘析出并被水冲洗下来。混有萘的冷却水通过机械化萘沉淀槽将萘分离出去，或用热煤焦油将萘萃取出来。这种方法洗萘效率低，终冷塔出口煤气含萘高达0.6-0.8g/m³。循环水所夹带的萘或煤焦油容易沉积于凉水架上，凉水架的排污气和排污水严重污染环境，因此水洗萘法已被淘汰。比较有前途的方法是油洗萘法和横管式煤气终冷除萘流程。

目前焦化厂采用的煤气终冷和除萘工艺流程主要有横管式煤气终冷除萘工艺流程、油洗萘和煤气终冷工艺流程以及煤气预冷油洗萘和煤气终冷工艺流程。

（四）富油脱苯

1.富油脱苯的方法

富油脱苯是典型的解吸过程，实现粗苯从富油中解吸出的基本方法是提高富油的温度，使粗苯的饱和蒸气压大于其气相分压，使粗苯由液相转入气相。为提高富油的温度，有两种加热方法，即采用预热器蒸汽加热富油的脱苯法和采用管式炉煤气加热富油的脱苯法。前者是利用列管式换热器用蒸汽间接加热富油，使其温度达到135～145℃后进入脱苯塔。后者是利用管式炉用煤气间接加热富油，使其温度达到180～190℃后进入脱苯塔。后者由于富油预热温度高，与前者相比具有以下优点：脱苯程度高，贫油含苯量可达0.1%左右，粗苯回收率高，蒸汽耗量低，每生产1t 180℃前粗苯蒸汽耗量为1～1.5t，仅为预热器加热富油脱苯蒸汽耗量的1/3；产生的污水量少，蒸馏和冷凝冷却设备的尺寸小等。因此，各国广泛采用管式炉加热富油的脱苯工艺。富油脱苯按其采用的塔设备分为只设脱苯塔的一塔法、设脱苯塔和两苯塔的二塔法和再增设脱水塔和脱萘塔的多塔法。

富油脱苯按原理不同可采用水蒸气蒸馏和真空蒸馏两种方法。由于水蒸气蒸馏具有操作简便、经济可靠等优点，因此中国的焦化厂均采用水蒸气蒸馏法。富油脱苯按得到的产品不同分为生产粗苯一种苯的流程、生产轻苯和重苯二种苯的流程和生产轻苯、重质苯及萘熔剂油三种产品的流程。

2.富油脱苯的原理

富油是洗油和粗苯完全互溶的混合物，通常将其看作理想溶液，气液平衡关系服从拉乌尔定律，即 $p_{Li}=p_{0i}x_i$，因富油中苯族烃各成分的摩尔分数 x_i 很小（粗苯的质量分数在2%左右），在较低的温度下很难将苯族烃的各种组分从液相中较充分地分离出来。用一般的蒸馏方法，从富油中把粗苯较充分地蒸出来，且达到所需要的脱苯程度，需将富油加热到250～3000℃，在这样高的温度下，粗苯损失增加，洗油相对分子质量增大，质量变坏，对粗苯吸收能力下降，这在实际上是不可行的，为了降低富油的脱苯温度采用水蒸气蒸馏。

所谓水蒸气蒸馏就是将水蒸气直接加热置于蒸馏塔中的被蒸馏液（与水蒸气完全或几乎不互溶）中，而使被蒸馏物中的组分得以分离的操作。

当加热互不相溶的液体混合物时，若各组分的蒸汽分压之和达到塔内总压时，液体就开始沸腾，故在脱苯塔蒸馏过程中通入大量直接水蒸气，可使蒸馏温度降低。当塔内总压一定时，气相中水蒸气所占的分压愈高，则粗苯和洗油的蒸气分压愈低，即在较低的脱苯蒸馏温度下，可将粗苯较完全地从洗油中蒸出来。因此，直接蒸汽用量对于脱苯蒸馏操作有极为重要的影响。若只有一个液相由挥发度不同的油类组分组成，用过热水蒸气通过该油类溶液，即可降低油类各组分的气相分压，从而促进不同挥发度的油分的分离。这种使用过热蒸汽分离油类溶液的操作，又叫做汽提操作。实际上富油脱苯操作中使用的正是过热水蒸气。在汽提操作中过热蒸汽又叫做夹带剂。

3. 富油脱苯工艺流程

（1）生产一种苯的流程。生产一种苯的流程如图1-3所示。

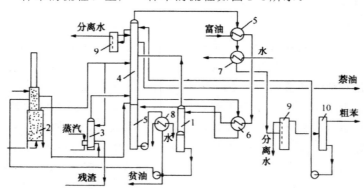

图1-3　生产一种苯的流程

1-脱水塔；2-管式炉；3-再生器；4-脱苯塔；5-热贫油槽；6-换热器；
7-冷凝冷却器；8-冷却器；9-分离器；10-回流槽

来自洗苯工序的富油依次与脱苯塔顶的油气和水汽混合物、脱苯塔底排出的热贫油换热后温度达110～130℃进入脱水塔。脱水后的富油经管式炉加热至180～190℃进入脱苯塔。脱苯塔顶逸出的90～92℃的粗苯蒸汽与富油换热后温度降到15℃左右进入冷凝冷却器，冷凝液进入油水分离器。分离出水后的粗苯流入回流槽，部分粗苯送至塔顶作回流，其余作为产品采出。脱苯塔底部排出的热贫油经贫富油换热器进入热贫油槽，再用泵送贫油冷却器冷却至25～30℃后去洗苯工序循环使用。

脱水塔顶逸出的含有萘和洗油的蒸汽进入脱苯塔精馏段下部。在脱苯塔精馏段切取萘油。从脱苯塔上部断塔板引出液体至油水分离器分出水后返回塔内。脱苯塔用的直接蒸汽是经管式炉加热至400～450℃后，经由再生器进入的，以保持再生器顶部温度高于脱苯塔底部温度。为了保持需循环洗油质量，将循环油量的1%～1.5%由富油入塔前的管路引入再生器进行再生。在此用蒸汽间接将洗油加热至160～180℃，并用过热蒸汽直接蒸吹，其中大部分洗油被蒸发并随直接蒸汽进入脱苯塔底部。残留于再生器底部的残渣油，靠设备内部的压力间歇或连续地排至残渣油槽。残渣油中300℃前的馏出量要求低于40%。洗油再生器的操作对洗油耗量有较大影响。在洗苯塔捕雾，油水分离及再生器操作正常时，每生产1t 180℃前粗苯的煤焦油洗油耗量可在100kg以下。

（2）生产两种苯的工艺流程。生产两种苯的工艺流程如图1-4所示。

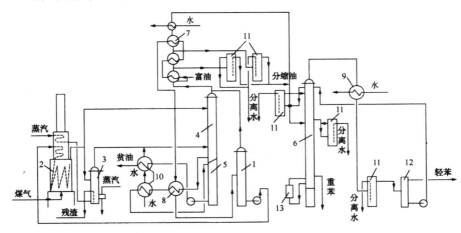

图1-4　生产两种苯的工艺流程

1—脱水塔；2—管式炉；3—再生器；4—脱苯塔；5—热贫油槽；6—两苯塔；
7—分凝器；8—换热器；9—冷凝冷却器；10—冷却器；11—分离器；
12—回流柱；13—加热器

与生产一种苯流程不同的是脱苯塔逸出的粗苯蒸汽经分凝器与富油和冷却水换热，温度控制为88～92℃后进入两苯塔。两苯塔顶逸出的73～78℃的轻苯蒸汽经冷凝冷却并分离出水后进入轻苯回流槽，部分送至塔顶作回流，其余作为产品采出。塔底引出重苯。

脱苯塔顶逸出粗苯蒸汽是粗苯、洗油和水的混合蒸汽。在分凝器冷却过程中生产的冷凝液称之为分缩油，分缩油的主要成分是洗油和水。密度比水小的称为轻分缩油，密度比水大的称为重分缩油。轻、重分缩油分别进入分离器，利用密度不同与水分离后兑入富油中。通过调节分凝器轻、重分缩油的采出量或交通管（轻、重分缩油引出管道间的连管）的阀门开度可调节分离器的油水分离状况。从分离器排出的分离水进入控制分离器进一步分离水中夹带的油。

（3）生产三种产品的工艺流程。生产三种产品的工艺流程有一塔式和两塔式流程。

①一塔式流程。即轻苯、精重苯和萘溶剂油均从一个脱苯塔采出。自洗苯工序来的富油经油气换热器及二段贫富换热器、一段贫富换热器与脱苯塔底出来的170～175℃热贫油换热到135～150℃，进入管式炉加热到180℃进入脱苯塔，在此用再生器来的直接蒸汽进行汽提和蒸馏。脱苯塔顶部温度控制在73～78℃，逸出的轻苯蒸汽在油气换热器、轻苯冷凝冷却器经分别与富油、16℃低温水换热冷凝冷却至30～35℃，进入油水分离器，在与水分离后进入回流槽，部分轻苯送至脱苯塔顶作回流，其余作为产品采出。

脱苯塔底部排出的热贫油经一段贫富油换热器后进入脱苯塔底部热贫油槽，再用苯送经二段贫富油换热器、一段贫油冷却器、二段贫油冷却器冷却到27～30℃至洗苯塔循环使用。

精重苯和萘溶剂油分别从脱苯塔侧线引出至各自的储槽。从脱苯塔上部断塔板上将塔内液体引至分离器与水分离后返回塔内。

从管式炉后引出1%～1.5%的热富油，送入再生塔内，用经管式炉过热到400℃的蒸汽蒸吹再生。再生残渣排入残渣槽，用泵送油库工段。系统消耗的洗油定期从洗油槽经富油泵入口补入系统。

各油水分离器排出的分离水，经控制分离器排入分离水槽送鼓风工段。各储槽的不凝气集中引至鼓风冷凝工段初冷前吸煤气管道。

②两塔式流程。即轻苯、精重苯和萘溶剂油从两个塔采出。与一塔式流程不同之处是脱苯塔顶逸出的粗苯蒸汽经冷凝冷却与水分离后流入粗苯中间槽。部分粗苯送至塔顶作回流，其余粗苯用作两苯塔的原料。脱苯塔侧线引出萘溶剂油，塔底排出热贫油。热贫油经换热器、贫油冷却器冷却后至洗苯工序循环使用。粗苯经两苯塔分馏，塔顶逸出的轻苯蒸汽经冷凝冷却及油水分离后进入轻苯回流槽，部分轻苯送至塔顶作回流，其余作为产品采出。重质苯（也称之为精重苯）、萘溶剂油分别从两苯塔侧线和塔底采出。

在脱苯的同时进行脱萘的工艺，可以解决煤气用洗油脱萘的萘平衡，省掉了富萘洗油单独脱萘装置。同时因洗油含萘低，又可进一步降低洗苯塔后煤气含萘量。

五、煤焦油深加工技术

（一）高温煤焦油的形成、化学组成及特性

1. 高温煤焦油的形成

煤焦油为煤干馏过程中所得到的一种具有刺激性臭味的黑色或黑褐色的黏稠状液体产物。按照热解温度的不同可把煤焦油大致分为3类，即高温煤焦油（1000℃）、中温煤焦油（600～800℃）和低温煤焦油（450～550℃）。本章如无特别指出均指高温煤焦油，它与中、低温煤焦油的组成和性质有很大不同，其加工利用方法各异。

煤焦油在常温下的密度为1.17～1.19g/cm³，具有酚、萘的特殊臭味，闪点为，自燃点为580～630℃，燃烧热为35.7-39.0MJ/kg。煤焦油中含有一定量的苯不溶物

（BI）或甲苯不溶物（TI），它们对煤焦油的性质和质量产生很大的影响。煤焦油中还含有2%～5%的氨水，呈碱性。煤焦油一般由煤在炭化室的高温干馏得到。在炭化室的成层结焦过程中，焦质体发生激烈的热解反应，形成大量的初次热解产物（初焦油）。初焦油具有大致如下的族组成（表1-3）。

表1-3 初焦油族组成

族	含量（质量分数）/%	族	含量（质量分数）/%
链烷烃（脂肪烃）	8.0	烯烃	2.8
芳烃	53.9	酸性物质	12.1
盐基类	1.8	树脂状物质	14.4

随热解继续进行，初次热解产物发生一系列二次热解反应，生成二次热解产物。主要的二次热解反应有：裂解、脱氢、缩合和脱烃基侧链。这一过程主要生成芳烃化合物和杂环化合物。

表1-4给出了初焦油和高温焦油的组成差异。对比后可以看出，初焦油的饱和烃和酚含量较高，而沥青和萘、菲、蒽的含量明显低于高温焦油。

表1-4 初焦油和高温焦油组成

组成成分	饱和烃	酚	萘	菲和蒽	沥青	其他
初焦油/%	10.0	25.0	3.0	1.0	35.0	26.0
高温焦油/%	—	1.5	10.0	6.0	55.0	27.5

2.高温煤焦油的化学组成及特性

高温煤焦油的组分非常复杂，其特点是C/H原子比高（约1.4），沸点高（轻馏分少，蒸馏残渣50%以上），组分多（估计有10000种，已分析鉴定出的有500多种），种类多（除各种烃类外，还有含氧、含氮、含硫化合物）和易结焦等。主要组分和馏分见表1-5和表1-6。

表1-5 煤焦油中的芳香族化合物

名称	1环	2环	3环	4环
烃类	苯、甲苯、二苯、联苯	茚、萘、甲基萘	芴、苊、苊烯、蒽、菲	芘、×、荧蒽
含氧化合物	酚类、呋喃、二苯醚	氧茚、萘酚	氧芴、蒽酚、菲酚	复杂的多环酚
含硫化合物	苯硫酚、噻吩、二硫醚	硫萍、萘硫酚	硫芴、蒽硫酚、菲梳酚	复杂的多环硫酚
含氮化合物	吡啶类、吡咯类、苯甲腈	吲哚、喹啉、异喹啉	咔唑、吖啶、菲啶	复杂的N杂环

注：含量超过1%的组分只有12种，为萘、甲基萘、氧芴、芴、苊、蒽、菲、咔唑、荧蒽、芘、和甲酚的3种异构体。

煤焦油的化学组成大致有以下几个特点：

（1）主要是芳香族化合物，而且大多是两个环以上的稠环芳香族化合物，烷烃、烯烃和环烷烃化合物很少。

（2）含氧化合物主要是呈弱酸性的酚类，还有一些中性含氧化合物，如氧茚和氧芴等。

（3）含氮化合物主要是具弱碱性的吡啶和喹啉类化合物，还有吡咯类化合物如吲哚和咔唑等，还有少量胺类和腈类。

（4）含硫化合物主要是噻吩类化合物，如噻吩和硫茚等，还有硫酚类化合物。

（5）不饱和化合物有茚和氧茚类化合物，以及环戊二烯和苯乙烯等。

（6）芳香环的烷基取代基主要是甲基。

（7）蒸馏残渣沥青的含量很高，一般在50%以上，含有相当多的高相对分子质量组分，其相对分子质量在2000～30000之间。

表1-6　煤焦油馏分的产率和主要化合物分布

馏分名称	沸点范围/℃	产率*/%	芳烃	含氧化合物		含氮化合物		含氮化合物		不饱和化合物
				酸性	中性	碱性	中性	酸性	碱性	
轻油	＜170	0.5	苯、甲苯、二甲苯			轻吡啶	吡咯	苯硫酚	噻吩	双环戊二烯
酚油	170～210	1.5	多甲基苯	苯酚类	氧芴	重吡啶	苯甲腈	苯硫酚		茚、苯乙烯
萘油	210～230	10.0	萘、甲基萘	三甲酚	甲基氧芴	咔啉、多甲基吡啶		萘硫酚	硫茚	
洗油	230～300	8.0	二甲基萘、联苯、苊、芴	萘酚	氧芴	喹啉类			硫茚同系数	
I蒽油	300～360	13.5	蒽、菲	联苯酚苯并氧芴菲酚	吖啶、萘胺	咔唑		硫茚		
II蒽油	330～360	8.5	芘、×、焚蒽	蒽酚苯并氧芴菲酚	吖啶	咔唑同系数		苯并硫芴		
沥青	＞360	570								

注：*一塔式产率、常减压多塔式馏分产率依次为0.5%～1.0%、2%～3%、11%～12%、和24%～25%（蒽油）、沥青50%～53%。

煤焦油在蒸馏温度下会发生以下反应，其反应速度随温度升高快速增加：

（1）缩聚反应。

甲苯可溶物→甲苯不溶物（TI）→喹啉不溶物（QI）

（2）不饱和烃的加氢反应。最有代表性的是苊烯，在煤焦油中苊烯含量远远高于苊，而在煤焦油洗油中苊烯含量极微，基本上都是苊。

不稳定的无机盐分解，产生腐蚀性气体。

$$NH_4Cl \rightarrow NH_3 + HCl \qquad\qquad (1-1)$$
$$NH_4CNS \rightarrow NH_3 + HCNS \qquad\qquad (1-2)$$
$$(NH_4)_2SO_4 \rightarrow NH_3 + NH_4HSO_4 \qquad\qquad (1-3)$$

另外，在较高温度下某些不稳定的组分或基因还发生热裂解、缩聚和取代反应等。

（二）高温煤焦油产率和特性的主要影响因素

高温煤焦油的产率取决于配煤的性质和干馏过程的技术操作条件。

配煤的挥发分和煤的变质程度决定了煤焦油的产率。在配煤的干燥无灰基（daf）挥发分 V_{daf} 介于 20%～30% 的范围内，可依式（1-1）求得焦油产率 X（%）：

$$X = -18.6 + 1.53 V_{daf} - 0.026 V_{daf}^2 \qquad\qquad (1-4)$$

煤焦油的组成及产率还与煤的热解温度关系密切。当煤的热解温度低于 600℃ 时，煤焦油的产率较高，达到 8% 以上。随着热解温度的提高，煤焦油的产率因二次裂解而明显降低。

煤焦油的组成和性质主要依赖于煤料在炭化室内的热解程度，而炭化室顶部空间温度对于煤的热解程度的影响是决定性的。煤焦油的密度、甲苯不溶物（TI）和喹啉不溶物（QI）均随炭化室顶部空间温度的升高而增大。焦油中某些主要化合物的含量变化遵循先增加后减少，在某一温度范围达到最大值的分布规律。沥青产率随炭化室顶部空间温度的升高而增大。

因此，为了提高煤焦油的质量，保证煤焦油中主要有效组分的含量，应该控制适当的焦炉炭化室顶部空间温度，减少焦油的二次裂解。

（三）高温煤焦油加工工艺简介

煤焦油的各组分性质虽有差别，但性质相近组分较多，故需先采用蒸馏方法切取各种馏分，使酚、萘、蒽等欲提取的单组分产品浓缩集中到相应馏分中去，再进一步利用物理和化学的方法进行分离和深加工。

煤焦油加工通常是 6 种基本化工单元操作的有机组合，即蒸馏、结晶、萃取、催化聚合、热缩聚和氧化。目前世界先进的煤焦油加工工艺为：粗煤焦油脱水→超滤脱渣→脱盐→负压脱水切取轻油→减压煤焦油蒸馏（一塔或多塔）→各馏分的冷凝分离得到各种产品。德国、日本、美国、波兰等国家采用的工艺基本一致，只是在脱水除瘤、换热系统、精馏温度、压力和采用单塔、多塔流程上有所差异。煤焦油加工技术的发展方向是增加产品品种、提高产品质量、节约能源和保护环境。

1. 煤焦油蒸馏

蒸馏是煤焦油加工处理的第一阶段，分为间歇式、连续式两种蒸馏方式。目前煤焦油蒸馏均选择连续式蒸馏，有常压蒸馏、减压蒸馏、常减压蒸馏，比较先进的是常减压多塔连续蒸馏。

国内外煤焦油蒸馏工艺大同小异，都是脱水、分馏，但国外的工艺比国内要多样化。

2. 轻油中的粗苯加工

由粗苯精制成纯苯、甲苯、二甲苯等产品，目前采用传统的酸洗蒸馏加工工艺已不适应国家政策及后序加工对纯苯指标的要求，而逐渐被先进的粗苯加氢精制工艺取代。在日本，粗苯均集中在几个工厂内进行加氢精制。

3. 酚油深加工

国内一般采用三釜二塔间歇式减压精馏对粗酚进行提取、精馏，得到苯酚、邻甲酚、间甲酚、对甲酚和二甲酚等产品。

4. 萘馏分加工

主要采用连续式结晶工艺。日本开发的萘净化装置，工序繁多、复杂，有待进一步改进；近年来，国外已开发成功用二甘醇进行共沸蒸馏分离甲基萘的方法，产品纯度高，生产成本低。

5. 洗油加工

国内外大规模洗油深度加工尚未形成，在加工能力和技术两方面亟待发展。相对而言，国外洗油加工规模较大，深加工程度较高，如德国吕特格公司，能生产甲基萘、0-甲基萘、二甲基萘、吲哚、苊、芴等20多种产品。

6. 蒽油加工

波兰、美国提出的精细精馏法，工艺复杂且动力费用大。我国宝山钢铁集团公司和山东济南钢铁集团公司焦化厂采用从法国引进的蒽精制技术；而罗斯成功开发的高纯度蒽生产新工艺，不产生"三废"，生产、操作可自动化且消耗低。

7. 沥青加工

煤焦油加工主要瓶颈之一是大宗产品沥青的档次不高，影响经济效益，造成加工不如直销合算的反常现象。德国和日本对沥青下游产品开发得较好。

（四）高温煤焦油沥青

煤焦油沥青是煤焦油加工的主要产品之一，是煤焦油经蒸馏后所得到的最重要的馏分，产率高，一般为50%～60%。煤焦油沥青（简称沥青）常温下为黑色固体，无固定的熔点，呈玻璃相，受热后软化继而熔化。它本身是高度缩聚的碳环和杂环化合物，由高沸点芳香族化合物及热稳定性极差的缩聚产物组成。由于具有稳定的性能，煤沥青在炼钢、炼铝、耐火材料、碳素工业及筑路、建材等行业日益得到广泛的应用。

煤沥青的主要产品有沥青焦、针状焦、碳纤维、涂料、浸渍剂沥青、黏结剂沥青等。广泛用于普通电极，炼铝阳极糊的骨料和高、超高功率电极骨料等方面。

1. 煤焦油沥青的性质

沥青用于工艺目的的最重要性质是密度、黏度、软化点、黏结性能等。

沥青的软化点是反映其玻璃化转化（塑性、温度变化）的重要指标。它是在规定负荷作用下，沥青软化呈黏性流动时的温度，工业上一般根据软化点的高低对沥青进行分级。沥青的软化点与黏度、残炭率、C/H原子比和溶剂不溶物等有关，随着软化点温度的升高，其黏度增加，残炭率增加，C/H原子比增大，溶剂不溶物增加。

实验表明，沥青软化点温度与其 C/H 原子比和苯不溶物（BI）含量有着较好的线性相关关系。

密度是沥青的基本性质之一，在相同条件下制取的煤焦油沥青，其密度与软化点之间存在良好的线性关系。随着沥青软化点温度的提高，沥青的密度增加。不同软化点的沥青密度，随着加热温度的升高呈线性关系，且彼此平行。

沥青在应用上的另一个具有非常重要的理论和实际应用意义的性质是黏度，它对沥青的热转化性质、作为黏结剂的应用和作为重质燃料油的性质等具有较大的影响。煤焦油沥青的黏度是由加热温度和沥青性质决定的。沥青黏度与温度的关系具有指数性质，在一定温度范围内，黏度会发生急剧的变化。

沥青的黏结性质来自其热塑性。由于温度升高时黏度下降快，同时也由于芳香族化合物和杂环化合物具有极性特征，在温度超过150℃时沥青能很好地润湿无机矿物质、合成碳和焦炭，并在使用适当成型技术时使其紧密结合在一起。

2. 煤焦油沥青的组成

沥青是多环芳香碳氢化合物及高分子树脂的混合物，其结构主体是缩合芳环，另外还含有氧、氮及硫的杂环化合物和少量高分子碳素物质。除树脂和碳素物质外，其余的化合物具有结晶性，并形成具有多种组成的共熔混合物，显著降低沥青的软化点。沥青中的化合物数量众多，已查明的有70余种。

沥青的平均元素组成实例：C 为 92.7%～94.16%，H 为 4.08%～4.63%，S 为 0.34%～0.46%，N 为 0.7%～1.07%，O 为 0.32%～1.36%，灰分为 0.08%～0.28%。灰分来自焦油中存在的矿物组分及用碳酸钠脱焦油中固定铵盐而产生的钠盐。由元素分析得到的 C/H 原子比可作为芳香度的重要标志，提高沥青 C/H 原子比，则可以提高其芳香度（芳碳率）。

沥青的族组成分析是利用溶剂萃取的方法将沥青分离成不同的物质群，它表征沥青的一般特性。沥青的族组成取决于溶剂的性质，通常用某一种溶剂，采用同样的抽提方法对沥青进行溶剂抽提，可以得出数量不同的族组成。

甲苯不溶物（TI）是沥青中不溶于甲苯的残留物。其平均相对分子质量为 1200～1800，C/H 原子比为 1.53 左右，外观为黑棕色粉末，具有稳定的组分。该组分具有热可塑性，并参与生成焦炭网格，其结焦值可达 90%～95%，对骨料焦结起重要作用。沥青的结焦值随着 TI 的增加而增加 TI 对炭制品机械强度、密度和导电率有影响。

α 树脂是沥青中不溶于喹啉的残留物。其平均相对分子质量为 1800～2600，C/H 原子比大于 1.67。沥青的结焦值随 α 树脂的增加而增加。沥青中含有一定量的 α 树脂有利于提高炭制品的机械强度和导电性，对炭制品焙烧中的膨胀有一定的限制作用。但沥青的《树脂含量过高，会导致沥青的流动性降低，含量过低会导致电极用沥青中糊料偏析分层。

β 树脂是沥青中不溶于甲苯而溶于喹啉的组分，其值等于 TI 与 QI 之差，其平均相对分子质量为 1000～1800，C/H 原子比为 1.25～2.0。β 树脂在常温下为固态，加热后熔融膨胀。β 树脂是中、高分子质量的稠环芳烃，黏结性好，结焦性好，所生成的焦结构呈纤维状，具有较好的易石墨化性能。因此，作为黏结剂，沥青中的 β 树脂含量直接影响炭制品的密度、强度和电阻率等性质。由 β 树脂所得的炭制品电阻系数小，机械强度高。

γ 树脂是沥青中较轻的组分，在苯或甲苯中可溶。其平均相对分子质量为200～1000，C/H原子比为0.56～1.25，呈带黏性的深黄色半流体。沥青在用作炭制品的黏结剂时，γ 树脂的含量决定沥青的黏度特性，可以降低沥青的黏度。增加 γ 树脂的含量可以改善糊料的塑性，使沥青易于被炭质骨料吸附，利于成型。γ 树脂含量过高会降低沥青炭化后的残碳量，影响其孔隙率和机械强度；也会降低沥青的结焦值，从而影响焙烧品的密度和机械强度。

六、焦炉煤气的形成、性质与利用

焦炉煤气是混合物，随着炼焦煤配比和操作工艺参数的不同，其组成略有变化。一般主要成分为氢气55%～60%、甲烷23%～27%，另外还含有少量的一氧化碳（5%～8%）和二氧化碳（1.5%～3%）、C_2以上不饱和烃和氧气及氮气。经过净化的焦炉煤气属中热值煤气，大约为19.3MJ/m³，有较高的利用价值。

目前，焦炉煤气的利用主要有以下几种途径：

（一）焦炉煤气作为燃料

钢铁联合企业中，焦化厂生产的焦炉煤气作为优质工业燃料几乎全部用于轧钢、烧结，而焦炉自身加热则采用低热值的高炉煤气加热，从而使煤气得到充分、合理的利用。独立焦化厂的剩余焦炉煤气有一部分也用作燃料，靠近城市附近时，经净化后送入城市煤气管网，作为居民生活用气。此外，焦炉煤气还广泛用于其他工业企业，特别是用于陶瓷、水泥、玻璃等企业，可以明显提高产品质量，但这部分用量占煤气总产量的比例不大。随着我国"西气东输"工程的实施，天然气不可避免地取代了很大一部分焦炉煤气的市场，但在天然气还没有通达而焦化行业有一定基础的地区，焦炉煤气仍是民用煤气和其他工业生产的主要气体燃料来源。

（二）焦炉煤气用于发电

以焦炉煤气为燃料，通过采用蒸汽轮机、燃气轮机或燃气内燃机发电并同时实现热电联产的能源转换方式，是目前独立焦化厂处理剩余煤气采用较多的方法。这几种发电方式在我国均有应用，技术成熟，但规模均较小（一般小于$2×10^4$kW）、成本高且电的质量较差、难以上网。在钢铁联合企业中，为处理剩余的高炉煤气，而采用高炉煤气与焦炉煤气混烧的"燃气-蒸汽联合循环发电"。这种发电方式可以实现热能资源的高效梯级综合利用，发电效率在45%以上，且用水量低、调峰性能好，是目前我国大、中型钢铁联合企业正在积极推广的技术。

（三）焦炉煤气制化学合成原料

1. 生产甲醇及二甲醚

焦炉煤气中含有50%以上的氢气及20%以上的甲烷，利用其所含的氢源及碳源，采用有催化或无催化的部分氧化法可以合成制取甲醇。而制成的甲醇，在汽油中掺入10%～15%，可以代替汽油，进而还可以制成液化气或和氢气相当的环境友好型燃料——二甲醚。

2.生产化肥

制合成氨是焦炉煤气利用最早的技术途径之一，山西焦化集团、丰喜集团华瑞公司以焦炉煤气为原料，采用成熟、先进的富氧甲烷转化、二氧化碳汽提法尿素合成等工艺技术生产尿素，每生产1t合成氨可消耗焦炉煤气1720m³。

（四）焦炉煤气用于制氢

焦炉煤气组分本身含有氢气55%以上，简单的分离就可以获得氢气。我国武钢硅钢厂、宝钢冷轧厂、石家庄焦化厂等相继建成了焦炉煤气变压吸附制氢装置，制氢成本仅相当于电解水成本的1/4～1/3。除了工业应用，氢气可作为车用燃料电池的燃料，用于煤焦油加氢和生产过氧化氢（双氧水）。

（五）焦炉煤气用于生产直接还原铁

传统的炼铁工业完全依靠碳为还原剂，随着炼焦煤和焦炭资源的日益短缺，业界正在开发资源节约、环境友好的氢冶金，因为氢的还原潜能是一氧化碳的14倍。焦炉煤气中的甲烷热分解可获得74%的H_2和25%的CO，以此气体还原生产海绵铁能大大降低炼铁过程中对炼焦煤和焦炭的消耗。

（六）焦炉煤气制天然气

由于焦炉气富含氢气、甲烷和一氧化碳，因此可通过甲烷化反应来提高热值，使绝大部分一氧化碳、二氧化碳转化成甲烷，经进一步分离提纯后可以得到甲烷体积分数90%以上的合成天然气，再经压缩得到压缩天然气，或经液化得到液化天然气。随着我国低碳经发展济理念深入人心及人民生活水平的提高，居民生活用天然气燃料的需求明显增强。据统计，到2015年和2020年，我国天然气的供需缺口将分别达到$600×10^8m^3$和$1000×10^8m^3$。利用现有的丰富的焦炉煤气资源制取天然气，对缓解我国天然气供应缺口将起到一定的积极作用。

第六节　我国煤化工产业的现状及面临的挑战

一、现代煤化工产业发展现状

现代煤化工是以煤为主要原料，生产油、气等多种煤制清洁燃料和基础化工原料的煤炭加工转化产业，主要包括煤制油、煤制天然气、煤制烯烃、煤制乙二醇等四大类产业模式。"十三五"以来，煤化工发展突飞猛进，均已实现大规模化工业生产，截至"十三五"末，我国已经建成10套煤制油、4套煤制天然气、32套煤（甲醇）制烯烃、24套煤制乙二醇示范及产业化推广项目(1)。

（一）现代煤化工产业规模逐渐增加

截至 2020 年底，煤制油、煤制天然气、煤制烯烃、煤制乙二醇产能分别达到 931 万 t/a、51.05 亿 m³/a，1122 万 t/a、597 万 t/a，投产率分别增长至 56.06%、91.77%、96.30%、50.28%，呈现稳步增长趋势。我国现代煤化工近 5a 产能情况如图 1-3 所示，投产率如图 1-4。

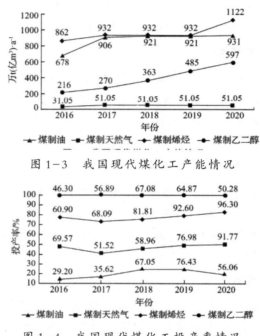

图 1-3　我国现代煤化工产能情况

图 1-4　我国现代煤化工投产率情况

（二）生产运行水平持续提升

"十三五"期间，国家能源集团宁夏煤业公司采用具有国内自主知识产权技术建成 400 万 t/a 煤间接液化示范项目。国家能源集团鄂尔多斯煤直接液化示范项目累计生产油品 388 万 t，生产负荷维持在 85% 左右，单周期稳定运行突破 420d。国家能源集团包头煤制烯烃项目最长连续运行突破 528d，累计生产聚烯烃 315 万 t 左右。随着技术水平和工艺系统的优化与提升，现代煤化工项目单位产品能耗、水耗显著降低，如百万吨级煤间接液化项目单位产品综合能耗为 2t 标煤，单位产品原料煤耗为 3.5t 标煤，单位产品工业水耗为 5～6.8m³。国家能源集团神华百万吨级煤直接液化项目吨油品耗水由设计值 10m³ 降至 5.8 m³ 以下；神华宁煤 400 万 t/a 煤炭间接液化项目吨产品新鲜水消耗降至 6.1 m³，相较于南非沙索公司煤炭间接液化工厂吨产品水耗 12.8 m³ 有大幅下降。

（三）综合技术水平处于国际领先地位

大型煤气化技术已经实现规模化发展，气流床气化技术、固定床气化技术单炉投煤量规模分别达到 3000～4000t/d、1000t/d。低温费托合成技术取得进一步成果，新型费托合成催化剂已经完成实验室定型，催化剂产油能力提升30%～50%。自主甲烷化技术研究取得阶段性成果，甲烷化催化剂和甲烷化技术得到突破性进展，已经进行中试或工业侧线试验。合成气制乙二醇自主化技术水平不断提升，单台DMO反应器产能由5万t/a增长至10万t/a，加氢催化剂寿命由平均2000h增至5000h，吨乙二醇产品能耗由3t标煤降至2.6t。甲醇制烯烃技术在大型化的化工生产中得到应用，如以中科院大连化学物理研究所DMTO生产技术为代表的自主甲醇制烯烃技术，在神华煤矿80万t/a煤制烯烃项目中，首次投料并试车成功，2020又相继开发出甲醇制烯烃三代DMTO技术，目前5000t/a的生产线已经正式投产。

（四）安全环保水平不断提高

"十三五"以来，现代煤化工项目均按照最严格的大气污染物排放标准建设开工，部分项目率先执行了超低排放。西部地区项目执行污水"近零排放"，废渣综合利用率逐步提高。神华鄂尔多斯煤制油公司开发了高选择性多元协同强化催化降解新技术及生物与化学耦合分级处理关键技术，解决了煤直接液化产生的高浓污水中溶解性有机毒物的选择性降解难题。中煤鄂尔多斯能源化工有限公司集成高级氧化、降膜式蒸发、超滤、纳滤、蒸发结晶技术处理煤化工浓盐水，废水回用率高达98%，每年可回收利用废水470万t，按照每吨水10元价格计算，可节约500万元左右，实现废水资源化利用。

二、现代煤化工产业发展面临的挑战

虽然我国现代煤化工一直处于世界领先水平，但是由于自身发展时间较短，技术手段尚未成熟等原因，大而不强、大而不优问题一直存在，如煤化工存在能耗、水耗仍居高位，产品单一、同质化严重的问题，同时现代煤化工产业CO_2排放量居高不下被认定为"两高"产业。在国家"双碳"、"双控""双限"政策的多重约束下，现代煤化工的发展受到了严重限制。因此，必须加快现代煤化工向高端化、多元化、低碳化转型升级。

（一）"三高"问题突出

在限制全国"两高"项目建设的基础上，国家印发严控沿黄地区"三高"项目建设的通知，即针对现有已备案但尚未开工的拟建高污染、高耗水、高耗能项目一律重新评估，确有必要建设且符合相关行业要求的可以继续推进。现代煤化工是重点控制的"三高"项目。据统计，2020年全国煤化工行业消费煤炭（包括焦炭）9.3亿t，碳排放量为5.5亿t，其中能源活动及工业生产过程中产生的直接排放占88%，电力间接排放占12%。在现代煤化工项目中，全部的煤制油、85%煤制烯烃、接近一半的甲醇制烯烃项目均分布在黄河流域。因此，在增加水耗门槛后，现代煤化工的准入要求进一步提高。

现代煤化工是黄河流域主要的耗水产业，目前用水总量约为5.3亿m^3，从煤化工各产业板块来看，煤直接制油、煤间接制油、煤制天然气、煤制烯烃、煤制甲醇、煤制乙二醇单位产品取水量分别为6.5m^3/t、7.0m^3/t、6.0 m^3/（kN·m^3）、16.0m^3/t、

$9m_3/t$、$10m^3/t$。黄河流域水资源匮乏，现代煤化工产业用水量过度，将对流域生态环境产生不可逆转的破坏。

现代煤化工低碳化利用已经取得一定进展，但仍属于高碳排放项目，其单位产品 CO_2 排放强度见表1-7。

表1-7　现代煤化工项目碳排放强度

类别	单位产品 CO_2 排放强度
煤直接液化制油/（t•t^{-1}）	6.5
煤间接液化制油/（t•t^{-1}）	5.8
煤制烯烃/（t•t^{-1}）	11.1
煤制乙二醇/（t•t^{-1}）	5.6

现代煤化工项目的碳排放源头主要来自两个方面：一是工艺过程以低温甲醇洗工段为主的高浓度 CO_2 排放；二是以热电中心锅炉为主的低浓度 CO_2 排放。其中，低温甲醇洗 CO_2 源自变换单元，将 CO 转变为 H_2 和 CO_2。

（二）产品结构单一，工艺技术尚待突破

目前煤化工产品以大宗通用化学品和油品为主，导致产品结构单一、产品链条短、产品同质化现象严重。初级产品及中间产品占比高，高端产品占比少，导致煤化工产品缺乏市场竞争力，难以适应市场波动，无法满足市场需求。据统计，我国化工新材料自给率为60%，其中工程塑料树脂自给率仅为38%，高端电子化学品市场产品进口依存度高达90%以上。

第二章　焦化过程大气污染治理技术

第一节　大气污染物概述

一、焦化行业大气污染物

（一）粉尘

　　工业废气中的颗粒物即粉尘，粒径范围为 $0.001\sim500\mu m$。所谓降尘是指直径大于 $10\mu m$ 的粉尘易于沉降；所谓飘尘是指直径小于等于 $10\mu m$ 的粉尘以气溶胶的形式长期漂浮于空气中。直径在 $0.5\sim5\mu m$ 的粉尘对人体危害最大。在焦化生产中粉尘主要是煤尘和焦尘。作业场所空气中的粉尘浓度不得大于 $10mg/m^3$，外排气体的含尘浓度应符合现行的工业"三废"排放标准。焦化生产中粉尘的危害主要表现在：1. 人吸进呼吸系统的粉尘量达到一定数值时，能引起鼻炎、各种呼吸道疾病以及肺癌等；2. 粉尘与空气中的 SO_2 协同作用会加剧对人体的危害；3. 人吸进含有重金属元素的粉尘危害性更大；4. 粉尘能吸收大量紫外线短波部分，当粉尘浓度达到 $2mg/m^3$ 以上时，对人伤害很大；5. 烟尘使光照度和能见度减弱，严重影响动、植物的生长，也影响了城市交通秩序，造成交通事故的多发；6. 某些粉尘当浓度达到爆炸极限时，若存在足够的火源将引起爆炸，粉尘的粒径越小，粉尘和空气的湿度越小，爆炸的危险性越大。

（二）二氧化硫

　　二氧化硫（化学式：SO_2）是最常见的硫氧化物。无色气体，有强烈刺激性气味，是大气主要污染物之一。

　　二氧化硫易溶解于人体的血液和其他黏性液。大气中的 SO_2 会导致呼吸道炎症、支气管炎、肺气肿、眼结膜炎症等。同时还会使青少年的免疫力降低，抗病能力变弱。SO_2 在氧化剂、光的作用下，能生成硫酸盐气溶胶，硫酸盐气溶胶能使人致病，增加病人死亡率。根据经济合作发展组织（OECD）的研究，当硫酸盐年浓度在

$10 \mu g/m^3$ 左右时，每减少 10% 的浓度能使死亡率降低 0.5%；SO_2 还能与大气中的飘尘黏附，当人体呼吸时吸入带有 SO_2 的飘尘，会使 SO_2 的毒性增强。

研究表明，在高浓度的 SO_2 的影响下，对植物产生急性危害，叶片表面产生坏死斑，或直接使植物叶片枯萎脱落；在低浓度 SO_2 的影响下，植物的生长机能受到影响，造成产量下降，品质变坏。SO_2 对金属特别是对钢结构的腐蚀，每年给国民经济带来很大的损失。据估计，工业发达国家每年因为金属腐蚀而带来的直接经济损失占国民经济总产值的 2%~4%。

（三）氮氧化物

氮氧化物包括多种化合物，如一氧化二氮（N_2O）、一氧化氮（NO）、二氧化氮（NO_2）、三氧化二氮（N_2O_3）、四氧化二氮（N_2O_4）和五氧化二氮（N_2O_5）等。除二氧化氮以外，其他氮氧化物均极不稳定，遇光、湿或热变成二氧化氮及一氧化氮，一氧化氮又变为二氧化氮。因此，职业环境中接触的是几种气体混合物常称为硝烟（气），主要为一氧化氮和二氧化氮，并以二氧化氮为主。

一氧化氮（NO）为无色气体，相对分子质量 30.01，熔点 $-163.6\,℃$，沸点 $-151.5\,℃$，蒸气压 101.311kPa（$-151.7\,℃$）。溶于乙醇、二硫化碳，微溶于水和硫酸，水中溶解度 4.7%（$20\,℃$）。性质不稳定，在空气中易氧化成二氧化氮（$2NO+O_2 \rightarrow 2NO_2$）。二氧化氮（$NO_2$）在 $21.1\,℃$ 时为红棕色刺鼻气体；在 $21.1\,℃$ 以下时呈暗褐色液体。在 $-11\,℃$ 以下时为无色固体，加压液体为四氧化二氮。相对分子质量 46.01，熔点 $-11.2\,℃$，沸点 $21.2\,℃$，蒸气压 101.31kPa（$21\,℃$），溶于碱、二硫化碳和氯仿，微溶于水。性质较稳定。

氮氧化物（NO_x）种类很多，造成大气污染的主要是一氧化氮（NO）和二氧化氮（NO_2），因此环境学中的氮氧化物一般就指这二者的总称。

氮氧化物可刺激肺部，使人较难抵抗感冒之类的呼吸系统疾病，呼吸系统有问题的人士如哮喘病患者，会较易受二氧化氮影响。对儿童来说，氮氧化物可能会造成肺部发育受损。研究指出长期吸入氮氧化物可能会导致肺部构造改变，但目前仍未确定导致这种后果的氮氧化物含量及吸入气体时间。以一氧化氮和二氧化氮为主的氮氧化物是形成光化学烟雾和酸雨的一个重要原因，氮氧化物与氮氢化合物经紫外线照射发生反应形成的有毒烟雾，称为光化学烟雾。光化学烟雾具有特殊气味，刺激眼睛，伤害植物，并能使大气能见度降低。另外，氮氧化物与空气中的水反应生成的硝酸和亚硝酸是酸雨的成分。大气中的氮氧化物主要源于化石燃料的燃烧和植物体的焚烧，以及农田土壤和动物排泄物中含氮化合物的转化。

（四）多环芳烃

多环芳烃是指两个以上苯环以稠环形式相连的化合物，是目前环境中普遍存在的污染物质。此类化合物对生物及人类的毒害主要是参与机体的代谢作用，具有致癌、致畸、致突变和生物难降解的特性。焦化行业排放的多环芳烃包括苯并芘（BaP）、1，2-二甲基苯并蒽、3-甲基胆蒽等约 100 多种。

多环芳烃在环境中的存在虽然是微量的，但其不断地生成、迁移、转化和降解，并通过呼吸道、皮肤、消化道进入人体，极大地威胁着人类的健康。其危害作用主要体现在：

1. 化学致癌作用。多数多环芳烃均具有致癌性，苯并芘、1，12-二甲基苯蒽、二苯并（A，H）蒽、3-甲基胆蒽等焦化污染物具有强致癌性。流行病学研究表明，多环芳烃通过皮肤、呼吸道、消化道等均可被人体吸收，有诱发皮肤癌、肺癌、直肠癌、膀胱癌等危害，而长期呼吸含多环芳烃的空气，饮用或食用含有多环芳烃的水和食物，则会造成慢性中毒。有调查表明苯并芘浓度每增加 $0.1\mu g/100m^3$ 时，肺癌死亡率上升 5%。我国云南省宣威县由于室内燃煤，空气中苯并芘污染严重，成为肺癌高发区，有些乡肺癌死亡率高达 $100/（10\times10^4）$ 以上；许多山区居民经常拢火取暖，室内终日烟雾弥漫，造成较高的鼻咽癌发生；职业中毒调查表明，在 $3\mu g/m^3$、$2\mu g/m^3$ 浓度下工作 5 年和 20 年的工人，前者大部分诱发肺癌，后者患多种癌症；焦炉工人的肺癌死亡率同接触苯并芘的浓度密切相关。

2. 光致毒作用。越来越多的研究表明，多环芳烃的真正危险在于它们暴露于太阳光中紫外线辐射时的光致毒效应。科学家将多环芳烃的光致毒效应定义为紫外线的照射对多环芳烃毒性所具有的显著影响。研究表明，多环芳烃对原生动物、水蚤、昆虫、水生无脊椎、水生脊椎动物、植物和哺乳动物等都有较强的光致毒作用。有实验表明，同时暴露于多环芳烃和紫外线照射下会加速具有损伤细胞组成能力的自由基形成，破坏细胞膜，损伤 DNA，从而引起人体细胞遗传信息发生突变。

总之，多环芳烃由于具有致癌性强的特点，而对自然环境及人类健康造成很大的危害。随着人们重视程度的提高以及科学工作者的深入研究，各国已经开始制定多环芳烃的含量排放标准，并提出了多种有效的防治措施，从而有助于人们更好地保护环境，维护人类健康。

二、焦化行业大气污染物来源

由于焦煤在焦炉中高温热解，热解过程及装煤、出焦和熄焦过程都会产生颗粒态、气态污染物，包括无机化合物（如 CO、SO^2 等）、有机物（如多环芳烃、苯系物、NMHCs 及醛类等）、重金属（如镉、砷等）。炼焦大气污染物排放伴随整个焦炭生产过程，包括焦炭工段（生产过程包括焦煤洗选、装煤、出焦和熄焦）和化产工段（包括焦炉煤气的净化和焦油的再加工）。本次测试则包含了焦炭工段的主要工序：装煤、出焦、熄焦有组织烟气排放及焦炉顶大气污染物浓度水平。

（一）装煤过程污染物排放

装煤包括从煤塔取煤和由装煤车往炭化室内装煤。每孔炭化室装煤都必需均衡，与规定装煤量的偏差不超过 1%，装煤车在接煤前后进行称量，以保证焦炭产量和炉温稳定。

装煤过程中，装入炭化室的煤料置换出大量荒煤气，装炉开始时空气中的氧还和入炉的细煤粒不完全燃烧生成炭黑，而形成黑烟；装炉煤和高温炉墙接触、升温，产生大量水蒸气和荒煤气及扬起的洗煤粉。主要大气污染物为 CO、SO_2、H_2S、粉尘及大量有机气体等。一些研究估计，装煤烟尘排放量约占焦炉烟尘排放量的60%。

（二）出焦过程污染物排放

主要是炭化室炉门打开后散发出残余煤气及由于空气进入使部分焦炭和可燃气燃烧及出焦时焦炭从导焦槽落到熄焦车中产生的大量粉尘。主要大气污染物为CO、粉尘、硫化物及有机气体。

（三）熄焦过程污染物排放

为防止自燃和便于皮带运输，从炭化室出来的红焦必须经过熄焦。熄焦分湿熄焦、干熄焦及低水分熄焦。

1. 湿熄焦。向熄焦塔内红焦淋水时，产生大量含有污染物的饱和水蒸气经熄焦塔顶部排出，损失大量显热，主要大气污染物是CO、酚、硫化物、氰化物和几十种有机化合物，其对环境的污染占整个炼焦环境污染的1/3。湿法熄焦可设置挡板和过滤网，捕集绝大部分粉尘。

2. 干熄焦。利用惰性气体吸收密闭系统中红焦的热量，携带热量的惰性气体与废热锅炉进行热交换产生水蒸气后，再循环回来对红焦进行冷却。干法熄焦可减少大量熄焦水，消除含有焦粉的水汽和有害气体对附近构筑物和设备的腐蚀。低水分熄焦。可代替目前广泛使用的常规喷淋湿熄焦方式，焦炭水分能控制在较低水平且稳定性更高，焦炭粒级分布较好。

（四）焦炉煤气燃烧废气

焦炉在生产过程中以焦炉煤气为燃料，燃烧后废气由烟肉排出。主要大气污染物为烟尘、SO_2、NO_x等。如果煤气不完全燃烧也会产生大量有机气体。

（五）煤气净化系统

主要是各储槽、设备的放散管、管式加热炉烟囱等的大气污染物排放以及脱硫和硫氨干燥尾气。

排放的污染物主要是SO_2、CO、H_2S、HCN、NH_3、NO_x、有机废气等。

（六）焦炭生产过程中其他无组织大气污染物排放

如推焦过程中粉尘及大气污染物的逸散，由于推焦过程中空气受热发生对流运动，形成的热气流携带大量焦粉散入空气中，经统计推焦过程产生的烟尘占焦炉排放量的10%；据测量，推焦时每吨焦炭散发的烟尘有0.4kg之多。国外对炭化室尺寸$12m \times 0.45m \times 3.6m$的焦炉进行过测量，其推焦烟气量在正常出焦时可达$124m^3/min$；若推出的焦炭较生，焦炭中残留了大量热解产物，在推焦时和空气接触，燃烧生成细粒分散的炭黑，从而形成大量浓黑的烟尘，产生的烟尘量更大。

另外熄焦车开往熄焦塔途中，红焦遇空气燃烧冒烟；筛焦过程中的粉尘排放；其他生产工序操作过程中也伴随着大气污染物的无组织逸散。

综上所述，可以看出由于炼焦生产主要是煤热解的过程，过程中必然伴随着煤的颗粒、煤中碳和硫生成的CO和SO_2，煤中挥发性有机物的释放，再加上现在炼焦生产工艺现状，必然存在大量无组织大气污染物的排放：虽然越来越多的焦化厂安装了装煤、出焦和熄焦的除尘设施，炼焦生产大气污染物排放，特别是有毒有害气体的无组织排放还是难以控制。

三、焦化行业大气污染物特点

除焦炉烟囱及管式炉烟囱外，焦化企业其他部位的大气污染物的排放多为无组织排放，具有如下特点：

（一）阵发性

焦炉装煤、推焦等过程产生的污染物具有阵发性，每次过程时间短，污染物（工业粉尘、苯并芘等）排放量巨大，且次数频繁。一般情况下，装煤、推焦每间隔 $6\sim12min$ 各有一次，每次时间各在 $1\sim3min$。

（二）连续性

焦炉炉门、装煤孔盖、上升管盖和桥管连结（承插口）等处的泄漏及散落在焦炉炉顶的煤受热分解的含尘烟气具有连续性。

（三）偶发性

焦炉荒煤气的放散具有偶发性，其特点是废气量大，含尘和有害物质浓度高。

第二节   焦炉烟尘控制技术

一、炼焦期间散烟的控制

炼焦期间的散烟及其控制主要在于焦炉炉门、焦炉顶上升管和装煤孔以及相应的焦炉运行管理方面。

（一）炉顶烟尘的控制

炉顶烟尘来源于装煤孔盖、上升管盖、上升管与炉顶连接处等。国内已采取的主要控制措施如下。

1. 装煤孔盖泥封采用人工或装煤车机械浇泥，把泥浆浇灌在孔盖周边加以密封。可以采用泥料 $SiO_2 > 80\%$ 的耐火粉，细度 $0.074mm$ 以下，体积密度 $< 1.3t/m^3$，加水搅拌成密度为 $1.1\sim1.2t/m^3$ 浆液，黏度大于 $40cP$（$1cP = 10^{-3}Pa \cdot s$，下同），pH值小于8，要求悬浮性好，收缩性好，干燥后容易脱落。

2. 上升管盖密封国内20世纪80年代以来，普遍采用水封式上升管盖，水封高度大于上升管内煤气压力，保证荒煤气不外逸。

3. 上升管与炉顶连接处封堵采用耐火材料、泥浆、石棉绳和耐火粉料与精矿粉混合泥浆封堵，承插口处采用氨水水封。

目前国外对装煤孔盖除采用泥封外，对装煤孔盖、孔座的结构设计做了改进，把盖和座的密封沿圆周方向加工成球面，由于球面密封有"万向密合"的优点，即使盖子有点倾斜也能与座贴合良好，保证密封。

（二）炉门烟尘的控制

炉门刀边与炉框镜面接触不严密将使炉内烟气泄露。20世纪50年代，采用小压架顶丝压角钢或丁字钢刀边的刀封炉门结构，但炉门容易产生热变形发生漏缝。20世纪60年代，采用敲打刀边，但不能消除炉门因热变形引起的冒烟现象。20世纪80年代，采用空冷式炉门，改善了炉门铁槽与炉门框因受热而引起的变形，同时采用带弹性腹板的不锈钢刀边，用小弹簧施加弹性力来调节刀边的密封性，基本上消灭了炉门冒烟现象。国内有些厂还采用了气封炉门技术，进一步消灭了炉门冒烟情况。

（三）设置焦炉顶面自动吸尘清扫车

这种清扫装置可以设在装煤车上，也可以独立配置。它可以吸除炉面上的煤粉，防止其扬尘或在炉面上燃烧。

（四）设集气管放散管点火装置

点火装置用于焦炉事故或停电时把集气管内放散出来的荒煤气自动点燃、烧尽，以免排放到大气中，污染环境。

二、焦炉装煤烟尘的控制技术

装煤车把煤通过装煤孔装入赤热的炭化室，此时煤中水分蒸发和挥发分的迅速产生造成炭化室内压力突然上升，形成大量烟尘从炭化室逸出。目前焦化厂普遍采用顺序装煤，焦炉设置双集气管，以及在上升管桥管处采用1.8～2.5MPa的高压氨水（或0.7～0.9MPa蒸汽）喷射，使炭化室形成负压（如装煤孔处压力为−5Pa），以实现无烟装煤。但实际效果并不十分理想，由于国内大多数装煤车装煤伸缩筒、平煤杆套以及装煤孔座气密性差，喷射吸力波动较大，加上重力装煤产生的大量烟尘，不能完全借助高压氨水喷射及时导出，烟尘仍有一部分从装煤孔、小炉门等处逸出进入大气，造成环境污染。

从20世纪70年代起，随着环保要求日益严格，焦炉烟尘污染与治理技术引起世界发达国家的高度重视，并相继在焦炉上试用成功，取得明显成效。目前已采取多种治理技术和措施，分别控制和降低装煤过程中的烟尘排放、炉门和炉顶的冒烟、冒火。国内也先后研究开发和实施了各种装煤烟尘的控制方法，主要可分为密封式可调装煤除尘和抽吸式装煤除尘设施，抽吸式装煤又可以分为车载式和地面站式。现有具体控制措施和治理技术详见图2-1。

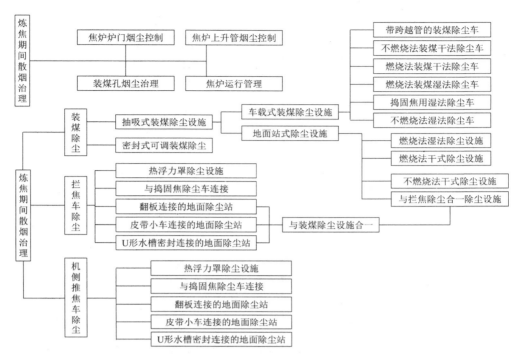

图 2-1　焦炉除尘控制措施和治理技术框图

三、焦炉拦焦操作的烟尘控制技术

推焦过程是在 1～3min 内推出炭化室的红焦，红焦质量多达 10～50t。红焦表面积大、温度高，与大气接触后收缩产生裂缝，并在大气中氧化燃烧，引起周围空气强烈对流，产生大量烟尘。推焦排放的污染物主要是焦粉、二氧化碳、氧化物、硫化物等。如果焦化不均匀或焦化时间不足，有生焦产生，此时推焦过程产生的烟气呈黑色，烟气中含有较多的焦油物质，粉尘发生量约 0.4～3.7kg/t 焦。

与焦炉装煤烟尘治理相比，拦焦烟尘治理技术问世较早，成熟也早。由于环保工艺与设施要求焦炉拦焦和装煤烟尘需同步治理，随着技术进步和对焦炉治理经验的积累，拦焦除尘技术不断发展。目前拦焦除尘大致可以分为车载式和地面除尘站以及与装煤除尘合一等方法。

第三节　焦化烟尘烟气采样方法

一、焦化烟气产生与排放

焦炭的生产包括装煤、高温热解、出焦和熄焦等几个过程。在炼焦中，大气污染物排放伴随整个过程，包括焦炭阶段（生产过程包括焦煤洗选、装煤、热解、出焦和熄焦）和化产阶段（包焦炉煤气的净化和焦油的再加工）。在这个过程中会产生颗粒物和气态污染物，包括无机化合物（如 CO、SO_2 等）、有机物（如 PAHs、苯系物、NMHC 及醛类等）、重金属（如镉、砷等）。炼焦过程中排放的污染物种类多、浓度高，而且由于烟气温度和湿度的影响，化合物在烟气中的状态不稳定，易发生转化和反应。具体表现为以下几种。

（一）装煤过程污染物排放

装煤主要存在顶装和捣固两种装煤方式。无论采用哪种装煤方式，在装煤过程中，温度低的煤在进入炭化室后，一方面会置换、产生出大量的荒煤气；另一方面与高温的炉体接触后扬起煤粉灰，煤的快速升温还会导致煤内部发生氧化和不完全燃烧等反应，形成多种新的化合物。据估计，装煤过程中产生的烟尘排放量约占焦炉烟尘排放的 60%。

（二）出焦过程污染物排放

出焦过程产生污染物主要是指炭化室门打开后，高温的焦炭与外界空气接触后燃烧产生的气体及高温焦炭与熄焦车接触后产生的大量粉尘。这里面主要包括打开后逸散出的荒煤气，焦炭燃烧产生的有机、无机化合物，熄焦车中的大量粉尘。

（三）熄焦过程污染物排放

熄焦是将高温燃烧的焦炭进行迅速降温处理，以防止其过度燃烧影响焦炭品质。熄焦的方式主要包括干熄焦、湿熄焦两种。

干熄焦是指利用惰性气体吸收密闭系统中红焦的热量，携带热量的惰性气体与废热锅炉进行热交换产生水蒸气后，再循环回来对红焦进行冷却。干法熄焦可减少大量水的使用，消除含有焦粉的水汽和有害气体对附近构筑物和设备的腐蚀。在干熄焦过程中，除了焦炭本身不完全燃烧产生的有机气体外，焦炭表面由于降温还会产生大量的粉尘。

湿熄焦是目前采用最多的熄焦方法，向红焦上淋上大量的熄焦水，使红焦迅速降温冷却，达到熄焦目的。在此过程中，产生的主要大气污染物有 CO、酚、硫化物、氰化物、粉尘和有机化合物。

（四）焦炉煤气燃烧废气

在生产过程中以焦炉煤气为燃料为炭化室供热，废气由烟囱排出。由于在燃烧过程中存在不完全燃烧的现象，因此燃烧后的废气中主要有 CO、SO_2、NO_x、粉尘及大量有机气体等。

（五）焦炭生产过程中其他无组织大气污染物排放

在装煤和出焦过程中，由于消烟除尘车、出焦积尘罩与装煤口、主集气道结合不好，或者风机开启时间晚，容易造成烟气自接口泄漏。焦炭生产过程为微正压操作。在焦化过程，焦炉煤气容易发生自炉盖和炉门的泄漏，主要以气态污染物为主。在熄焦车开往熄焦塔过程中，红焦高温燃烧也会产生烟尘。

二、烟尘采样

烟尘采样是指抽取一定体积的烟气，通过捕集装置，根据采样前后的重量差和采样体积，计算排气中的烟尘浓度和其他有机、无机化合物的浓度。在实际采样中，常用来测定烟尘浓度、烟尘中的重金属、PAHs等物质的浓度。

（一）采样原理及流速测定

测定排气烟尘浓度必须采用等速采样法，即烟气进入采样嘴的速度应与采样点烟气流速相等。采气流速大于或小于采样点烟气流速都将造成测定误差，使测量的烟尘浓度失准。关于不同采样速度下烟尘运动情况有几种：当采样速度（v_n）大于采样点的烟气流速（v_s）时，由于气体分子的惯性小，容易改变方向，而尘粒惯性大，不容易改变方向，所以采样嘴边缘以外的部分气流被抽入采样嘴，而其中的尘粒按原方向前进，不进入采样嘴，从而导致测量结果偏低；当采样速度（v_n）小于采样点的烟气流速（v_s）时，情况正好相反，使测定结果偏高；只有 $v_n = v_s$ 时，气体和烟尘才会按照它们在采样点的实际比例进入采样嘴，采集的烟气样品中烟尘浓度才与烟气实际浓度相同。

目前，等速采样主要存在以下几种方法：预测流速法、静压平衡性采样法、皮托管平行测速采样法、动态平衡型等速管采样法和微电脑平衡采样法。

1. 预测流速法

该方法必须在采样前先测出采样点的烟气温度、压力，计算出流速，再结合采样嘴直径计算出等速采样条件下各采样点的采样流量。

采样前，先使用皮托管、温度计等设备测定出烟气的温度、压力，计算出烟气的流速。计算公式如式（2-1）所示。

$$V_s = 0.076 K_p \sqrt{(273 + t_s) P_d} \tag{2-1}$$

式中 V_s——烟气流速，m/s；

K_p——皮托管校正系数；

t_s——烟气温度，℃；

P_d——排气动压，Pa。

采样时，通过调节流量调节阀按照计算出的流量采样。在流量计前装有冷凝器和干燥器的等速采样流量按式（2-2）计算。

$$Q_{rs} = 0.047 \times d^2 \times V_s \times \frac{B_a + P_s}{273 + t_s} \times \frac{273 + t_r}{B_a + P_r} \times (1 - X_{sw}\%) \tag{2-2}$$

式中 Q_{rs}——等速采样流量，L/min；

d——采样嘴直径，mm；

V_s——烟气流速，m/s；

B_a——大气压强，kPa；

P_s——烟气静压，kPa；

t_s——烟气温度，℃；

t_r——流量计前温度，℃；

P_r——流量计前压力，kPa；

X_{sw}——含湿量，%。

该法的适用条件是：在采样前测定了流速，再按此流速进行连续等速采样，因此，烟道内的流速在这一段时间内应保持不变，即烟气状态参数稳定。方法要求在采样完毕后，烟气流速与采样前相比偏差<20%，否则视为无效结果。因此，预测流速必须是在工艺稳定、催化剂的品质和用量一定、负荷正常的条件下进行，这时测得的数据才能代表某一工况和加工量下的结果。在工艺条件波动或加工量不正常时，所测数据的代表性差。

所使用的烟尘采样设备的连接如图2-2所示。

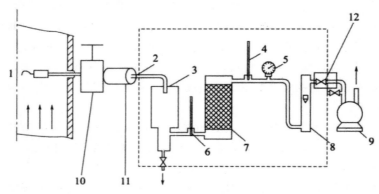

图2-2　烟尘采样系统

1-烟道；2-采样管；3-冷凝器；4，6-温度计；5-压力计；7-干燥计；

8-转子流量计；9-抽气泵；10-阀门；11-防喷冷却套；12-累计流量计

常见的采样颗粒物捕集装置为玻璃筒采样管，它主要由采样嘴、滤筒夹、滤筒及连接管组成。采样嘴的形状未达到不影响采样的气流目的，要求入口角度小于45°，边缘厚度小于0.2mm，采样管连接的一段内径应该与连接管内径一致。该采样设备适用于500℃以下的烟气，对0.5μm以上的烟尘捕集效率在99.9%以上。

2. 皮托管平行测速采样法

该方法将采样管、S型皮托管和热电偶温度计固定在一起插入同一采样点，根据预先测得的烟气静压、含湿量和当时测得的动压、温度等参数，结合选用的采样嘴直径，由编有程序的计算器及时算出等速采样流量，迅速调节转子流量计至所要求的读数。此法与预测流速采样法不同之处在于测定流量和采样几乎同时进行，适用于工况易发生变化的烟气。

在电除尘器的测试中，尚不能有效地解决静电对自动采样仪的冲击干扰，在测试现场将自动采样仪临时接地的方法并不十分有效；在负压较大的烟道中测试，当采样完毕或暂停时，如何同步关闭采样管路，防止负压将滤筒的尘粒倒抽出去等问题均有待解决。

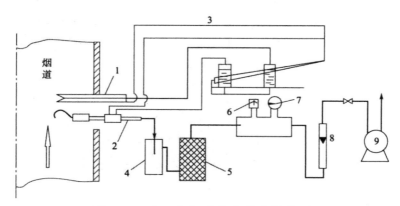

图 2-3　动压平衡型等速管采样装置

1-S型皮托管；2-等速采样管；3-双联压力计；4-冷凝管；5-干燥器；
6-温度计；7-压力计；8-转子流量计；9-抽气泵

3. 动态平衡型等速管采样法

该方法利用装置在采样管中的孔板在采样抽气时产生的压差与采样管平行放置的皮托管所测出的烟气动压相等来实现等速采样。当工况发生变化时，通过双联斜管微压计的指示，可及时调整采样流量，随时保持等速采样条件。其采样装置如图2-3所示。在等速采样装置中，如装上累积流量计，可直接读出采样总体积。该方法与采样嘴的口径无关，也能实现自动流速跟踪，但需特制采样管并多装一套压差传感器。

（二）采样点设置

正确地选择采样位置，确定适当的采样点数目，是决定能否获得代表性的废气样品和尽可能地节约人力、物力的一项很重要的工作，应在调查研究的基础上，综合分析后确定。

1. 采样位置

应选在气流分布均匀稳定的平直管段上，避开弯头、变径管、三通管及阀门等易产生涡流的阻力构件。一般原则是按照废气流向，将采样断面设在阻力构件下游方向大于6倍管道直径处或上游方向大于3倍管道直径处。即使客观条件难于满足要求，采样断面与阻力构件的距离也不应小于管道直径的1.5倍，并适当增加测点数目。采样断面气流流速最好在1.5m/s以上。此外，由于水平管道中的气流速度与污染物的浓度分布不如垂直管道中均匀，所以应优先考虑垂直管道。还要考虑方便、安全等因素。

2. 采样点数目

因烟道内同一断面上各点的气流速度和烟尘浓度分布通常是不均匀的，因此，必须按照一定原则进行多点采样。采样点的位置和数目主要根据烟道断面的形状、尺寸大小和流速分布情况确定。

（1）圆形烟道　在选定的采样断面上设两个相互垂直的采样孔。按照图2-4所示的方法将烟道断面分成一定数量的同心等面积圆环，沿着两个采样孔中心线设4个采样点。若采样断面上气流速度较均匀，可设1个采样孔，采样点数减半。当烟道直径小于0.3m，且流速均匀时，可在烟道中心设1个采样点。不同直径圆形烟道的等面积环数、采样点数及采样点距烟道内壁的距离见表2-1。

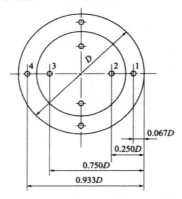

图2-4　圆形烟道布点示意

表2-1　圆形烟道的分环和各点距烟道内壁的距离

烟道直径/m	分环数/个	各测点距烟道内壁的距离（以烟道直径为单位）/m									
		1	2	3	4	5	6	7	8	9	10
<0.6	1	0.146	0.854								
0.6～1.0	2	0.067	0.250	0.750	0.933						
1.0～2.0	3	0.044	0.146	0.296	0.704	0.854	0.956				
2.0～4.0	4	0.033	0.105	0.194	0.323	0.677	0.806	0.895	0.967		
>4.0	5	0.026	0.082	0.146	0.226	0.342	0.658	0.774	0.854	0.918	0.974

（2）矩形（或方形）烟道　将烟道断面分成一定数目的等面积矩形小块，各小块中心即为采样点位置（见图2-5）。小矩形的数目可根据烟道断面的面积，按照表2-2所列数据确定。

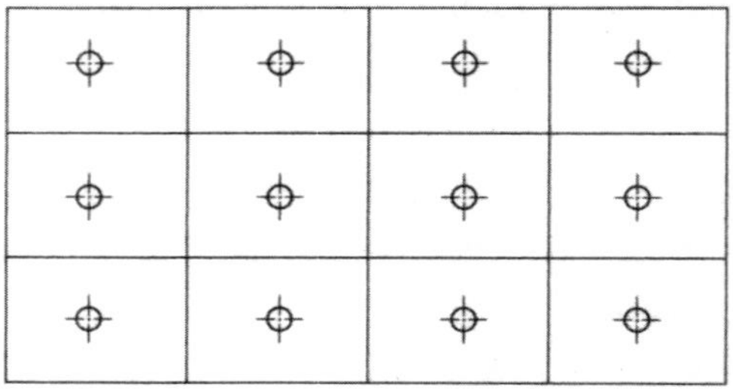

图2-5　矩形烟道采样点布设

表 2-2 矩（方）形烟道的分块和测点数

烟道断面积/m²	等面积小块长边长/m	测点数/个
0.1～0.5	<0.35	1～4
0.5～1.0	<0.50	4～6
1.0～4.0	<0.67	6～9
4.0～9.0	<0.75	9～16
>9.0	<1.0	<20

当水平烟道内积灰时，应从总断面面积中扣除积灰断面面积，按有效面积设置采样点。在能满足测压管和采样管到达各采样点位置的情况下，尽可能地少开采样孔，一般开两个互成90°的孔。采样孔内径应不小于80mm，采样孔管长应不大于50mm。对正压下输送的高温或有毒废气的烟道应采用带有闸板阀的密封采样孔。

（三）烟气PAHs样品采集

在采集烟尘烟气的过程中，除遵循等速采样原则外，烟气温度高、湿度大给烟气采样带来不便。烟气PAHs除存在于烟尘外还有一部分在烟气中，且由于烟气温度的影响，两相分布比例差异加大。文献报道中，一般采用两种方法来进行烟气PAHs采样：其一是烟气冷却采样；其二是烟气稀释采样。

1. 烟气冷却采样法

图2-6是美国APEX公司生产的烟尘烟气采样器示意。该方法使用滤膜采集烟尘样品，然后烟气经过冷却，使用XAD或聚氨酯泡沫体吸附气态半挥发性有机物。采取的平衡型等速管法采样，管线都为高纯石英，且在烟枪和烟尘采样处设置加热设备可保持管道与烟温相同，防止目标物的冷凝和管道的吸附。在冰浴中烟气被冷却成液态，采样中同时收集冷凝水，并分析其中的目标化合物。结果报道时，考虑检测要求，总PAHs可以表示为：

$$\sum PAH = PAH_p + PAH_g + PAH_w$$

式中 PAH_p——烟尘中PAHs；

PAH_g——烟气中PAHs（XAD或聚氨酯泡沫体）；

PAH_w——冷凝水中PAHs。

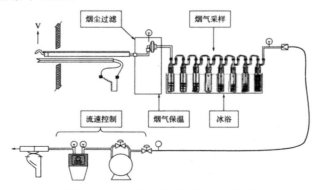

图2-6 烟气冷却采样方法示意

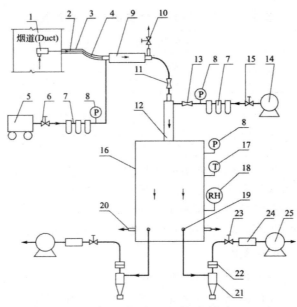

图 2-7　固定燃烧源颗粒物采样系统示意

1-大颗粒切割器；2-采样管；3-加热保温套；4-软管；5-空压机；6-调节阀Ⅰ；
7-空气净化器；8-压力表；9-一级稀释器；10-调节阀Ⅱ；11-气体流量计Ⅰ；
12-二级稀释器；13-气体流量计Ⅱ；14-稀释空气泵；15-调节阀Ⅲ；16-停留室；
17-测温计；18-湿度计；19-采样孔；20-压力平衡孔；21-切割器；22-采样膜；
23-调节阀Ⅳ；24-转子流量计；25-采样泵

2.烟气稀释采样法

图 2-7 为清华大学李兴华等设计的烟气稀释采样装置。本装置将高温烟气在稀释通道用洁净空气进行稀释和冷却至大气环境温度，稀释冷却后的采样气体进入烟气驻留室，停留一段时间后颗粒物被捕集，模拟烟气排放到大气中的稀释、冷却、凝结等过程，捕集的颗粒物可近似认为是燃烧源排放的一次颗粒物（包括一次固态颗粒物和一次凝结颗粒物）。由于高温烟气稀释冷却至大气环境温度，许多在烟气条件下不能采用的过滤材料（如 Telfon 等）也可采用，可应用大气颗粒物的采样方法对颗粒物的化学组成进行全方位的分析，也适应于大气条件的在线颗粒物测量仪器，采用该方法得到的源特征谱的数据适应于大气颗粒物的源解析研究，越来越多的学者采用该方法进行源排放特征研究。

三、烟气采样

采集烟气中的气态有机污染物主要有两种方法：吸附管法和采样袋（采样罐）法。在具体采样过程，其采样布点原则、流速与烟尘采样相同。采样时，要按照采样管采样体积或采样袋体积来具体分配采样时间，保证能采集到混合均匀的样品。

采样时，在烟枪的末端连接滤尘器（硅烷化玻璃毛加滤膜），以去除烟气中的烟尘，然后接抽气泵和采样管或采样袋。

吸附管法为测定气体中挥发性有机物的传统方法，由于烟气中挥发性有机物浓度过高，此法容易发生吸附不完全或穿透现象。采样袋采样不受烟气浓度的限制，而且在实验室分析时也可以采用气体稀释器首先将烟气稀释，避免组分浓度过高造成仪器的损坏。

第四节　焦化过程有机碳和元素碳排放特征

一、有机碳和元素碳性质及危害

环境空气颗粒物（如 PM_{10} 和 $PM_{2.5}$）中碳组分主要以有机碳（OC）和元素碳（EC）的形式存在，其中 OC 是一种含有上百种有机化合物的混合体，包括多环芳烃、正构烷烃及醛酮类羧基化合物等有毒有害物质；EC 则是一种呈黑色的高聚合物质，在400℃以下很难被氧化，常温下具有一定的惰性和憎水性，且不溶于任何有机溶剂。黑炭（BC）和 EC 在文献中经常被互换使用，只是研究者考虑的出发点不同，一般认为通过热化学方法获得的非碳酸盐无机含碳物质称为 EC，通过光学方法获得的物质称为 BC。气候变化领域的研究者倾向于使用 BC 的概念，而研究大气气溶胶化学领域的学者更常使用 EC 的概念。研究表明 BC 几乎全部（>97%）是由 EC 排列而形成的粒子结构，且二者分析结果比较接近，因此在一些研究中，二者经常被等同视之。另外，OC 和 EC 都倾向于吸附在细颗粒物上，且 EC 比 OC 更易存在于细颗粒物中。不同于 OC 的吸收过程，颗粒物中很多物质，尤其是有机物，与 EC 间的作用主要通过吸附过程发生。

OC 中的某些有机物，如多环芳烃、酸类等具有较高的生理毒性，而 EC 由于其较强的吸附能力，能富集大气中的半挥发性物质，对人体健康构成极大危害，能引起各种疾病和癌症。OC 对太阳光具有散射作用，而 EC 具有较强的吸光吸热性质，OC 和 EC 的联合作用对地气系统的辐射平衡、气候变化有显著的影响，同时对臭氧的分布也起到一定的作用另外，EC 还可参与大气化学反应，具有促进硝酸盐的形成，降低大气能见度，形成区域性灰霾等显著的环境质量影响。

二、大气中有机碳和元素碳的来源

由于物理化学性质的差异，OC 和 EC 来源不同。环境空气中的 OC 既包括由污染源直接排放的一次有机碳（OC_{pri}），也包括有机气体通过光化学氧化生成的二次有机碳（OC_{sec}）。一般认为当环境空气中 OC/EC 比值大于 2 时，认为存在通过化学反应生成的 OC_{sec}。相反地，EC 则主要来源于化石燃料或生物质的不完全燃烧，由污染源直接排放。

具体从污染源来看，环境空气中含碳物质的主要排放源包括生物质燃烧（木材、农作物残余物）、工业生产（煤、油及生物燃料燃烧）、发电（煤及油燃烧）、机动车尾气（汽油车、柴油车）及家庭燃煤（原煤、煤球）等。对于许多欧洲城市，EC 主要来源于机动车尾气，占 EC 总排放量的 90% 以上，且主要以柴油车尾气贡献最大。相比国外，针对我国 OC 和 EC 排放源的研究表明，居民取暖、烹调等过程由于原煤、煤球及生物质燃烧排放碳颗粒物对环境空 OC 和 EC 的贡献值最大，分别占 OC 和 EC 排放总量的 62.5% 和 54.5%；其次为工业生产排放，分别占 OC 和 EC 排放总量的 26.3% 和 36.3%。另外，从我国 OC 和 EC 排放的地域分布来看，农村人口密度较高的河北、山东、河南、山西及四川碳颗粒物的排放量最大。河北、山东、河南、山西及四川 EC 排放量分别占全国 EC 排放总量的 8.36%、7.85%，7.93%、7.72% 和 5.69%，OC 排放量分别占全国 OC 排放总量的 7.45%、8.34%、7.47%，5.79% 和 5.75%。

三、典型源排放有机碳和元素碳污染水平与分布特征

不同污染源排放 OC 和 EC 含量差别较大。目前，国内外关于 OC 和 EC 源排放特征的研究主要集中于煤、石油和生物质燃烧过程。从燃煤污染源来看，由于燃烧过程（家用燃煤及工业燃煤）、燃烧条件、污染控制措施及原煤性质的差异，OC 和 EC 排放水平差异较大。对于工业燃煤污染源中的粉煤炉或旋风炉，当煤中挥发性物质被释放出来时，在煤颗粒周围形成的炭黑，在高温的作用下被迅速氧化成 CO_2，因此粉煤颗粒燃烧过程排放的污染物主要由矿物质组成，含碳物质含量较低。基于此，一些关于粉煤燃烧过程各类污染物排放特征的研究中，许多学者并没有对碳颗粒物的含量进行定量分析，个别研究仅对粉煤燃烧过程排放颗粒物中碳颗粒的百分含量进行了估计。与煤粉燃烧过程相比，层燃炉燃煤排放碳颗粒的含量较高，尤其对于 EC，主要是由于煤加热过程释放的挥发性物质与空气的混合程度不好，燃烧不充分 Ge 等分析了链条锅炉燃煤过程排放颗粒物中 OC 和 EC 含量，结果表明 PM_{10} 中 OC 和 EC 百分含量分别在 2% 和 6% 左右，$PM_{2.5}$ 中 OC 和 EC 百分含量分别在 2% 和 12% 左右。另外，一些研究还对燃煤电厂排放颗粒物中 OC 和 EC 含量进行了估算，结果表明燃煤电厂排放 OC 和 EC 百分含量的变化范围在 2%～34% 和 1%～8% 之间，受污染控制措施的影响较明显。

与工业污染源相比，由于燃烧温度相对较低、燃烧条件较差，家庭燃煤 OC 和 EC 排放量较大，排放速率约为工业锅炉的 100 倍。同时，由于家用燃煤排放碳颗粒物与居民健康密切相关，因此有关家用燃煤 OC 和 EC 排放特征及排放因子的研究较多。研究表明无烟煤燃烧过程 OC 和 EC 排放因子范围分别在 0.030～0.051g/kg 和 0.002～0.007g/kg 之间，明显低于烟煤（2.66～17.0g/kg 和 0.20～12.7g/kg），且具有较高和较低挥发性组分的烟煤 OC 和 EC 排放低于中等挥发性组分（挥发性组分含量在 20%～35%）的烟煤。除燃煤外，一些学者还对生物质燃烧过程 OC 和 EC 排放因子进行了计算。秸秆燃烧 OC 和 EC 排放因子范围分别是 0.49～2.64g/kg 和 0.35～2.34g/kg，且小麦杆燃烧过程碳颗粒物排放因子高于水稻杆。与室内炉灶秸秆燃烧相比，反应箱实验和露天焚烧 OC 和 EC 排放因子较低。Dhammapala 等计算得出小麦和杂草杆开放式燃烧排放 OC 的排放因子分别为 1.9g/kg 和 6.9g/kg，EC 排放因子分别为 0.35g/kg 和 0.63g/kg。尽管考虑了反应箱和野外燃烧中燃烧效率的差别，两种情况下测得的一氧化碳排放因子差别不大，而 EC 排放因子有较明显差异。Shen 等研究得出薪柴燃

烧产生的OC和EC平均排放因子分别为0.80g/kg和0.50g/kg，且灌木燃烧EC排放高于乔木燃烧。Andreae和Merlet等整理并分析了有关大规模不同类型露天焚烧过程OC和EC排放因子的相关研究，发现热带草原露天焚烧过程EC和OC排放因子分别为0.48g/kg±0.20g/kg和3.4g/kg±1.3g/kg；热带森林分别为0.66g/kg±0.31g/kg和5.2g/kg±1.5g/kg；温带森林分别为0.56g/kg±0.20g/kg和8.0g/kg±2.0g/kg；农业垃圾焚烧过程EC和OC排放因子分别为0.69g/kg±0.13g/kg和3.3g/kg±1.2g/kg。

对于石油燃烧排放方面，主要集中于机动车尾气。机动车OC和EC排放因子与燃料性质、机动车类型及运行模式有关。Fraser和Lakshmanan等分析了不同行驶模式下卡车、城市公共汽车（安装有氧化催化剂）和校车排放碳颗粒物的分布特征，结果表明EC对总碳（TC）贡献值的变化范围在18%～94%之间，主要取决于机动车的运行方式。同时，由于催化剂能够使半挥发性有机物氧化，降低OC的排放，因此，安装有氧化催化剂的城市公共汽车排放EC占TC的比例最高。Cheng等对隧道中来自各种混合车辆碳颗粒物排放因子的统计发现，柴油车OC和EC排放因子分别为67.9mg/km和131.0mg/km，汽油车和液化石油车分别为8.5mg/km和3.2mg/km。另外，机动车在不同运行模式下，OC和EC排放特征不同，当机动车处于冷启动和爬行状态时OC排放量大于EC，而当机动车处于高速行驶时EC含量大于OC。除此之外，润滑油对机动车碳颗粒物排放也有一定影响。

除了针对各类污染源OC和EC排放因子及其影响因素的研究外，一些学者还对不同污染源排放EC/OC比值特征进行了分析。生物质燃烧如秸秆和薪柴燃烧排放EC/OC比值接近，分别为1.25和1.41；而燃煤过程该比值较低，平均值为0.48。Zhi等研究表明，蜂窝煤燃烧不仅可以降低OC和EC的排放，也会使EC/OC值降低。对于机动车尾气，EC/OC及EC/PM值与机动车运行模式密切相关，机动车在冷启动/空转及交通堵塞时停停走走的缓慢行驶条件下EC/OC值小于1，而当机动车在城市一般交通干线及高速路上相对高速运行模式下EC/OC值大于1。除此之外，不同类型机动车排放EC/OC比值差异较大，研究表明轻型汽油车EC/OC值范围在0.60～1.42之间，而柴油车排放EC/OC值在1.09～3.54之间，远高于汽油车。

焦炭生产过程除了排放大量PAHs外，也是OC和EC的重要排放源之一。然而，目前还未见有关焦炭生产过程OC和EC污染水平、排放特征及排放因子的报道。部分针对我国EC或BC排放量估算的研究中，所采用的排放因子均是引用煤燃烧过程EC排放因子或基于其他污染物推导得出，使得排放估算结果产生较大的偏差。

四、炼焦过程排放有机碳和元素碳浓度水平

（一）烟气中OC和EC浓度水平

机械炼焦烟气中OC和EC排放浓度见表2-3。装煤烟气中OC和EC排放浓度范围分别为0.80～1.72mg/m³和0.22～0.78mg/m³，均值分别为1.14mg/m³和0.59mg/m³。出焦烟气中OC和EC排放浓度范围分别为1.25～2.76mg/m³和0.40～1.58mg/m³，均值分别为2.10mg/m³和1.07mg/m³各焦化厂装煤和出焦烟气中OC排放浓度均高于EC。另外，

从炼焦不同烟气的比较来看，出焦烟气中 OC 和 EC 的排放浓度均高于装煤烟气。推焦时，炭化室炉门打开后炉内残余煤气的释放、部分焦炭和可燃气体与空气接触后的不完全燃烧及焦炭从导焦栅落到熄焦车中散发的粉尘，造成该过程碳颗粒物排放浓度较高。

表 2-3　机械炼焦过程 OC 和 EC 排放浓度（n=3）单位：mg/m^3

采样点位		OC		EC	
		均值	偏差	均值	偏差
装煤	CP1	1.72	0.30	0.78	0.34
	CP3	0.80	0.08	0.22	0.21
	CP4	0.89	0.17	0.77	0.14
	平均值	1.14	0.51	0.59	0.32
出焦	CP1	2.56	0.44	1.14	0.30
	CP2	2.76	0.57	1.58	0.69
	CP3	1.25	0.18	0.40	0.27
	CP4	1.84	0.09	1.17	0.75
	平均值	2.10	0.69	1.07	0.49

（二）焦炉顶无组织排放 OC 和 EC 浓度水平

由表 2-4 可见，焦炉顶无组织排放 OC 和 EC 排放浓度范围分别在 $0.59\sim0.94mg/m^3$ 和 $0.42\sim0.76mg/m^3$ 之间，平均值分别为 $0.77mg/m^3$ 和 $0.61mg/m^3$，明显低于炼焦烟气（$1.72mg/m^3$ 和 $0.86mg/m^3$）。与炼焦烟气不同，各焦化厂无组织排放 OC 和 EC 排放浓度相差不大。另外，从不同类型焦炉比较来看，捣固焦炉（CP1、CP2 和 CP5）炉顶无组织排放 OC 和 EC 平均浓度均高于顶装焦炉（CP3）。捣固焦炉装煤时，两侧炉门打开，部分未能被完全收集的荒煤气泄漏，使得炉顶无组织排放污染物浓度高于顶装焦炉。另外，炼焦过程来自上升孔盖、上升管与炉顶连接处及炉门等的泄漏，也会造成炉顶无组织排放污染物浓度升高。

表 2-4　机械炼焦无组织排放 OC 和 EC 排放浓度（n=3）　单位：mg/m^3

焦化厂	OC		EC	
	均值	偏差	均值	偏差
CP1	0.91	0.24	0.69	0.09
CP2	0.65	0.15	0.58	0.25
CP3	0.59	0.07	0.42	0.16
CP5	0.94	0.40	0.76	0.40
平均	0.77	0.18	0.61	0.15

（三）除尘器收集飞灰中 OC 和 EC 浓度水平

图 2-8 为炼焦除尘器收集飞灰中 OC 和 EC 浓度。由图 2-8 可知，炼焦飞灰中 OC、

EC 的浓度范围分别为（4.03～4.34）×10²mg/g、（3.25～3.74）×10²mg/g，均值分别为 4.2×10²mg/g、3.52×10²mg/g，飞灰中 OC 浓度均高于 EC。刘惠永等研究发现，燃煤电厂飞灰中 OC 和 EC 的浓度范围分别为（0.11～0.93）×10²mg/g、（0.10～1.15）×10²mg/g。相比燃煤电厂，煤焦化过程飞灰中 OC 和 EC 浓度更高，主要由于燃烧条件不同。煤焦化过程中煤在严重缺氧的环境下高温干馏，燃烧不完全产生大量含碳颗粒物，而燃煤电厂特别是较大型的火力发电厂使用煤粉为原料，燃烧比较完全，形成的 OC、EC 含量相对较少。图 2-8 中，FA-1、FA-2 分别代表 CP4 装煤和出焦飞灰；FA-3 和 FA-4 分别代表 CP5 和 CP1 飞灰。同一焦化厂不同工序排放飞灰样品（FA-1、FA-2）中装煤和出焦飞灰中 OC 浓度相差不大，而出焦飞灰中 EC 浓度要高于装煤过程。出焦时炭化室炉门打开，部分焦炭和可燃气体与空气进行有氧燃烧，另外导焦槽中焦炭落入熄焦车等过程也会释放大量含碳颗粒物，使得出焦飞灰中 EC 含量高于装煤过程。

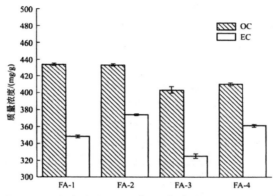

图 2-8　炼焦除尘器收集飞灰中 OC 和 EC 浓度

焦化厂和燃煤电厂是 OC 和 EC 排放的主要工业污染源。为了评估不同污染源对 OC 和 EC 排放贡献，本研究将炼焦和电厂燃煤排放 OC 和 EC 分布特征进行了比较，见表 2-5。

表2-5　不同燃煤污染源 OC、EC 含量及 OC/TC、EC/TC

源类	OC	EC	OC/TC/%	EC/TC/%
焦化厂飞灰	40.63%	34.29%	54	46
焦化厂烟气[a]	1.72mg/m³	0.86mg/m³	67	33
北京燃煤电厂[b]	1.336mg/m³	0.288mg/m³	82	18
上海燃煤电厂[b]	1.88%	0.33%	85	15
美国 Texas、Mexico 电厂[b]	27.18%	1.38%	95	5
美国 Colorado 电厂[b]	69.49%	26.08%	73	27

a 为烟气中 OC 和 EC 占 TSP 的比例。

b 为烟气中 OC 和 EC 占 $PM_{2.5}$ 的比例。

炼焦飞灰0）C和EC占TC的平均百分比分别为54%和46%，二者含量接近，而炼焦烟气中OC占OC总量的67%，EC占33%，炼焦飞灰中EC含量高于烟气。陆炳等采用分歧系数法研究了燃煤锅炉除尘后排放烟气及除尘器下载飞灰的化学成分谱的相似程度，发现两种采样方式获得的成分谱之间具有较大的差异性，主要与颗粒物粒径、燃烧温度、锅炉负荷等因素有关。

五、炼焦排放OC和EC值特征

（一）烟气中EC/OC值

EC/OC值是研究含碳气溶胶来源及其对气候影响时常用的参数。焦炭生产过程装煤、出焦废气中EC/OC值范围分别为0.28～0.89和0.31～0.63，平均值分别为0.54和0.50（见表2-6），表明炼焦不同工序产生烟气中EC/OC值接近。然而，对于相同炼焦工序产生的烟气，不同类型焦化厂之间EC/OC值差异较大。一些报道指出不同煤型（蜂窝煤和块煤）燃烧时，对EC/OC值影响显著。因此，本研究中不同焦化厂同类烟气中EC/OC值的较大差异可能与各焦化厂炼焦所用原煤性质有关。除此之外，不同炼焦参数如结焦温度及时间等也可能对EC/OC值产生一定影响。

表2-6　机械炼焦废气中EC/OC值（n=3）

样品类别		EC/OC	
		均值	偏差
装煤	CP1	0.46	0.19
	CP3	0.28	0.28
	CP4	0.89	0.32
	平均值	0.54	0.31
出焦	CP1	0.46	0.19
	CP2	0.61	0.38
	CP3	0.31	0.17
	CP4	0.63	0.38
	平均值	0.50	0.15

Chen等分析了5种家用蜂窝煤燃烧过程排放碳颗粒物的比值特征，结果表明EC/OC：值在0.018～0.208之间，远低于本研究炼焦烟气中EC/OC值，可能与煤不同利用方式下化学反应性质有关。家庭燃煤是原煤在低温有氧条件下的燃烧过程，而炼焦则是煤在高温缺氧条件下的热解过程。因此，在利用EC/OC值对含碳气溶胶进行来源解析时，对于以煤炭为燃料的污染源，应根据不同的煤炭利用方式（煤热解和煤燃烧）采取不同的EC/OC值。对于以煤为燃料的污染源，若只选取相同的EC/OC值将会对源解析结果产生较大的误差。

除了煤燃烧过程外，一些学者还对生物质燃烧，如薪柴和秸秆等燃烧过程排放EC/OC值进行研究，其中薪柴燃烧排放EC/OC值为1.41±0.57或1.71±1.19，秸秆燃烧排放 EC/OC 值为 1.25±1.04，明显高于煤炭利用过程。另外，Shah 等还分析了重型柴油卡车和实际运行状况下的备用发动机排放 EC/OC 值，结果表明不同运行工况下 EC/OC 值具有较大差异。当重型柴油车在冷启动/空转和交通堵塞时间断行驶状况下，EC/OC 值小于 1；而当其处于城市交通干线一般行驶速度和高速公路较快行驶速度下，EC/OC 值大于 1。与重型柴油车不同，备用发动机在不同运行工况下，EC/OC 值均大于 1。

（二）炉顶无组织排放 EC/OC 值

机械炼焦焦炉顶无组织排放 EC/OC 值见表 2-7。由该表可见，各焦化厂炉顶无组织排放 EC/OC 值范围在 0.73～0.95 之间，平均值为 0.81，远高于炼焦装煤（0.54）和出焦烟气（0.50）。因此，在利用 EC/OC 值法分析环境空气中碳颗粒物的来源时，对于炼焦污染源，应综合考虑有组织排放烟气及焦炉顶无组织排放 EC/OC 值特征。

表 2-7　机械炼焦焦炉顶无组织排放 EC/OC 值

样品类别		EC/OC 值	
		均值	偏差
炉顶无组织排放	CP1	0.80	0.28
	CP2	0.95	0.48
	CP3	0.73	0.37
	CP5	0.77	0.16
	平均值	0.81	0.10

六、炼焦排放 OC 和 EC 相关关系

（一）烟气中 OC 和 EC 的相关关系

机械炼焦出焦及装煤废气中 OC 和 EC 排放浓度之间的相关关系见图 2-9 和图 2-10。由图可见，炼焦烟气中 OC 和 EC 间均不存在显著的相关关系（$P>0.05$）。一些报道分析了生物质及煤炭燃烧过程 OC 和 EC 的相关关系，结果表明家庭燃煤和生物质燃烧排放 OC 和 EC 之间均存在显著的相关性。与这些污染源相比，炼焦过程不同工序各污染物来源更加复杂，使得排放污染物之间相关性较差。装煤过程各污染物可能来源包括：1. 装入炭化室的煤料置换出大量空气，开始装煤时空气中的氧气和原煤不完全燃烧；2. 湿焦煤和高温炉墙接触升温，产生的荒煤气；3. 装煤时焦炉顶瞬间堵塞而喷出的煤气；4. 由水蒸气和荒煤气扬起的煤尘和烟尘。出焦过程各污染物的来源包括：1. 炭化室两侧炉门打开后散发的残余煤气；2. 部分炙热的焦炭和可燃气体与空气接触燃烧产生的废气；3. 焦炭在推焦车导焦栅内移动、破碎，并与熄焦车撞击产生的烟尘。

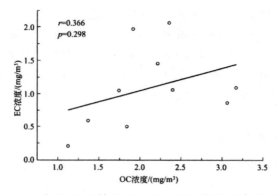

图 2-9　出焦过程排放 OC 和 EC 浓度间的相关关系

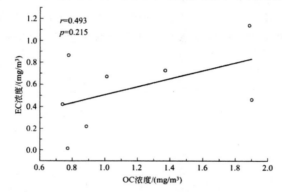

图 2-10　装煤过程排放 OC 和 EC 浓度间的相关关系

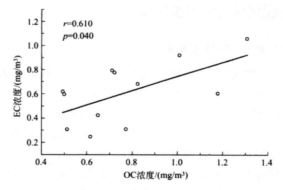

图 2-11　焦炉顶无组织排放 OC 和 EC 的相关关系

（二）焦炉顶无组织排放 OC 和 EC 的相关关系

图 2-11 为焦炉顶无组织排放 OC 和 EC 的相关关系。不同于机械炼焦烟气，炉顶无组织排放 OC 和 EC 浓度之间存在显著的正相关关系（$p < 0.05$），表明焦炉顶无组织排放 OC 和 EC 主要来源相同，可能主要与炼焦过程焦炉炉体的泄露有关。

七、机械炼焦过程排放 PAHs 与 OC、EC 相互关系

（一）烟气中 OC、EC 与 PAHs 相互关系

图 2-12 为机械炼焦烟气中 PAHs 和碳颗粒物排放浓度的关系。由该图可见，颗粒态 PAHs 与 OC 之间存在显著正相关关系（p<0.05），而 PAHs 总和与 OC、PAHs 与 EC 之间无明显相关性，表明机械炼焦烟气中颗粒物上 PAHs 与 OC 产生和排放过程可能受同一个或相似因素的影响。

Shen 等分析了室内固体燃料燃烧过程一氧化碳（CO）、颗粒物、OC 和 EC 排放因子的相关关系，结果表明煤燃烧排放 CO、颗粒物、OC 和 EC 之间表现出显著的正相关；秸秆燃烧过程只有颗粒物与 CO 排放因子有显著的正相关，OC、EC 排放因子与 CO 排放因子间没有显著的相关关系；而薪柴燃烧过程 CO 排放因子与颗粒物、OC 的排放因子呈显著正相关（p<0.05），但其与 EC 排放因子间没有显著的相关关系（p>0.05）。Arditsoglou 等对燃煤电厂排放飞灰中微量元素与 PAHs 之间的相关关系进行了研究，发现飞灰中 PAHs 与某些痕量元素具有较高的相关性，如钡与 PAHs 表现出正相关，镁、铬、钒和铀与 PAHs 为负相关关系，由此指出某些痕量元素可能会促进或抑制燃烧过程 PAHs 的形成。

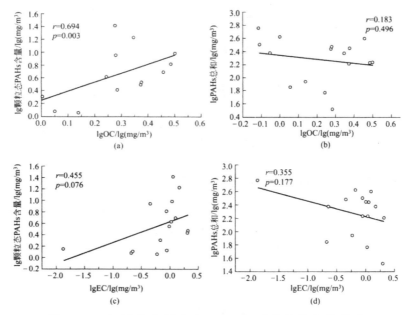

图 2-12 机械炼焦烟气中 PAHs 与碳颗粒物相关关系

（二）炉顶无组织排放 OC、EC 与 PAHs 相互关系

焦炉顶无组织排放 PAHs 与 OC、EC 相关关系见图 2-13。与炼焦烟气不同，炉顶无组织排放颗粒态 PAHs 和 PAHs 总和（气态和颗粒态之和）均表现出与 OC 排放浓度之间显著的相关性，相关系数均为 0.737（p<0.05）。相反地，PAHs 与 EC 排放浓度之间相

关性较差（p>0.05）。如前所述，支配PAHs气固分布的机制主要包括吸收和吸附机制，其中吸收过程与OC等吸收剂有关，而吸附过程则与吸附剂如EC有关。本研究中PAHs与OC之间的相关性远高于EC，进一步证实机械炼焦无组织排放PAHs的气固分配主要由吸收过程控制。

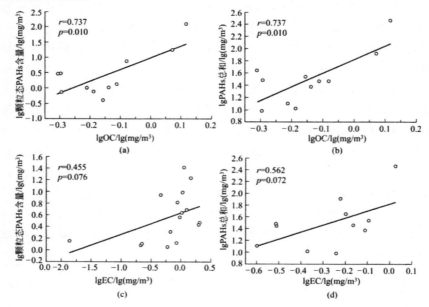

图2-13　机械炼焦焦炉顶无组织排放PAHs与OC、EC相关关系

第五节　大气污染控制对策

一、推广大型机焦炉及型煤炼焦工艺

（一）发展具有完善治理设施的大型机焦炉

本书前期对不同类型机焦炉排放因子进行了计算。结果表明在装煤烟气中，炭化室高3.2m、4.3m和6m焦炉总PAHs排放因子分别为798.88mg/t煤、182.42mg/t煤和57.10mg/t煤；而在出焦烟气中，3.2m、4.3m和6m焦炉总PAHs排放因子分别为222.34mg/t煤、71.27mg/t煤和7.81mg/t煤。对于强致癌性BaP，在装煤烟气中，3.2m、4.3m和6m焦炉排放因子分别为4.93mg/t煤、0.07mg/t煤和0.04mg/t煤；在出焦烟气中，3.2m、4.3m和6m焦炉排放因子分别为1.50mg/t煤、0.30mg/t煤和0.10mg/t煤。总体来看，6m焦炉出焦和装煤烟气中总PAHs及BaP排放因子均明显小于4.3m和3.2m焦炉。另外，通过资料调研还发现大中型机焦炉在回收焦化产品方面具有其他炼焦炉不可替代的技术优势。

自2005年《焦化行业准入条件》实施以来，焦化行业不断加大淘汰落后产能和技术改造力度，努力实现焦炉建设和改造的大型化、自动化、清洁环保化，促进了焦化产业结构的优化升级。在加快结构调整的过程中，焦化行业全面推进企业兼并重组，进一步提升了产业集中度。2010年，云南、山西、陕西、贵州、山东、新疆、河北等14个省份淘汰落后和北京首钢搬迁等淘汰关停焦炭产能约$2.76×10^7$t，超额完成了工信部要求各省区市2010年淘汰落后焦炉产能的任务，进一步促进了我国焦化行业产业结构的优化升级，为我国焦化行业优化产业结构和节能减排、清洁生产、环保治理及提高经济效益发挥了重要作用，也使我国焦化行业高消耗、高排放情况得到明显改观。然而，目前我国焦炉类型仍以炭化室高4.3m焦炉为主，所占比例大于80%，6m及6m以上大型焦炉所占比例相对较低。同时，仍存在部分炭化室高度不足4.3m的小机焦。

本研究结果表明，采用相同污染治理技术的焦化厂，6m焦炉出焦和装煤烟气中总PAHs及BaP排放因子均明显小于4.3m和3.2m焦炉。因此，为了减少焦化生产中PAHs及BaP的污染排放，相关部门应制定相应的产业政策规范炼焦生产，同时继续淘汰落后小机焦，大力发展6m及6m以上焦炉，实现焦炉大型化和规模化。具体措施如下。

1. 严格行业准入条件，提高焦炭产业准入门槛。贯彻落实《焦化行业准入条件》，实施符合行业准入条件的企业公告制度。推动更多企业达到准入条件，并协调金融、外贸、运输、电力等公共资源向公告企业倾斜，引导企业逐步达标。同时，强化安全、信贷、土地、生态环保、供电等相关政策的约束作用，对新建和改扩建的项目，在进行投资管理、环境评价、土地供应、信贷融资、电力供给等审核时，应坚决以行业准入条件为依据，严格把关，决不允许再上新的落后产能企业。支持优势企业通过兼并、收购、重组落后产能企业，淘汰落后产能。

2. 完善小机焦落后产能退出机制，加大淘汰落后生产能力。建立和完善小机焦退出机制，制订、细化淘汰小机焦的总体数量和分年度进度，并与具体企业相挂钩，明确淘汰小机焦的具体任务和目标，对列入淘汰名单的企业坚决实施"五停"（停水、停电、停运、停贷、停煤）措施。建立淘汰小机焦财政奖励资金，通过安排部分资金以增加转移支付的方式，对产能置换中淘汰关停企业多的地区给予补助和奖励，用于解决淘汰落后进程中的困难和问题，加快淘汰进度，防止落后生产能力转移。妥善处理淘汰落后产能与职工就业的关系，认真落实和完善企业职工安置政策，依照相关法律法规和规定妥善安置职工，做好职工社会保险关系转移与接续工作。

3. 严格监管制度，加大执法处罚力度。对未按期淘汰落后小机焦任务的地区，实行项目区域限批，暂停对该地区项目的环评、核准和审批；对未按规定淘汰落后产能的企业吊销，撤回相应的安全生产工商资质。将焦炭业淘汰小机焦目标完成情况纳入地方政绩考核体系，提高淘汰小机焦任务完成情况的考核比重。对瞒报、谎报淘汰小机焦进展情况或整改不到位的地区，应依法依纪追究相关人员的责任。

4. 建立焦化行业信息发布制度，深化体制改革。建立部门联合发布信息制度，加强焦化行业产能及产能利用率的统一监测，适时向社会发布产业政策导向及产业规模、社会需求、生产销售库存、淘汰落后、企业重组、污染排放等信息。充分发挥焦化行业协会作用，及时反映行业问题和企业诉求，为焦化企业提供信息服务，引导企业和投资者落实国家产业政策和行业发展规划，加强行业自律，提高行业整体素质。强化经济和法律手段，充分发挥差别电价、资源型产品价格改革等价格机制在淘汰小机焦中的作用，采取综合性调控措施，抑制高消耗、高排放产品的市场需求。

（二）发展型煤炼焦，多使用非主焦煤和中等变质程度煤

通过对实验室煤热解过程PAHs生成机理的探讨发现煤中可抽提PAHs量和种类随煤阶的变化规律为中等变质程度烟煤＞褐煤＞无烟煤；煤变质程度对热解过程PAHs排放的影响为PAHs生成量在烟煤阶段最多，其次为挥发分大于40%的褐煤，挥发分小于10%的无烟煤较少。由于中等变质程度烟煤具有较好的黏结性，被广泛用于焦炭生产，而低、高变质程度的褐煤和无烟煤黏结性较差，加热时不能黏结成块，属于非炼焦用煤。受常规炼焦方式对原煤种类的限值，使得我国焦化生产中必须使用黏结性较高的烟煤，导致炼焦过程生成PAHs量相对较高。另外，根据对我国焦化行业炼焦煤资源调研发现，虽然我国炼焦煤资源储量丰富，占全国煤炭资源储量的37%左右，但分布很不平衡，其中1/2以上为高挥发分气煤，黏结性较弱，强黏结性的肥煤、焦煤不足30%，优质、易选的炼焦煤更少。目前的炼焦生产中，为保证冶金焦质量，优质炼焦煤（焦、肥煤）的配入量需50%~60%，资源分布及储量与需求不相适应的矛盾较为突出，制约了我国焦化行业的发展。

配型煤炼焦新工艺是解决上述问题的有效途径之一，该方法是将一部分装炉煤料在装入焦炉前配入黏结剂压制成型煤，然后与大部分散装煤料按比例配合后装炉炼焦。配型煤炼焦工艺能够改善入炉煤料黏结性能，主要是由于：1. 型煤内部煤粒接触紧密，在炼焦过程中促进了黏结组分和非黏结组分的结合，从而改善煤的结焦性；2. 型煤与散煤混合炼焦时，在软化熔融阶段，一方面型煤自身体积膨胀，另一方面产生大量气体压缩周围散煤，其膨胀压力较散煤显著提高，使煤粒间的接触更加紧密，形成结构坚实的焦炭；3. 配入型煤的炼焦煤料，堆密度高，在炼焦过程中半焦收缩小，因而焦炭裂纹少；4. 型煤中的黏结剂对炼焦煤料有一定程度的改质作用。配型煤炼焦工艺在保证焦炭质量的前提下多配入一部分弱黏结性或非黏结性煤，减少强黏结性煤用量，从而在一定程度上缓解优质炼焦煤紧张的状况，在炼焦配煤质量不变的情况下提高焦炭强度。同时根据本研究结果弱黏结性或非黏结性煤（如褐煤和无烟煤）热解生成PAHs的量明显低于烟煤，因此，采用配型煤炼焦在一定程度上还可以降低PAHs的排放量。该技术只需在现有焦化厂增设一套型煤生产装置即可，占地面积较小，比较适合焦化厂的技术改造。

为减少炼焦过程PAHs的排放及缓解我国炼焦煤资源分布及储量与需求不相适应的矛盾，应发展型煤炼焦，多使用非主焦煤和中等变质程度煤如贫煤、无烟煤。

二、提高炼焦生产过程中环保措施的污染治理水平

炼焦过程排放PAHs的种类和浓度与炼焦所用原煤的种类如煤的成熟度等因素有关。成熟度不同的煤种可能会因为本身PAHs含量和挥发分不同导致在焦化过程中

PAHs的排放系数有所差异。通过GC-MS和PY-GC-MS检测原煤中自由的以及原煤、抽提液和残煤热解过程中USEPA规定的优先控制的16种PAHs的含量，探讨了煤热解过程中PAHs的来源。主要的结论如下：原煤热解释放16种PAHs的量远高于原煤中的量，而抽提液热解中释放的总量则比煤和残煤热解中低出了两个数量级。这证明了PAHs主要来源于煤热解过程中复杂的化学反应，而非原煤中自由的PAHs。三种不同变质程度煤种在1000℃热解生成PAHs的含量范围在66.95～155.99μg/g，标准偏差为48.40μg/g。然而，通过不同焦化厂现场实际监测结果计算的炼焦过程PAHs排放因子（装煤+出焦烟气之和）范围在64.91～1021.22μg/g，标准偏差为449.39μg/g；无组织排放PAHs浓度范围在10.98～146.98μg/m³，标准偏差61.43μg/m³。不同焦化厂实际排放PAHs污染水平的变化程度远高于不同性质原煤热解过程生成PAHs的变化程度。该研究结果表明炼焦过程排放PAHs的污染水平主要与不同焦化厂所采用的环保措施的效用联系更密切。

为有效控制炼焦过程PAHs的污染水平，相关环保部门应加强焦化企业污染控制技术，尤其要重点完善装煤和拦焦过程除尘技术。由于炼焦过程排放的一部分PAHs，尤其是高分子量PAHs，会吸附于烟尘上。因此，加强炼焦过程的烟尘控制，可降低PAHs的污染水平，具体措施如下。

（一）装煤过程PAHs的污染控制

控制装煤过程PAHs排放的主要措施是均匀地向炭化室内装煤，避免烟气过分集中地产生，同时用恰当的方法将装煤时发生的烟尘快速导出。顶装焦炉最简易的烟尘控制方法是以下几种措施的组合：（1）上升管用高压氨水喷射，使在上升管根部产生一定的吸力，以保持装煤孔处的负压，控制烟尘外逸；（2）改进装煤漏斗套筒，使其紧密扣在装煤孔座上，以保持炉口处负压；（3）在平煤孔与平煤杆之间设置密封套筒，以保持平煤孔负压；（4）采用机械装煤结构（螺旋或圆盘）及顺序装煤操作，使煤均匀地落入炭化室，避免大量煤料骤然下落产生的气流冲击和煤气集中产生的现象，同时也可避免煤峰堵塞煤气导出通道。

同时，为了更有效地控制装煤烟尘的外逸，新建焦炉或改建焦炉除在使用上述措施外，还必须采取以下措施。

1. 车载式除尘系统装煤时从装煤车煤斗烟罩处抽吸煤孔周围烟尘，将其点火焚烧，再经洗涤器除尘脱水，经吸气机、排气筒排入大气。洗涤污水在装煤车回煤塔取煤时，排出并装入净水，下次装煤洗涤使用。另外，还可在装煤车上装置抽吸设施，将烟气经干法布袋除尘后排放。

2. 地面站除尘系统在装煤车上装置抽吸设施，导出一部分荒煤气，经点燃、清洗后进一步导至地面除尘站；或者将导出的荒煤气点燃后导至地面除尘站；也可以将导出的荒煤气直接导至地面除尘站。

（二）推焦过程PAHs的污染控制

保证焦炭在炭化室内均匀成熟，是减少推焦过程PAHs产生量的重要因素。与此同时，对于新建或改建焦炉，还应采取以下几种污染控制措施。

1. 热浮力罩式除尘系统

利用推焦过程排出的高温烟气自身的热浮力驱动，将导焦槽顶的烟气经管道收集，借助风机吸至喷雾淋水室洗涤除尘、旋风分离后排放；而进入热浮力罩中的烟气在上升过程中经淋水净化后排放。

2. 车载式除尘系统

熄焦车与除尘设备均设在同一台车上，推焦时产生的烟尘被集尘罩收集，借助风机通过导管进入车上的洗涤器，净化后排放。

3. 地面站除尘系统

推焦地面站除尘系统由吸气罩、烟气引出管道及地面除尘设备三部分组成。推焦过程产生的烟气经吸气罩收集，通过烟气引出管道进入地面除尘系统，经过除尘后排入大气。

4. 移动烟罩捕尘与地面站净化系统

该系统20世纪70年代在德国Minister Stein焦化厂开发应用。移动烟罩将整个熄焦车盖住，其中一个支点固定在拦焦车上，另一个支点在第三条轨道上（架设在吸尘干管的支柱上），烟罩随拦焦车行走。烟尘通过烟罩顶部可移动皮带提升小车接罩，进入吸尘干管，送至地面站经湿式洗涤净化，尾气经吸气机和排气筒排入大气。

（三）焦炉顶无组织排放PAHs的污染控制

1. 加强炉门管理

焦炉顶PAHs和BaP排放量中，有一部分来源于炉门扩散。因此要减少由炉门冒烟引起的污染排放，应在管理制度上采取以下措施：（1）有备品炉门，有备品刀边及相应的其他备件；（2）要有清扫炉门、炉框的制度和标准，要坚持炉炉清扫，清扫的质量也应有严格要求；（3）制定定期更换刀边或炉门的制度。

由于炉门和炉框在热态下会发生变形，其变形的大小决定于炭化室的高度，炭化室越高其变形越大。这种变形要通过炉门上下横铁的力和刀边的压力得到解决，即达到炉门刀边与炉框接触面的密切接合。对于炭化室≤4m的焦炉炉门，用钢性刀边是可行的，但对炭化室高6m的焦炉，必须用弹性刀边，甚至高效密封刀边。

2. 加强炉顶的操作及管理

炉顶管理包括装煤孔盖、上升管和桥管的管理。从装备上，上升管盖和桥管与上升管的接口应采用水封，且保证上升管盖和桥管水封系统的完善。另外，装煤后装煤孔盖应用泥料封好。各厂要有适用的密封泥料配方和泥封要求。

（四）加强热工管理

要保证焦炭在推焦时成熟度好，必须有良好的热工管理，除各项温度系数外，应根据不同的装炉煤料选择合理的结焦时间与炉温，以减少推焦过程中各类污染物的排放。同时尽量保持结焦时间的稳定，不能把焦炉作气柜和焦仓使用。

三、研发新型焦化行业大气污染物控制与监测技术

（一）研发气态及细颗粒物上 PAHs 污染控制方法

半挥发性有机物 PAHs 常以气态和颗粒态两种形式存在。PAHs 的气固态分布主要受自身的物化特性和温度、湿度等环境条件的影响。前期研究发现装煤、出焦和燃烧室废气中 PAHs 主要以气态形式排放，占总 PAHs 的比例分别为 94.69%、93.43% 和 96.01%。对于强致癌性的 BaP，在焦炉无组织排放和炼焦烟气中气态 BaP 分别占 BaP 总和的 33.22% 和 48.38%。另外，对于颗粒态 PAHs，主要分布在粒径小于 2.1μm 的颗粒物上。粒径小于 2.1μm 颗粒物上 PAHs 的含量分别占装煤和出焦烟气中颗粒态 PAHs 总和的 75% 以上。强致癌性 BaP 主要分布在粒径小于 1.4μm 的细颗粒上，该粒径段 BaP 的含量分别占装煤和出焦烟气中颗粒态 BaP 总量的 80.97% 和 85.40%。因此，对炼焦所排放的细颗粒物的有效控制，对降低焦化厂区有毒有机物 BaP 的环境浓度具有重要意义。

目前，我国焦化企业主要采用的除尘装置为传统的布袋除尘器。该类除尘器对烟尘及其上吸附的颗粒态 PAHs 的去除效率较高，而对于气态 PAHs 及细颗粒上 PAHs 的去除效率较低。为降低焦炭生产中 PAHs 及 BaP 的排放，应对焦化行业普遍采用的除尘装置进行改进，研发高效的针对炼焦过程排放气态 PAHs 的污染控制设备。

近年来，针对 PAHs 排放提出了一些新的控制技术，主要包括以下几种：1. 采用活性炭或者改性的脱硫剂吸附烟气中的 PAHs；2. 加氢催化裂解法；3. 低温等离子体（电晕）氧化分解法；4. 利用改良催化剂在催化还原 NO_x 的同时催化氧化 PAHs。针对大多数焦化厂均采用袋式除尘器的现状，可在炼焦烟气中通过投加添加剂，一方面可以通过添加剂本身对气相中 PAHs 进行吸附，另一方面通过添加剂抑制亚微米级颗粒的生成，实现 PAHs 从气相向颗粒相的转移，以及 PAHs 从小颗粒向大颗粒的转化，从而提高布袋除尘器对 PAHs 的去除率。通过将炼焦烟气中的 PAHs 首先转移到飞灰中，然后再提高布袋除尘器的除尘效率，其是有效提高烟气除尘装置对 PAHs 整体脱除效率的有效途径之一。另外，催化氧化法与其他控制方法相比，具有很高的脱除效率，而且能同时脱除多种有机污染物，包括二噁英等剧毒有机污染物，且目前国外已研发将该方法与布袋除尘相结合的技术。该技术的主体思路是用 REMEDIA 催化过滤系统，在除尘的同时催化分解 PAHs、二噁英等痕量有机污染物。具体技术方法是把 $V_2O_5\text{-}WO_3/TiO_2$ 催化剂混入并散布到聚四氟乙烯中，干燥后挤压成细带状，然后冲压进入 RASTEX 聚四氟乙烯织物中形成粘在一起的毡，最后在毡上碾压成具有微孔的膜。烟气中的灰尘首先被聚四氟乙烯膜过滤，然后含在布袋中的催化剂把烟气中的痕量有机污染物催化分解。这种催化技术具有很多优点。把催化剂巧妙地含在除尘器的布袋中，实现除尘、催化分解痕量有机污染物的一体化设计可以减少设备投资；在除尘后对烟气进行催化分解，可以防止催化剂因烟气中的重金属等颗粒物而中毒；由于除尘和催化分解是一体化的，相对在除尘器后安装催化塔来说烟气的温度较高，易于催化剂对 PAHs、二噁英等有机污染物进行催化分解。针对我国焦化行业生产现

状，可在国内大型焦化厂，引进该项技术进行工程示范。

另外，相比国外，我国在PAHs控制技术的研发上相对落后。根据炼焦过程PAHs的排放特征，建议在国家高技术研究发展计划、国家科技支撑计划、国家高技术产业发展项目、公益性行业科研专项等项目基金中设立专项资金，结合国内外最新除尘技术，研发更多适合焦化行业PAHs排放的污染控制设备，实现对焦化行业PAHs及BaP污染排放的高效控制。同时，制定相关政策鼓励焦化企业自主开展关于PAHs的污染防治技术及设备的研究，使企业由被动转为主动地进行污染控制，从而实现焦化行业的健康可持续发展。

（二）推广实施焦化行业无组织排放苯并芘在线监控系统

炼焦过程苯并芘等多环芳烃的污染一部分来源于机械操作过程的排放，另一部分是炼焦期间焦炉逸出的散烟，即无组织排放。研究表明炼焦无组织排放PAHs的浓度范围为 $10.98\sim146.98\,\mu g/m^3$，平均值为 $56.24\,\mu g/m^3$；强致癌性BaP浓度范围为 $0.09\sim6.38\,\mu g/m^3$，平均值为 $1.77\,\mu g/m^3$，远高于炼焦装煤（ $0.74\,\mu g/m^3$ ）、出焦（ $0.72\,\mu g/m^3$ ）和燃烧室烟气（ $0.29\,\mu g/m^3$ ）。来源于炼焦无组织排放的苯并芘直接释放到环境空气，对焦化厂区环境及工人健康造成严重威胁。通过对炼焦过程排放PAHs毒性评价结果表明焦炉顶无组织排放PAHs的总体毒性最大，BaP毒性当量总和的平均值为 $3.14\,\mu g/m^3$，高于炼焦过程装煤（ $2.25\,\mu g/m^3$ ）和出焦（ $1.84\,\mu g/m^3$ ）烟气。实时监控焦炭生产企业无组织排放BaP浓度，对于焦化厂区工人及周边居民的健康具有重要意义。

传统关于苯并芘的监测方法主要是实地采样-前处理-分析过程，该方法复杂耗时，无法做到快速监测。针对炼焦过程苯并芘无组织排放的特点，如排污部位多而且多变的特点，应建立完备的苯并芘无组织排放实时监控系统并与环保部门联网，从而实现对炼焦过程无组织排放的特征污染物苯并芘进行准确、快速和有效的实时监控。2008年，山西省政府发文要求在全省范围建设焦炉无组织排放在线监测系统，解决炼焦炉废气污染物无组织排放源的污染监控问题。经过长达两年的科研攻关，山西太星蓝天环保科技有限公司终于成功研制出了国内首台苯并芘在线检测仪。经过国家级和省级科技成果鉴定，该技术填补了国内外空白，达到国际先进水平。苯并芘在线检测仪是一种全自动测定空气中苯并芘浓度的环保专用监测设备，将其安装在城市环境空气质量监测点或污染源排放监测点，无需有人值班，只要根据监测要求设定好相关参数，仪器就会自动实施检测，并将测定的原始数据实时上传区域中心数据库、监控中心或各级监视终端，可为各级环境监管部门提供全天候的监管手段，提高环保执法的执行力。2012年1月4日，山西省环境监测中心站的比对检测结果证明，该仪器100%符合标准。苯并芘（BaP）在线检测仪的研发成功，不仅可以对空气中的苯并芘含量进行实时的、全天候的在线检测，而且还为有效治理苯并[a]芘污染物提供了有力的技术支撑。

建议国家相关部门制定相应政策，尽快在全国范围内推动该项技术在焦化厂无组织排放上的典型应用。首先可从 $2.0\times10^6 t$ 以上的重点焦化企业开始实施，在 $3\sim5$

年内对国内全部焦化企业进行推广。另外，完善焦化项目环保审批内容，建议新、改、扩建项目除了在各点源（有组织排放源）要求安装自动在线监控设施外，建议在焦炉炉顶安装无组织排放在线监控设备，并与环保部门联网。

四、制定与完善焦炭生产大气污染物排放标准及规范

（一）完善现有焦炭生产污染物排放标准

前期结果表明炼焦过程装煤、出焦和燃烧室烟气中BaP平均浓度分别为0.74μg/m³、（0.72μg/m³和0.29μg/m³因此应加强机械化炼焦炉大气污染物有组织排放源的控制。炼焦烟气中，气态和颗粒态BaP分别占BaP排放总量的48.38%和51.62%；在焦炉无组织排放中，气态和颗粒态BaP分别占BaP总和的33.22%和66.78%。通过对炼焦过程排放PAHs毒性评价结果表明炼焦烟气和焦炉顶空气中BaP对PAHs总体毒性的贡献最大，分别占装煤、出焦、燃烧室废气及炉顶空气中PAHs总体毒性的32.74%、39.39%、26.80%和56.27%；其次为DbA，分别占装煤、出焦、燃烧室废气及炉顶空气中PAHs总体毒性的14.77%、26.55%、26.52%和15.41%。为促进炼焦化学工业生产工艺和污染治理技术的进步，减少炼焦过程的环境污染及对人体健康的危害，应制定全面系统的炼焦过程大气污染物排放标准。

1996年国家环境保护局首次发布了《炼焦炉大气污染物排放标准》（GB 16171—1996），该标准分年限规定了机械化炼焦炉无组织排放BaP最高允许排放浓度。随着科技进步、经济发展和环保的从严要求，炼焦生产的工艺、技术和污染治理设施不断推陈出新，该标准已无法满足对炼焦过程排放污染物的控制要求。2012年6月，国家环境保护部首次对本标准进行修订，发布了《炼焦化学工业污染物排放标准》（GB 16171—2012），并于2012年10月1日起实施。新的排放标准涵盖了国内所有焦炉及生产过程的排污环节，增加了机械化焦炉大气污染物有组织排放源的控制要求。然而，新公布的《炼焦化学工业污染物排放标准》（GB 16171—2012）仍存在以下在控制PAHs排放方面的问题：1. 仅规定了炼焦有组织排放装煤过程BaP的排放浓度限值，未对推焦及焦炉烟囱BaP排放浓度进行规定；2. 新标准中规定的炼焦有组织排放及焦炉顶无组织排放BaP浓度限值均是指吸附于颗粒物上的BaP浓度，而未对以气态形式排放的BaP进行限制；3. 新标准中大气污染物排放控制方面，仅对BaP排放浓度进行规定，而未涵盖其他PAHs，尤其是炼焦过程毒性当量浓度较大的DbA。

建议相关部门应在经济、技术条件更加完善的情况下，进一步细化和完善该标准的有关条款，以实现对炼焦过程包括BaP在内的PAHs的有效控制。

（二）制定炼焦固体废弃物污染防治技术政策

炼焦生产过程产生的固体废弃物如除尘器收集的灰尘，排放量较大，其中致癌物质BaP的含量较高。本研究表明焦化企业布袋除尘器收集的飞灰中PAHs总量在817.45～5171.74μg/g之间，平均值为2911.05μg/g；BaP的浓度范围在89.04～578.43μg/g之间，远高于其他工业飞灰；致癌性PAHs（BaA、Chr、BbF、BkF、BaP，IND和DbA）的含量较高，浓度范围在674.59～4527.46μg/g之间，平均值为

2305.80μg/g。对于炼焦过程产生飞灰，如果管理不当，则极易造成环境污染。

在新发布的《炼焦化学工业污染物排放标准》中仅规定了焦化行业水污染物和大气污染物排放限值、监测和监控要求，对于产生的固体废物的处理和处置，规定中要求执行国家固体废物污染控制标准。然而，目前我国已颁布的《危险废物贮存污染控制标准》（GB 18597—2001）和《一般工业固体废物贮存、处置场污染控制标准》（GB 18599—2001）仅规定了一般工业固体废物包装、贮存设施的选址、设计、运行、安全防护及污染控制与监测等内容，尚未见有关炼焦生产排放的含有大量致癌性BaP的固体废弃物的标准和规范的颁布实施。建议相关部门应在系统全面识别焦化行业产生的固体废弃物（如除尘器底灰）中BaP含量、物理化学性质及赋存特征的基础上，制定相应的炼焦行业固体废弃物处理、处置标准。同时，有关部门应利用现有研究成果，尽快制定炼焦固体废弃物污染防治技术政策，为相关环境保护部门开展焦化行业有害物质监督执法提供依据。2012年12月24日，环境保护部已正式发布《焦化废水治理工程技术规范》（HJ 2022—2012）。该标准规定了焦化废水治理的工程设计、工程建设、工程竣工环保验收、日常运行管理、环境影响评价、清洁生产、环保执法检查等过程中应遵循的有关技术规则及规定，为焦化废水环境监管提供了法律依据。

（三）推进焦化企业清洁生产建设，鼓励发展焦化配套产业

清洁生产是一种以"源削减和污染预防"为主要特征的环境战略，是环境保护由被动化为主动控制的根本转变。2003年，国家发布了《清洁生产标准炼焦行业》（HJ/T 126—2003），将炼焦行业生产过程清洁生产水平划分为三级技术指标。根据对我国焦化行业生产现状资料调研显示，目前国内大部分焦化厂仅能满足清洁生产二级标准，在生产工艺与装备、污染控制技术上仍需提高。相关部门应建立健全焦炭生产有关法规条例，全面推行清洁生产，推进企业节能减排，充分利用市场资源约束的倒逼机制，发挥行政、法律手段的强制作用，大力推行焦炭行业清洁生产，努力降低单位产品能耗；推行循环经济，延伸产业链，回收利用生产过程副产物和废弃物，提高资源能源综合利用率。

同时，为贯彻落实《国务院批转发展改革委等部门关于抑制部分行业产能过剩和重复建设引导产业健康发展若干意见的通知》《国务院办公厅关于落实抑制部分行业产能过剩和重复建设有关重点工作部门分工的通知》和《国务院办公厅转发环境保护部等部门关于加强重金属污染防治工作指导意见的通知》的有关要求，建议在炼焦污染排放问题突出的区域，如山西省，制定炼焦行业清洁生产推行年度计划，并完善促进焦化行业实施清洁生产的政策措施。在重点区域，要加大资金支持力度，对经审核确定的重点焦化企业清洁生产改造项目，各级环保专项资金和节能减排专项资金应予以支持。对通过实施清洁生产达到国内清洁生产先进水平的重点企业可给予适当经济奖励。

对于典型的焦化厂，以原煤为主要原料，通过炼焦生产工艺，产出主要产品焦炭、同时产生煤矸石、电能、余热等副产品和荒煤气等废弃物，具有实现生态工业的基础。建议国家相关部门应以焦化厂为上游企业，依靠其产生的焦化副产品和废物作为上游产品和基础条件，用生态工业的理念，配套发展下游产业，延长焦化产业链，形成以焦化企业为中心的企业群，促进资源和能源的高效利用。

　　对于典型的机械焦化厂产生的煤气可用于陶瓷、瓷砖及金属镁的生产，因此可在下游配套发展建材及有色金属产业；焦炉煤气发电可用于电力；化产回收产生的焦油及粗苯可用于煤气精制生产线，具体包括萘、蒽、沥青生产，可配套相应的化工产业。对于无回收焦化厂，产生的蒸汽量可用于：1.生产柠檬酸、酒精、淀粉、酶制剂等，因此可在下游配套食品医药企业；2.橡胶轮胎生产，可配套橡胶企业；3.塑料制品、PVC管材制造，可配套塑料行业，同时还可配套轻工业，如造纸业。同时，无回收焦化厂产生的电量，可应用于钢铁工业的电炉法生产硅铁合金、有色金属行业的电解铝生产、机械行业的机械冷加工及电子行业的电子产品生产。对于炼焦后序的配套产业，按照生态工业、延长产业链的理念，主要从国家、省经贸委近期发布的《当前国家重点鼓励的产业、技术、工艺》《资源节约综合利用项目导向》等政策文件中，寻找和推荐相关产业，如电力、建材、钢铁、食品医药、化工、橡胶、塑料、轻工、有色金属、机械、电子等可与焦化厂配套建设的11个产业，并根据炼焦规模推荐配套产业的发展规模。

第三章　焦化废水治理技术

第一节　焦化废水的产生与危害

一、焦化废水的来源

焦化废水是煤在高温干璃过程中以及煤气净化、化学产品精制过程中形成的废水，其中含有酚、氨氮、氰、苯、吡啶、吲哚和喹啉等几十种污染物，成分复杂，污染物浓度高、色度高、毒性大，性质非常稳定，是一种典型的难降解有机废水。

废水来源主要是炼焦煤中水分，是煤在高温干璃过程中随煤气逸出、冷凝形成的。煤气中有成千上万种有机物，凡能溶于水或微溶于水的物质，均在冷凝液中形成极其复杂的剩余氨水，这是焦化废水中最大的一股废水。其次是煤气净化过程中，如脱硫、除氨和提取精苯、萘和粗吡啶等过程中形成的废水。再次是焦油加工和粗苯精制中产生的废水，这股废水数量不大，但成分复杂。

（一）原料附带的水分和煤中化合水在生产过程中形成的废水

炼焦用煤一般都经洗煤后使用，通常炼焦时装炉的煤水分控制在10%左右。这部分附着水在炼焦过程中挥发逸出；同时煤料受热裂解，又析出化合水。这些水蒸气随荒煤气一起从焦炉引出，经初冷凝器冷却形成冷凝水，称剩余氨水。含有高浓度的氨、酚和割、硫化物及油类，这是焦化工业要治理的最主要废水。若入炉炼焦煤经过煤干燥或预热煤工艺，则废水量可显著减少。

（二）生产过程中引入的生产用水和用蒸汽等形成废水

这部分水因用水用蒸汽设备、工艺过程的不同而有许多种，按水质可分为两大类。

一类是用于设备、工艺过程的不与物料接触的用水和用蒸汽形成的废水，如焦炉煤气和化学产品蒸馏间接冷却水，苯和焦油精制过程的间接加热用蒸汽冷凝水等。这一类水在生产过程中未被污染，当确保其不与废水混流时，可重复使用或直接排放。

另一类是在工艺过程中与各类物料接触的工艺用水和用蒸汽形成的废水，这一类废水由于直接与物料接触，均受到不同程度的污染。按其与接触物质不同，可分为以下3种废水。

1. 接触煤、焦粉尘等物质的废水主要有：炼焦煤储存、转运、破碎和加工过程中的除尘洗涤水；焦炉装煤或出焦时的除尘洗涤水、湿法熄焦水；焦炭转运、筛分和加工过程的除尘洗涤水。这类水主要是含有悬浮物，一般经过澄清后可重复使用。

2. 含有酚、氰、硫化物和油类的酚氧废水主要有：煤气终冷的直接冷却水、粗苯加工的直接蒸汽冷凝分离水、精苯加工过程的直接蒸汽冷凝分离水；焦油精制加工过程的直接蒸汽冷凝分离水、洗涤水，车间地坪或设备清洗水等。这种废水含有一定浓度的酚、氰和硫化物，与前述由煤中所含水形成的剩余氨水一起称酚氧废水，该废水不仅水量大而且成分复杂。

3. 生产古马隆树脂过程中的洗涤废水主要是古马隆聚酯水洗废液。这种废水水量较小，且只有在少数生产古马隆产品的焦化厂中存在。这种废水一般呈白色乳化状态，除含有酚、油类物质外，还因聚合反应所用催化剂不同，而含有其他物质。

上述废水中，酚割废水是炼焦化学工业有代表性及显著特点的废水。

二、焦化废水的特征

（一）焦化废水的组成

焦化废水的组成很复杂，一方面是因为炼焦过程中的原煤成分复杂，有些原煤经过洗煤后并不能有效地去除杂质；另一方面是随着煤质和配煤比的变化，焦化废水的成分也随着变化。因此，焦化废水的成分复杂，处理起来的难度较大。

总的来说，焦化废水所含污染物可分为无机物和有机物两大类：无机物一般以铵盐形式存在，包括碳酸铵、硫酸铵、氰化铵、硫氰化铵等，也有少量硅、钙、铁、硼等元素的化合物；有机物主要是酚类、烃类、多环芳烃以及吡啶、喹啉等杂环化合物。孔令东等运用液-液萃取和层析法对水样进行前处理，测出了244种有机污染物，其中含量最高的是酚类，其次为吡啶、喹啉、呋喃等杂环化合物。何苗等对焦化废水进行了 GC/MS 分析，共检出51种有机物，全部属于各类芳香族化合物及杂环化合物，其中苯酚类及其衍生物、喹啉类化合物和苯类及其衍生物构成了焦化废水中的主要有机物（占83.39%）。表3-1综合了孔令东和何苗的相关研究，列出了焦化废水的中主要有机污染物组成。闫雨龙等对焦化厂生化处理站进口处的焦化废水中的PAHs进行了分析，发现EPA优控的16种PAHs的浓度为663.695ng/mL，其中含量较高的化合物是萘和菲，浓度分别为245.056ng/mL和142.011ng/mL，约占PAHs总浓度的58.32%。在未经处理的焦化废水中，致癌性最强的苯并 [a] 苗浓度达到0.346ng/mL，远远超过了《污水综合排放标准》（GB 8978—1996）中要求苯并 [a] 茂的排放限值0.03ng/mL。

表 3-1 焦化废水中主要有机物及组成

序号	有机物名称	百分比/%	占COD浓度/(mg/L)	序号	有机物名称	百分比/%	占COD浓度/(mg/L)
1	吡啶	1.116	1.511	21	邻苯二甲酸酯	0.185	11.110
2	乙苯	5.107	6.313	22	吲哚	1.154	20.100
3	苯乙腈	1.111	1.414	23	（E）-9-菲醛肟	0.113	1.169
4	苯酚	26.172	34.714	24	烷基吡啶	0.125	3.125
5	甲基苯酚	10.115	13.210	25	苯并喹啉	0.159	7.167
6	喹啉	11.146	14.910	26	苯基吡啶	0.155	7.115
7	异喹啉	5.108	6.417	27	二甲基苯酚	3.192	50.110
8	甲基喹啉	5.151	7.116	28	萘酚	0.113	1.169
9	某种苯酚衍生物	11.130	14.619	29	咔唑	0.135	4.155
10	甲基酮	1.154	2.010	30	6（5H）-菲啶酮	0.145	5.185
11	C_2烷基喹啉	2.103	2.614	31	硝基苯二甲酸	0.195	12.140
12	2,4-环戊二烯-1-次甲基苯	0.139	0.511	32	二苯基吡咯	0.106	0.178
13	1-萘腈	0.176	0.919	33	蒽腈	0.111	1.143
14	二苯并呋喃	0.128	3.164	34	9H-芴	0.133	4.129
15	2-甲基-1-异氧化萘	0.130	0.319	35	扩林酮	0.128	3.164
16	C_2烷基吡啶	0.105	0.165	36	1,1-（1,3-丁二炔-1,4）二苯	0.110	1.130
17	苯并咪唑	0.139	0.511	37	苯	0.104	0.152
18	异唑啉酮	1.169	2.210	38	苯乙烯酮	0.130	3.190
19	联苯	0.178	1.011	39	二苯并呋喃	0.115	1.195
20	喹啉酚	0.130	0.319	40	1,9-二氮芴苯甲酸	1.131	17.103
				合计		98.15	1300×0.1985

（二）焦化废水的特征

焦化废水是一种较难得到有效处理的工业废水，一般其 COD 浓度高达 1000～3000mg/L，NH_3-N 浓度在 200mg/L 以上，另外焦化废水具有成分复杂，有毒难降解有机物含量高，氨氮浓度高等特点。具体表现在以下几点。

1. 焦化废水成分非常复杂，它所含有的有机物和无机物的种类都很多。其中有机物有酚类、芳香烷类、有机氮类以及吡啶、喹啉、蒽、萘等杂环化合物；无机物主要包含 NH_3-N、SCN^-、Cl^-、S^{2-}、CN^-、$S_2O_3^{2-}$，很多有机物为难降解有机物，简单的生物处理办法处理后很难达到排放标准。

2. 废水的色度和 COD 值很高，含有大量难以降解的有机物如喹啉、吲哚、吡啶等，它们的 BOD_5/COD 值仅 $0.3\sim0.4$，可生化性较差，这给焦化废水的处理达标带来较大困难；另外焦化废水中的磷不足，生化处理时微生物的磷营养不够。

3. 焦化废水水质变化幅度较大，由于生产工艺、原料和煤质的不同，各个焦化厂的焦化废水组成成分及各种污染物的含量也不尽相同，氨氮变化系数有时可高达 2.7。

4. 废水排放量大，平均吨焦用水量大于 2.5t，一般设计能力为 $40\times10^4 t/a$ 的焦化厂排废水量将超出 1000t/d。

5. 废水中含有大量有毒有害物质，对水体中的微生物生长有抑制作用，大量难以降解的多环芳烃和杂环化合物是"三致"物质，会对人类健康造成严重威胁。

三、焦化废水的危害

焦化工业废水中有害、有毒污染物种类繁多、成分复杂，特别是一些剧毒物质和致癌物质更是危害极大。

焦化废水中含有大量的酚，无论对人体还是对动植物都有极大的危害。河流、湖泊等水体受到含酚废水污染后也会导致严重后果。由于含酚废水耗氧量高，水体中的氧平衡会遭到破坏，水体缺氧会危及水生生物的生存。当水中含酚量超过对鱼类毒害极限后会造成鱼类的大量死亡，而长期饮用含酚污水还会引起头昏、贫血以及各种神经系统病症。废水中高浓度的氨氮被排入水体中后，对水和生物的危害更大。氮化合物是营养物质，水体富营养化会引起藻类的过度繁殖，而大量死亡水藻将会导致水体出现恶臭气味，水质严重下降。氨氮与鱼类血液中的氧结合会导致鱼类窒息死亡。

另外，焦化废水中含有的剧毒物质包括一些氧化物和硫铵化物，通过反应可以转化为致死毒物 HCN。废水中部分多环芳烃和杂环化合物，如不经处理直接排放水体，会使水生生物中毒甚至死亡，若灌溉农田会使作物减产或枯死，而人饮用被其污染的水或食用含这些毒物的鱼类和农作物，则会引起慢性中毒，出现头晕、呕吐、无力和贫血等症状，致癌和致突变，危害人体健康。焦化废水导致的土壤污染也成为重要环境问题，不仅直接影响农作物的生长和产量，而且由于这些污染物被作物吸收、残留，并通过食物链传递最后危害人体健康。

因此焦化废水中氨氮一定要严格脱除，使其含量达标。焦化废水中其他物质如油悬浮物、氰化物等对水体与鱼类也都有危害。由于焦化废水不仅会造成环境污染，严重地破坏自然生态，同时也直接威胁到了人类的健康，因此，焦化废水的治理就成为国家和社会广泛关注的问题，不仅要对其进行彻底的治理，而且要防止污染转移及二次污染的产生。

第二节　焦化废水的特征及组成

焦化废水污染物种类繁多，成分复杂，如苯类、酚类、硫化物、氰化物、萘蒽、多环和杂环芳烃等。其废水危害极大，无论是有机类还是无机类污染物多数都属有毒有害或致癌性物质，其有机物组成和类别，至今仍在研究和探索。

一、焦化生产物料平衡与废水特征

（一）焦化生产物料平衡与排放污染物

焦化生产是以生产焦炭和煤气为主，还回收苯、焦油、氨、酚、氰等化工产品，并排放众多污染物。焦化废水来源就是对荒煤气净化及其净化过程回收产品（如粗苯、焦油等）加工与粗制时所产生的废水。

炼焦厂的气体排放可能是间歇的和连续的，它与燃烧、装料、推焦、冷却、运输和筛分等作业有关。气体排放物可能从很多分散口排出，例如炉门、盖、出口和加热烟囱等。

颗粒物污染排放产生于燃烧、装料、推焦和冷却作业。这些排放可以通过下列方法加以控制。不断维护保养焦炉耐火墙；改进装料方法；严密控制加热周期以及为某些作业安装萃取/气体净化系统。

COG是炼焦过程中馏出的一种复杂的混合物，它含有氢、甲烷、一氧化碳、二氧化碳、氮氧化物、水蒸气、氧、氮、硫化氢、氰化物、氨、苯、轻油、焦油、蒸气、萘、烃、多环芳烃（PAHS）和凝聚的颗粒物。这种气体泄漏可能来自炉门、盖、罩等没有得到密封的地方，只能通过密切注意维修保养和密封作业来减少这类泄漏性污染。根据联合国环境规划署工业与环境中心的有关报告，炼焦生产的能源-物料平衡与排放物的状况。

在焦炉气（COG）利用之前，通常需经一个副产品厂（回收车间）处理，回用苯、焦油和脱硫等。因此回收系统的泵、罐、阀、管道等都是潜在排放或泄漏污染源。在副产品处理所使用后的水含有大量氰化物、酚、油、硫化物、氨氮以及多环芳烃和杂环芳烃等有毒有害物质。必须经生物废水处理达标后方可排放。

（二）焦化废水来源与组成

焦化废水主要来自炼焦、煤气净化及化工产品的精制等过程，排放量大，水质成分复杂。从焦化废水产生的源头分，有炼焦带入的水分（表面水和化合水）、化学产品回收及精制时所排出的水，其水质随原煤和炼焦工艺的不同而变化。剩余氨水及煤气净化和化学产品精制过程中的工艺介质分离水属于高浓度焦化废水；对于焦油蒸馏和酚精制蒸馏中，分离出来的某些高浓度有机污水．因其中含有大量不可再生和生物难降解的物质，一般要送焦油车间管式焚烧炉焚烧，煤气净化和产品精制过程中，从工艺介质中分离出来的其他高浓度废水要与剩余氨水混合，经蒸氨后以蒸氨废水的形式排出，送焦化厂污水处理站处理。

有关次要排放物：多环芳烃（PAH）、苯、PM10、H_2S、甲烷。

有关废水成分：悬浮固体、油、氰化物、酚、氨。

输入能源分类：458MJ电（48kW·h）、41.1GJ煤、0.5GJ蒸汽、3.2GJ底部加热煤气。

输出能源分类：29.8GJ焦炭、8.2GJCOG、0.7GJ苯、0.9GJ电（90kW·h）、3.3MJ蒸汽、1.9GJ煤焦油。

焦化厂的生产全过程，一般可以分为煤的准备、炼焦、煤气净化和回收以及化学产品精制等步骤。因此，焦化厂所产生的废水数量与性质，随采用的工艺和化学产品精制加工深度的不同而有所不同。目前，我国焦化生产工艺流程及废水来源表明，焦化废水来源主要是炼焦煤中水分，是煤在高温干馏过程中，随煤气逸出、冷凝形成的。煤气中有成千上万种有机物，凡能溶于水或微溶于水的物质，均在冷凝液中形成极其复杂的剩余氨水，这是焦化废水中最大一股废水。其次是煤气净化过程中，如脱硫、除氨和提取精苯、萘和粗吡啶等过程中形成的废水。再次是焦油加工和粗苯精制中产生的废水，这股废水数量不大，但成分复杂。

1. 原料附带的水分和煤中化合水在生产过程中形成的废水

炼焦用煤一般都经过洗煤，通过洗煤时，装炉煤水分控制在10%左右，这部分附着水在炼焦过程中挥发逸出；同时煤料受热裂解，又析出化合水。这些水蒸气随粗干馏煤气（荒煤气）一起从焦炉引出，经初冷凝器冷却形成冷凝水，称剩余氨水。这股废水含有高浓度的氨、酚、氰、硫化物以及有机油类等，这是焦化厂主要治理的废水，是废水处理厂主要废水来源。为了减少剩余氨水量，减轻废水治理负荷，目前，大型炼焦企业对入炉炼焦炉采用煤干燥或煤预热等煤调湿技术，则废水可显著减少。

2. 生产过程中引入的生产用水和蒸汽形成的废水

生产过程中引入的生产用水所形成的废水主要有洗选煤、物料冷却、换热、熄焦、水封、冲洗地坪以及补充循环水系统等生产过程排放的废水。这部水废水因用水用汽设备、工艺过程不同而异，种类很多，但按水质可分为两类。

一类是用于设备、工艺过程的不与物料接触的用水和用汽形成的废水，如焦炉煤气和化学产品蒸馏间接冷却水，苯和焦油精制过程的间接加热用蒸汽冷凝水等。这一类水在生产过程中未被污染，当确保其不与废水混流时，可重复使用或直接排放。

另一类桌在工艺过程中与各类物料接触的工艺用水和用汽形成的废水，这一类废水因直接与物料接触，均受到不同程度的污染。按其与接触物质不同，可分为以下3种。

（1）接触煤、焦粉尘等物质的废水主要有炼焦煤储存、转运、破碎和加工过程中的除尘洗涤水；焦炉装煤或出焦时的除尘洗涤水、湿法熄焦水；焦炭转运、筛分和加工过程的除尘洗涤水。

这种废水主要是含有固体悬浮物浓度高，一般经澄清处理后可重复使用。水量因采用湿式除尘器或干式除尘器的数量多少而有很大变化。

（2）含有酚、氰、硫化物和油类的酚氰废水主要有：煤气终冷的直接冷却水、粗苯加工的直接蒸汽冷凝分离水、精苯加工过程的直接蒸汽冷凝分离水；焦油精制加工过程的直接蒸汽冷凝分离水、洗涤水，车间地坪或设备清洗水等。

这种废水含有一定浓度的酚、氰和硫化物，与前述由煤中所含水形成剩余氨水一起称酚氰废水，该废水不仅水量大而且成分复杂，是焦化工序废水治理的重点。

（3）生产古马隆树脂过程中的洗涤废水该废水主要是古马隆聚酯水洗废液。这种废水水量较小，且只有在少数生产古马隆产品的焦化厂中存在。这种废水一般呈白色乳化状态，除含有酚、油类物质外，还因聚合反应所用催化剂不同而含有其他物质。

上述废水中，酚氰废水是炼焦化学工业有代表性、具有显著特点的废水。

三、废水特征与水质水量

（一）废水特征

焦化废水污染物种类繁多，成分复杂，其特点是：1. 水量比较稳定，水质则因煤质不同、产品不同及加工工艺而异；2. 废水中有机物质多，多环芳烃多，大分子物质多。有机物质中有酚、苯类、有机氮类（吡啶、苯胺、喹啉、卟唑、吲哚等）、萘、蒽类等。无机物中浓度比较高的物质有 $NH_3—N$、SCN^-、Cl^-、S^{2-}、CN^-、$S_2O_3^{2-}$ 等；3. 废水中 COD 较高，BOD_5 与 COD 之比，一般为 $0.28\% \sim 0.32\%$，属可生化性较差废水。一般废水可生化性评价参考值见表 3-2；4. 废水毒性大，其中 NH_3-N、TN（总氮）较高，这些都对微生物有毒害作用，如不增设脱氮处理和深度处理，难于达到新规定的排放标准和回用要求。

表 3-2　废水处理可生化性评价参考值

BOD_5/COD	>0.45	>0.30	0.30～0.20	<0.20
可生化性	生化性能好	可生化	较难生化	不宜生化

（二）废水的水质水量

焦化废水的排放量与生产规模有关，不同生产规模其废水排放量则不相同，表 3-3 和表 3-4 分别列出我国焦化生产不同规模和 $60 \times 10^4 t$ 焦化厂各排放点排放水量。

表 3-3 不同规模焦化厂各工艺流程外排废水量

排水点	工艺流程	废水量/（m³/h）				备注
		年产焦炭 4×10⁴t	年产焦炭 10×10⁴t	年产焦炭 20×10⁴t	年产焦炭 60×10⁴t	
蒸氨后废水	硫氨流程	—	—	—	20	
	氨水流程	5	12	24	60	
终冷排污水	硫氨流程	—	—	—	34	按15%排废水量计算
精苯车间分离水	连续流程	—	—	—	0.8	
	间歇流程	0.24	0.5	—	—	
焦油车间分离水洗涤水	连续流程	—	—	—	0.5	
	间歇流程	0.09	0.21	0.32	—	
古马隆分离水	间歇流程	—	0.17	0.36	1.0	
化验室		3.6	3.6	3.6	3.6	
煤气水封		0.2	0.2	0.2	0.4	

表 3-4 年产 6×10⁴t 焦化厂各废水排水点的废水量

排放点	煤气净化工艺	水量/[t/（h•t）]
蒸氨废水	硫氨流程	0.33～0.35
	浓氨水流程	1.0
终冷排废水	硫氨流程	0.56（无脱硫工序）
精苯车间分离水	连续流程	0.13
	间歇流程	—
粗苯车间分离水	硫氨流程	0.05
	氨水流程	0.05
古马隆分离水	间歇流程	0.016
焦油加工		0.007～0.02
煤气水封排废水		0.006～0.017
合计	硫氨流程	1.1～1.15
	氨水流程	1.2～1.23

　　焦化厂的废水水质极其复杂，随着用煤的种类与加工生产方法而异，焦化废水中污染物，包括酚类、多环芳香族化合物及含氮、氧、硫杂环化合物等。焦化废水中易降解有机物主要是酚类化合物和苯类化合物；吡咯、萘、呋喃、咪唑类属于可降解有机物；难降解有机物主要为吡啶、咔唑、联苯、三联苯等，是一种典型的难降解有机化合物。表 3-5～表 3-7 分别列出焦化生产废水及其化产回收过程的外排废水组成与水质。

表 3-5　我国焦化厂焦化废水水量及水质

企业名称	水量 /（m³/h）	COD /（mg/L）	NH₄⁺-N /（mg/L）	挥发酚 /（mg/L）	氰化物 /（mg/L）	石油类 /（mg/L）	色度 /倍	pH值
N01		1500～2000	150～300	50～200	5～15	<100	500～600	6～9
N02		<2500	<200	<600	<50	<250	300	6～9
N03		1500～5200	300～1300	500～1200	30～100	100～500	350	8.5～10
N04	130	2000～3000	<150	200～600	30～40	<120	450～610	7～8
N05	32	3000	150	600～700	20～30	25～50	350～450	8.5
N06	95～98	7000～8000	100～200	1000	20	80	300	8.5～9
N07	30～40	2900～4100	100～400	720～910	15～69	103～165	230～350	8.5～11
N08	40	1500	300	200	20			
N09	100	1812	600	276	11			
N10	73～75	600	250	—	3.0			
N11		1500～2000	300	200	15			
N12		3400	994	60	13			
N13		2000	4000	300	70			
N14		4333～5964	84～487	790～890	4.8～6.7			
N15		3557	281	954	8.6	94.4	105	9.0～11.0

表 3-6　焦化系数各废水排放点的水质

排水点	pH值	挥发酚	氰化物	苯	硫化物	硫化氢	油	硫氰化物	挥发氨	吡啶	萘	COD	BOD₅	色和嗅
蒸氨塔后（未脱酚）	8～9	1700～2300	5～12			21～136	610	635	108～255	140～296		8000～16000	3000～6000	棕色、氨味
蒸氨塔后（未脱酚）	8	300～450	5～12	1.2	6.4	21～136	3061		108～255	140～296	1.5	4000～8000	1200～2500	棕色、氨味
粗苯分离水	7～8	300～500	22～24	166～500	3.25	59～85	269～800		42～68	275～365	62.5	1000～2500	1000～1800	淡黄色、苯味

排水点	pH值	挥发酚	氰化物	苯	硫化物	硫化氢	油	硫氰化物	挥发氨	吡啶	萘	COD	BOD$_5$	色和嗅
终冷排污水	6~7	100~300	100~200	1.66	20~50	34	25	75	50~100	25~75	35	700~1029		金黄色、有味
精苯车间分离水	5~6	892	75~88	200~400	20.48	100~200	51		42~240	170		1116		灰色、二硫化碳味
精苯原料分离水	5~7	400~1180	72		41~96		120~17000		17~60	93~1050		1315~39000		灰色、二硫化碳味
精苯蒸发器分离水	6~8	100~600	210		1.8	8~200	36~157		25~100	约0		590~620		黄色、苯味
焦油一次蒸发器分离水	8~9	300~600	23	2.00	3.2	471	3000~12000		2125	3920	37.5	27236		淡黄色、焦油味
焦油原料分离水	9~10	1800~3400	54.3		72	2437	5000~110000		5750	600		19000~33485		棕色、萘味
焦油洗塔分离水	8~9	5700~8977			120	289~1776	370~13000			1075		33675		
洗涤蒸吹塔分离水	9~10	7000~14000	0.325		10400	93~425	5000~22271			583		39000		黄色、萘味
硫酸钠废水	4~7	6000~12000	2~12	2.5	3.2~20	93~471	905~21932		42.5	87.40	37.5	21950~28515		
黄血盐废水	6~7	337	58			10.2	116		85	210				
煤气水封槽排水		50~100	10~20				10					1000~2000		

排水点	pH值	挥发酚	氰化物	苯	硫化物	硫化氢	油	硫氰化物	挥发氨	吡啶	萘	COD	BOD$_5$	色和嗅
酚盐蒸吹分离水		2000～3000	微				4000～8000					30000～80000		
沥青坪池排水		100～200	5				50～100					100～150		
泵房地坪排水		1500～2500	10				500					1000～2000		
化验室排水		100～300	10				400					1000～2000		
洗罐站排水		100～150	10				200～300					500～1000		
古马隆洗涤废水	3～10	100～600					1000～5000					2000～13000		

表3-7　焦化废水中阴阳离子测定结果

阴阳离子名称	含量/（mg/L）	
	原水	外排水
F$^-$	75.09	41.6
Cl$^-$	1112.96	682.03
Br$^-$	23.65	15.05
I$^-$	8.4	5.0
NO$_2{}^-$	—	—
NO$_3{}^-$	27.43	167.54
SO$_4{}^{2-}$	48.5	0.84
PO$_4{}^{3-}$	—	0.32
Na$^+$	1763.41	1135.11
K$^+$	19.88	14.93
Mg^{2+}	2.63	7.59
Ca^{2+}	69.46	90.82
Fe^{2+}，Fe^{3+}	2.47	0.60
Al^{3+}	0.070	0.068
总Co	—	—

阴阳离子名称	含量/（mg/L）	
	原水	外排水
总Si	13.52	10.83
总Se	—	—
总Mo	—	—
总Cu	0.060	0.048
总Mn	0.002	0.001
总Zn	0.031	0.0
总Ni	0.007	0.007
总Pb	0.012	0.010
总Cd	0.001	—
总Cr	—	—
总As	0.012	0.009
总Hg	—	—

3. 蒸氨废水的水质水量

由剩余氨水和部分其他高浓度焦化废水组成的混合废水经蒸氨后的排水即为蒸氨废水。它是焦化生产排出浓度最高的焦化废水，是焦化废水最主要的污染源。

蒸氨废水产生量与水质，通常与焦化生产规模、焦化工艺、生产产品以及蒸氨前后废水组成等因素有关。如剩余氨水中有无混入化产品回收和精制过程中分离水、是否进行脱酚、蒸氨气是否送生产硫铵、无水氨是否送焚烧分解，以及蒸氨时是否脱除固定铵等所排出的蒸氨废水是不同的，表3-8和表3-9分别列出不同生产规模的蒸氨废水水量与组成、几种蒸氨废水水质情况。

表3-8 蒸氨废水水量及组成

成分		20×10^4t/a	40×10^4t/a	60×10^4t/a	90×10^4t/a	90×10^4t/a	180×10^4t/a	180×10^4t/a	180×10^4t/a
外排蒸氨废水		14.0	14.0	22.5	56.3	36.6	75.0	72.0	90.0
其中	剩余氨水①	4.4	8.8	13.2	20.2	20.2	39.6	39.6	39.6
	化产品精制分离水②				2.5	2.5		20.0③	4.2④
	粗苯分离水	0.6	1.2	1.8	2.8	2.8	5.5	5.5	5.5
	粗苯终冷排污水等		2.6			19.8			31.0⑤

成分	$20\times$ $10^4t/a$	$40\times$ $10^4t/a$	$60\times$ $10^4t/a$	$90\times$ $10^4t/a$	$90\times$ $10^4t/a$	$180\times$ $10^4t/a$	$180\times$ $10^4t/a$	$180\times$ $10^4t/a$
洗氨水及蒸氨汽冷凝水	9.0	2.3	7.5	30.8	11.1	15.1	6.9	14.7
备注	氨焚烧 HPF脱硫	硫铵流程 HPF脱硫	氨焚烧 AS脱硫	硫铵流程 AS脱硫	氨焚烧 AS脱硫	氨水无水氨 AS脱硫	硫铵流程 TH法脱硫	无水氨 FR法脱硫

①已扣除终冷排污水中所含的二次蒸汽冷凝水量;

②为装煤含水约为12%,炼焦化合水约为2%时进入系统的水量;

③内容包含:苯加氢(生产1种苯)、古马隆、焦油萘蒸馏、精酚(CO₂洗涤法)、精萘(区域熔融法)、吡啶精制和沥青焦制造等;

④内容包含:苯加氢(生产3种苯)、精萘(静态结晶法)、精蒽、蒽醌和洗油加工等;

⑤其中含煤气水封排水2.0m³/h,无水氨装置排水6.9m³/h。

表3-9 蒸氨废水水质

序号	项目名称	剩余氨水		脱酚氨水	蒸氨废水②		
		常态范围	常态值①		脱酚脱固定氨	不脱酚脱固定氨	不脱酚和固定氨
1	COD/(mg/L)	6000~9000	8500	2250~2800	1750~2700	3000~5500	3000~5500
2	酚/(mg/L)	1500~2000	1750	80~120	50~100	450~850	450~850
3	T-CN⁻/(mg/L)	20~150	40	20~150	10~40	10~40	10~40
4	CN⁻/(mg/L)	10~80	15	15~100	5~15	5~15	5~15
5	SCN⁻/(mg/L)	400~600	450	500~600	300~500	300~500	300~500
6	NH₃-N/(mg/L)	4000~5000	4500	400~4800	80~270③	80~270③	600~820
7	油/(mg/L)	300~600	15	10~30	5~15	5~15	5~15
8	pH	9~11	9.8	9~10	9~9.8	9~9.8	8~9.0
9	水温/℃	34~40	34~40	34~40	34~40	34~40	34~40

①当煤气脱硫放在煤气终冷之后时,T-CN⁻、CN⁻及SCN⁻的数值应取常态范围的上限值;当原料煤中含硫较高时,SCN⁻的数值也应取常态范围的上限值。

②取值方式与蒸氨废水量和剩余氨水量的比值有关,一般为:当比值在1.5以下时,取上限值;当比值在3.0以上时,取下限值;当比值在1.5~3.0时,可用内差法或根据各组成废水水质与水量按加权平均法进行计算。此外,还应按注①的原则进行调整。

③与蒸氨操作条件有关,应控制在接近下限值为好。

二、焦化废水有机物组成与类别

（一）焦化废水中有机物组成

由于煤中碳、氢、氧、氮、硫等元素，在干馏过程中转变成各种氧、氮、硫的有机和无机化合物，使煤中的水分及蒸汽的冷凝液中含有多种有毒有害的污染物，如剩余氨水含固定铵约 $2\sim5g/L$。由于煤中含氮物多，煤气中含氮化物为 $6\sim12g/m^3$，经脱苯、洗氨后约为 $0.05\sim0.08g/m^3$，所以废水中含很高的氮和酚类化合物以及大量有机氮、CN、SCN 和硫化物等。

长期以来，由于历史及认识的局限性，人们认为焦化废水主要由酚、氰污染物组成，故称之为酚氰废水。因此对其处理主要集中在采用不同处理方法或对不同生物处理方法进行比较。近 20 年来，人们深入研究发现，造成焦化废水处理效率不高的原因是因废水中存在众多的难降解有机物。因此 20 世纪 90 年代末，很多研究工作者采用 GC/MS（气相色谱/质谱联用仪）法对焦化废水有机物组成进行分析研讨，其中，主要研究进程有如下几个方面。

清华大学赵建夫、钱易、顾夏声等于 1990 年采用 GC/MS 法对北京焦化厂焦化废水进行有机物组分测定为 24 种，并结合活性污泥法处理试验结果表明，该厂焦化废水主要污染有机物为苯酚、甲酚、二甲酚萘、喹啉及异喹啉等，约占废水中总有机碳的 86%，其中难以降解的有机物为萘、甲萘、二甲萘、喹啉、异喹啉、二联苯、吡啶和甲基吡啶等

为了考察焦化废水中有机物组分，清华大学环境工程系曾对北京某钢铁公司焦化厂经过溶剂萃取脱酚、蒸氨、隔油、气浮等预处理后的焦化废水采用 GC/MS 法进行有机物种类与组分测定，共有 54 种 14 类有机物，见表 3-10 和表 3-11，全部属于芳香族化合物和杂环化合物。经活性污泥法曝气 HRT=12h 后，其出水中所含酚类化合物和芳香族的种类和数量都大为减少，出水中主要有机物为杂环化合物及多环芳烃等难降解有机物及降解中间产物组成。中间产物包括各种链状化合物、邻苯二甲酸酯、吡啶二羧酸、硝基苯二羧基酸等。

随着研究工作的深入发展，鞍钢化工总厂与鞍山焦化耐火材料研究院、哈尔滨建筑工业学院等单位，对鞍钢焦化废水及其生化过程测定表明，废水中有机物组分为 60 种，经生化一、二级处理后，其组分有所减少。任源、韦朝海等采用生物流化床、$A/O_1/O_2$ 工艺处理时，运用 GC/MS 法实测结果表明，焦化废水中有机物组分为 88 种，处理工艺 A、O_1，O_2 和滤池等出水中的有机物组成分别为 88 种、87 种、86 种、86 种。尽管有机物组分变化不大，但其 COD 浓度去除明显，实验结果表明，焦化废水中酚类物质占有机物总量的 90% 左右，缺氧（A）阶段对废水 COD 去除率为 10%～15%；一级好氧（O_1）段 COD 去除率达 65%～70%；二级好氧（O_2）段 COD 去除率达 40%～50%。

根据中国科学院环化所对加压气化煤气废水的检测结果表明：其中脂肪烃类 24 种，多环芳烃类 24 种，芳香烃类 14 种，酚类 42 种，其他含氧有机化合物 36 种，含硫有机化合物 15 种，含氮有机化合物 20 种，共计 175 种。COD 值一般都在 6g/L 以上，

最高的达到25g/L左右，而且在焦油中含有致癌物质，在干馏制煤气废水中检测出3，4-苯并芘含量则更高。

徐杉、宁平等采用GC/MS法对昆明焦化厂废水有机物组分测定结果为262种。中冶集团建研总院环保院在承担"十五"国家攻关"钢铁企业用水处理与污水回用技术集成研究与工程示范"项目中，对某焦化厂各工段废水采用GC/MS法实测结果为：鼓冷二段废水有机物组分为24种；精苯2段废水为111种；考伯斯废水为45种；终冷段废水为27种，共计207种。但目前已有资料报道焦化废水中化合物种类超过300种。

（二）焦化废水中溶解性有机物组成

溶解性有机物净化降解难度很大，为了深入了解焦化废水溶解性有机物组分，中国科学院广州地球化学研究所与华南理工大学环科院对韶钢焦化废水采用紫外-可见光谱分析和GC/MS分析法，系统解析了焦化废水中溶解性有机物组分的组成，色度的组成和各种组分的有机物构成。

研究内容和结果如下所述。

1. 组分分离与特征

采用XAI-8型树脂对废水水样中溶解性有机物进行组分分离，根据洗脱液的不同将焦化废水中有机物分为疏水酸性物质（HOA）、疏水碱性物质（HOB）、疏水中性物质（HON）和亲水性物质（HIS）4类组分。

其中各组分有机物含量分别为：（1）溶解性有机物总量为998.4mg/L；（2）HIS和HOA含量最高，分别占总量的44.3%和32.4%；HON和HOB的含量相对较少，分别占总量的12.3%和10.9%，因此表明焦化废水溶解性有机物的组分组成，主要为HIS和HOA。

2. 焦化废水色度组成与各组分紫外-可见光谱吸收性

（1）试验研究表明：焦化废水色度（颜色）主要由疏水酸性组分（H（）A）和中性组分（HON）引起，虽然亲水性物质（HIS）含有较高溶解性有机物，但对焦化废水色度的构成贡献不大。

（2）对紫外-可见光谱的吸收强度顺序依次为：HIS＞HOA＞HON＞HOB。

3. 各组分GC/MS分析

（1）各组分的GC/MS法图谱表明，HIS和HOA相比于HOB和HON谱图较为简单，说明HIS和HOA组分有机物较少。

（2）HIS主要含有苯胺、苯酚、喹啉、异喹啉等13种。

（3）HOA主要是各种酚类，其中以各种甲基取代酚为主。张伟、韦朝海等研究测定废水中有10种烷基酚、2种萘酚、7种氯酚和2种硝基酚此外还含有呋喃和苯甲酸等类有机物。HOA共有32种组分有机物构成。

（4）HOB有机物比较复杂。主要是各种胺类和含氮杂环化合物。其中含氮杂环化合物主要以喹啉和异喹啉为主，还有少量咪唑类、吲哚类等有机物共44种。

（5）HON主要以吲哚及其衍生物，还含有各种腈类、酮类、联苯类和多环芳烃类物质共 45 种。

三、焦化废水的 COD 组成

焦化生产过程中排放出大量含酚、氰、油和有毒等物质，现有生化处理工艺对脱除酚、氰、油都很有效，但对氨氮和 COD 去除效果都是有限的，国内绝大多数焦化厂外排废水 COD 均未能达标排放。因此，探讨焦化废水中构成 COD 的主要物质组成（简称 COD 组成），是非常必要的。

为了探讨焦化废水 COD 组成，鞍山焦耐院、哈建院等单位以鞍钢化工总厂生化进出水为对象，测定焦化废水中主要无机物和有机物的含量及其 COD，并测定废水中悬浮物组成的 COD 含量。COD 测定方法为重铬酸钾法。

废水是采用两段生化处理工艺，废水经调节池调节均匀后，进入串联的两级曝气池（槽），在第一级曝气 4～5h，即一段生化；在第二级曝气 18～20h，即二段生化。

（一）废水中主要无机物 COD 组成

经测定分析，该焦化废水中主要无机物组分的质量浓度及其 COD 的质量浓度，见表 3-10 和表 3-11。

表 3-10　焦化废水中主要无机物组分　　　　　单位：mg/L

水样	SCN^-	CN^-	NH_3	全氨	S^{2-}	NO_2^-	Cl^-
生化进水	175.4	9.4	136.4	299.2	9.9	0.29	258.1
一段生化出水	81.3	1.6	128.0	380.0	4.3	0.08	379.4
二段生化出水	6.2	0.4	132.2	340.0	2.8	1.90	430.0

表 3-11　焦化废水中无机物组分提供的 COD　　　　　单位：mg/L

水样	SCN^-	CN^-	S^{2-}	NO_2^-	$ECOD_{无机}$	$\sum COD_{无机}/COD_{总} \times 100\%$
生化进水	163.1	3.78	18.35	0.10	185.3	10.90
一段生化出水	75.6	0.64	8.01	0.03	84.1	15.07
二段生化出水	5.8	0.16	5.16	0.63	11.8	3.75

生化进水和一级生化出水中无机组分的 COD 较高，这是因为生化进水中 SCN^- 质量浓度为 175.4mg/L 和在一段生化出水中为 81.3mg/L，SCN^- 提供的 COD 分别占这 2 种废水中无机组分 COD 的 88% 和 90%。但在第二段生化过程中，由于曝气时间长，SCN^- 的质量浓度降至 6mg/L 左右，其他无机组分的质量浓度也不高，故其所占比例为 5% 左右。因此，在生化进水与一段生化出水中，SCN^- 是构成 COD 无机组分的主要组成。

（二）废水中主要有机物 COD 组成

1. 有机组分的富集与定性、定量测定

采用二氯甲烷萃取废水中的有机组分，用 PE-8500 气相色谱仪做分离和定量，JMS-D100 色-质联机定性等方法进行测定。

生化进水、一段生化出水、二段生化出水的二氯甲烷萃取物色谱分离出主要有机组分的定性结果列于表3-12，定量结果列于表3-13和表3-14。表3-14为6个水样的测定结果。

表3-12 焦化废水色-质谱定性结果

序号	有机组分类别	各类化合物数目		
		生化进水	一段生化出水	二段生化出水
1	苯类（苯、甲苯、二甲苯、三甲苯、四甲苯等）	10	8	9
2	酚类（酚、甲酚、二甲酚等）	9	6	6
3	吡啶类（吡啶、甲基吡啶、二甲基吡啶等）	9	13	13
4	喹啉类（喹啉、异喹啉、甲基喹啉、二甲基喹啉等）	4	5	5
5	其他含氮化合物（吲哚、咔唑、苯甲腈、吖啶等）	5	8	7
6	萘类（萘、甲基萘、二甲基萘等）	6	4	4
7	多环芳烃类（联苯、苊、芴、蒽、菲、3-甲基菲、萤蒽、芘等）	10	7	8
8	含氧杂环化合物（苯并呋喃、二苯并呋喃、色满等）	3	2	1
9	其他化合物（茚、氢茚、苯并噻唑、烷烃等）	4	5	5
	合计	60	58	58

表3-13 生化进水中有机组分的定量结果 单位：mg/L

序号	有机组分	第一次取样	第二次取样	第三次取样
1	苯类	21.4	6.2	25.7
2	吡啶类	25.8	6.6	15.9
3	酚	203.8	218.4	294.9
4	邻甲酚	31.6	24.8	50.4
5	间甲酚、对甲酚	68.8	52.6	88.6
6	二甲酚	31.0	17.0	18.5
7	茚	3.3	2.0	3.3
8	萘类	24.0	24.5	23.1
9	喹啉类	25.9	18.7	22.4
10	吲哚	10.4	11.0	5.1
11	联苯	2.3	1.8	1.2
12	苊	1.6	2.8	2.1
13	氧芴	1.3	1.3	1.2

序号	有机组分	第一次取样	第二次取样	第三次取样
14	芴	0.8	0.9	1.2
15	菲	1.5	1.0	2.4
16	蒽	0.8	0.6	0.8
17	咔唑	1.7	1.7	1.4
18	3-甲基菲	0.8	0.5	0.6
19	萤蒽	0.4	0.7	0.8
20	芘	0.8	0.3	0.6
21	未鉴定组分	22.4	16.0	12.9
合计		480.4	409.4	573.1

表3-14　一、二段生化出水主要有机物定量结果　　　单位：mg/L

有机组分	一段生化出水	二段生化出水
苯类	4～5	2～5
酚类	4～8	2～5
吡啶类	12～20	10～15
喹啉类	2～3	1～3
萘类	1～2	1～2
多环芳烃及未鉴定组分	18～25	15～25
总量	41～63	31～55

从表3-12看出，生化进出水中主要有机物组分是焦化生产过程中产生的有机化合物，色-质谱仪定性出约60种化合物。

从表3-13看出，生化进水中酚的质量浓度最高，约200～300mg/L，占有机物组分总量的50%左右，酚类总和占有机组分总量的70%左右。

表3-14说明，经过一段生化后，酚类得到降解，其质量浓度不大于0.8mg/L，去除率达96.8%以上，通常，经一级曝气后废水中酚含量通常为0.5mg/L以下，其去除率可达99%以上。经过二段生化后的主要有机组分质量浓度变化不大，其中多环芳烃和难鉴定组分含量较高，说明虽已二段曝气生化，且曝气时间很长，但这些组分仍很难降解。

2. 焦化废水中主要有机物COD组成

测定分析生化进出水的各有机组分得出的COD量，见表3-15和表3-16。表3-15说明，生化进水中主要有机组分的COD量约占焦化废水COD总量的60%～78%，其中酚的COD占COD总量的28%～36%，占一半左右。

表3-15　生化进水中主要有机组分的COD　　　　　单位：mg/L

序号	有机组分名称	测定次数与结果		
		第一次取样	第二次取样	第三次取样
1	苯类	30.2	8.7	36.3
2	吡啶类	33.8	8.6	20.9
3	酚	415.8	445.5	601.5
4	甲酚	293.2	226.0	405.9
5	二甲酚	76.0	41.7	45.3
6	茚	5.4	3.3	5.5
7	萘类	63.8	65.2	61.5
8	喹啉类	62.4	45.1	53.9
9	吲哚	26.2	27.7	12.8
10	联苯	4.2	3.3	2.2
11	苊	4.9	8.6	6.3
12	芴和氧芴	4.7	4.9	5.3
13	蒽	2.0	1.5	1.9
14	菲	4.2	2.8	6.8
15	3-甲基菲	2.3	1.4	1.7
16	咔唑	4.0	4.0	3.3
17	萤蒽	1.1	1.9	2.1
18	芘	2.1	0.8	1.5
19	未鉴定组分	45.2	32.0	25.7
	$\sum COD_{有机}$	1081.5	933.0	1300.4
	$COD_{总}$	1379.2	1566.7	1667.9
	$\sum COD_{有机}/COD_{总}$	78.41%	59.55%	77.97%

表3-16　生化出水中主要有机组分的COD　　　　　单位：mg/L

有机组分	一段生化出水	二段生化出水
苯类	5.6～7.1	2.8～7.1
酚类	8.7～17.4	4.4～11.0
吡啶类	12.7～21.2	10.6～15.9
喹啉类	4.9～7.4	2.5～7.4
萘及多环芳烃等	49.6～70.6	41.8～70.6
$\sum COD_{有机}$	81.5～123.7	62.1～112.0
$COD_{总}$	522.5～591.0	279.0～498.0
$\sum COD_{有机}/COD_{总}$	15.6%～20.9%	22.3%～22.5%

表 3-16 说明，一段和二段生化出水中主要有机组分的 COD 约占 COD 总量的 18% 和 22%。其中萘类、多环芳烃及还未鉴定出的组分的 COD 较高，分别占这 2 种废水 COD 总量的 11% 和 14%。

（三）废水中悬浮物对 COD 的影响

为了探讨悬浮物（SS）对 COD 的影响，经测定滤出悬浮物前后废水的 COD 变。可以发现，去除悬浮物后，生化进水、一段生化出水、二段生化出水的 COD，分别降低 8.5%、36% 和 40% 左右。

生化进水的 SS 主要为煤尘、焦尘及不溶于水的油类，而生化出水中的 SS 除此以外，还含有大量菌胶团及吸附了有机组分的污泥，它们的 COD 较高。因此，生化出水除去悬浮物后 COD 降低幅度较大。

二段生化出水中悬浮物的质量浓度与 COD 的关系可见，1mg 悬浮物的 COD 约为 1.14mg。通常二段生化出水中悬浮物的质量浓度约为 108mg/L，由此产生的 COD 约为 123mg/L。因此，为使生化出水 COD 达标，尽量降低出水中悬浮物是必要的。

（四）焦化废水的 COD 总构成与分析

通过上述研究，焦化废水的 COD 主要由有机组分、无机组分、悬浮物 3 部分构成。生化进出水中各部分构成的 COD 占废水 COD 的质量分数见表 3-17。

表 3-17 焦化废水中构成 COD 主要部分的质量分数   单位：%

废水	$COD_{有机}$	$COD_{无机}$	COD_{SS}	总和
生化进水	71.9	10.9	8.5	91.3
一段生化出水	18.3	15.1	36.0	69.4
二段生化出水	22.4	3.8	39.7	65.9

通过上述研究，可得出如下结论：

1. 焦化废水的生化进水的 COD 主要由有机组分、无机组分和悬浮物组成，它们提供的 COD 分别为 72%、11% 和 8.5%，占 COD 总量的 91%。在一段和二段生化出水中，它们提供的 COD 分别为 18%、15%、36% 和 22%、4%、40%，分别占这两段废水 COD 总量的 69% 和 66%。

2. 焦化废水中的有机组分主要是焦化生产过程中生成的有机化合物，如：苯类、萘类、吡啶和喹啉类、多环芳烃及杂环化合物。生化进水中的有机组分以酚类为主，包括酚、甲酚、二甲酚，占有机组分总量的 70% 左右，它们提供的 COD 占 COD 总量的 50% 以上，一段和二段生化出水中酚含量极少，但还有一些甲酚和二甲酚，由它们提供的 COD 占 COD 总量的 1.6%～3%；萘和多环芳烃等含量较高，提供的 COD 占 COD 总量的 11%～14%，因此，为降低生化出水的 COD，生产过程中应尽量减少油类排放到废水中，并应提高生化前的除油效率。

3. 焦化废水中的无机组分主要是 SCN，在生化进水中的质量浓度高达 175mg/L，它提供的 COD 占无机组分 COD 的 88%；在一段生化出水中 SCN⁻ 降至 81mg/L，它的 COD 占无机组分 COD 的 90%。由于采用二段生化，二段生化出水中 SCN⁻ 的质量浓度仅 6mg/L，其他无机组分含量也不高。因此二段生化出水中的无机组分对COD影响不大。

4. 二段生化出水中悬浮物对废水COD影响较大，1mg悬浮物可以提供1.14mgCOD，因此采用药剂法混凝沉淀或其他方法进行后处理和深度处理除去悬浮物是必要的，是提高生化出水的重要措施和手段。

第三节　焦化废水处理技术

焦化废水的成分复杂，污染物的浓度还较高。焦化废水的处理问题一直是工业领域废水处理的难题。目前，焦化废水的处理一般需要经过预处理、二级处理和深度处理等过程才能达标排放或者回用。但是现在国内的实际应用中受限于处理成本等条件，一般采用深度处理技术的工程还很少。

一、预处理

由于焦化废水水质成分复杂，并且色度和COD值较高，一般不会直接对其进行生化处理，而要先进行一定的预处理，这样不仅能为后续的二次处理创造适宜的条件，同时也能产生一定的经济效益。常用的预处理方法有蒸氨法、萃取脱酚、混凝沉淀法、吸附法等。

（一）蒸氨法

焦化废水中氨氮主要来源于剩余氨水，该方法主要是将蒸汽与焦化废水在碱性条件下接触发生化学反应，使废水中的氨氮转换成游离氨，再将其吹脱，以达到去除氨氮的目的。处理时，先将含氨废水预热分解，去除其中CO_2、H_2S等酸性气体后，再使其从塔顶进入蒸氨塔，塔底吹入的蒸汽直接将废水中的氨蒸出，被蒸出的游离氨随蒸汽一起进入冷凝系统，经冷凝或硫酸吸收后，再回收形成氨水或硫铵。当焦化废水中的氨浓度较高时，蒸氨法可大大降低水相中氨的浓度。但是即便如此，蒸氨后焦化废水中的氨氮浓度仍不能达标，高达$200\sim300mg/L$左右，需进一步处理。蒸氨法处理焦化废水流程如图3-1所示。

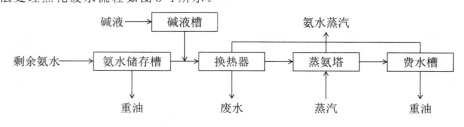

图3-1　蒸氨法处理焦化废水流程

（二）萃取脱酚

焦化废水中的酚主要来源于剩余氨水，对该含酚废水的预处理一般有两种方法，溶剂脱酚和蒸汽脱酚，前者较为常用。溶剂萃取脱酚能使废水中酚的回收率达到95%～97%，可以同时回收得到副产品苯酚和酚钠盐，有较好的经济效益。萃取溶剂的选择和萃取装置的使用是影响溶剂萃取脱酚的主要因素。目前普遍使用的萃取溶剂有酚萃取剂、重苯溶剂、煤焦洗油等。工艺流程如图3-2所示。

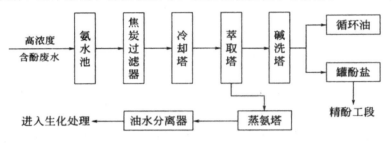

图 3-2　焦化废水萃取脱酚处理工艺流程

（三）混凝沉淀法

混凝沉淀法是向废水中加入混凝剂，使废水中的带电物质（胶体和细小悬浮物）发生凝聚形成大颗粒悬浮物，在重力作用下大颗粒悬浮物发生沉降，达到固液分离的目的。该法是国内外普遍使用的水处理方法，简单经济，被广泛用于工业废水及其他污水处理过程中。废水的pH值、混凝剂的种类和用量是影响混凝沉淀的主要因素。目前国内一般用铝盐、铁盐、聚铝、聚铁等作为混凝剂。研究表明：使用聚合硫酸铁（PFS）和聚丙烯酰胺（PAM）为混凝剂和助凝剂，同时采用机械加速澄清，实验结果表明COD_{cr}去除率可达45%。

（四）吸附法

吸附法预处理废水的研究也很广泛，该法主要是利用多孔性吸附剂将废水中的有害物质吸附分离出来，使废水得到净化。目前用于预处理的吸附剂有活性炭、硅藻土、矿渣、吸附树脂等，但吸附剂尤其是活性炭价格很高，它的使用会使成本大大增加，并且吸附剂再生困难，使用该法处理高浓度废水很不经济。

二、二级处理

预处理后的高浓度焦化废水其COD_{cr}约为1000～3000mg/L，酚含量约为200～500mg/L，氨氮含量约为100～300mg/L，还有其他的有机、无机污染物。这些污染物的浓度都远远超过国家排放标准，需要进行进一步的处理才能达标排放。目前，在实际的工程使用中主要有两种处理方法：化学处理方法和生物化学处理方法。

（一）化学和物理化学处理技术

化学处理技术是应用化学反应和化学作用将废水中的污染物成分转化为无害物质，使废水得到净化的方法，一般单元操作过程有中和、沉淀、氧化和还原等。

1. 臭氧氧化法

臭氧在碱性溶液中分解迅速，其氧化性很强，能把大多数单质和化合物氧化到它们的最高氧化态，对有机物有强烈的氧化作用，有强烈的脱色和消毒作用。

臭氧氧化法的优越性：能分解一般氧化剂难以破坏的有机物，反应能除去废水中的酚、氰等污染物，使其COD和BOD值降低，反应完全氧化物转化为O_2和H_2O，不产生二次污染，治理水质好，治理水回用效果好且兼有消毒作用。原料来源易得，不受运输限制，是氧化法中比较有发展前途的一种好方法。缺点是耗电量较大，效率低，要对发生器和反应器方面进行研究。目前此方法主要使用在焦化废水的深度处理。在美国臭氧氧化法处理焦化废水已经实现了工业化应用。

2. 化学混凝法

混凝沉淀法是用化学药剂破坏胶体和悬浮微粒在水中难以沉淀的胶体颗粒脱稳而相互聚合，增大到能自然沉降的程度，形成稳定的分散系，聚集成具有明显沉降性能的絮凝体，然后才能用重力沉降法予以分离。凝聚是指胶体被压缩双电层而脱稳的过程；絮凝则是指胶体脱稳后（或由于高分子聚合物的吸附架桥作用）聚结成大颗粒絮凝体的过程。但该法对水溶性有机物无效。

混凝法的关键在于混凝剂的选择使用。目前一般采用聚合硫酸铁作混凝剂，该混凝剂对COD的去除效果较好，但对色度、F⁻的去除效果较差。在处理上海宝钢集团的焦化废水时，卢建杭等开发了一种专用混凝剂。实验结果发现：混凝剂最佳有效投加量为300mg/L，最佳混凝pH值范围为6.0～6.5；混凝剂对焦化废水中的COD、F⁻、色度及总CN⁻都有很好的去除率，水质波动对COD等的去除效果影响不大，混凝pH值对各指标的去除效果影响较大。

焦化废水进行深度处理时，絮凝剂能在废水中与有机胶质微粒迅速的混凝、吸附与附聚，可以十分有效地提高废水的深度处理效果。马应歌等在相同条件下用3种常用的聚硅酸盐类絮（PASS，PZSS，PFSC）和高铁酸钠（Na_2FeO_4）处理焦化废水，实验结果表明，高铁酸钠具有优异的脱色功能，优良的COD去除、浊度脱除性能，形成的絮凝体颗粒小、数量少、沉降速度快，且不形成二次污染。该法处理费用低，既可以间歇使用也可以连续使用。

3. 利用烟道气处理焦化剩余氨水或全部焦化废水

该方法主要是利用烟道气含有硫化物和焦化废水中氨进行化学反应，使二者均可得到净化的"以废治废"的新方法。该方法是原冶金工业部建筑研究总院冶金环境保护研究所程志久等进行研究并在工程应用中得到证实（专利号为CN1207367）。烟道气处理焦化剩余氨水和全部焦化废水方法的核心内容是将含有硫氧物的烟气引入喷雾干燥器内，将废水（剩余氨水或全部焦化废水）在喷雾干燥塔中用雾化器使其雾化，雾状废水与烟道气在塔内同流接触反应，烟气将雾状废水几乎全部汽化后随烟气排出。本方法处理的废水无外排，工艺和设备简单，操作方便，占地面积小。

该方法的流程是烟道气经过换热器降温后进入装有双流喷雾器的PT-2型喷雾干燥塔内，焦化废水由储槽泵加压0.25～0.30MPa和压缩空气混合后，进入塔中的喷雾器，以雾化状态与烟道气在塔中顺流接触，发生物理化学反应。焦化废水中的水分全部汽化，烟气中的SO_2和焦化废水中的NH_3及塔中的O_2，发生化学反应生产硫酸铵，处理了焦化废水的烟道气，经过脱水器脱水、除尘器除尘后经烟囱外排。

该方法在经过江苏淮钢集团焦化剩余氨水处理工程中获得成功应用。监测结果表明，焦化剩余氨水全部被处理，实现了废水的零排放，又确保了烟道气达标排放，排入大气中的氨、酚类、氰化物等主要污染物的排放均能符合大气污染物综合排放标准。但是此法要求焦化的氨量必须与烟道气所需氨量保持平衡，这就在一定程度上限制了方法的应用范围。

4. 催化湿式氧化技术

催化湿式氧化法（CWO）的原理是在高温高压条件及催化剂的作用下，用空气或氧气将污水中高浓度的COD、TOC、氨及氰等污染物经催化氧化转变成二氧化碳、氮气和水等无害成分以达到净化的目的。该法开发于20世纪70年代，目前在日本和美国已有实际工业应用，未来发展空间很大。该法是在高温（150～350℃）、高压（5～20MPa）和催化剂条件下，将溶于水或在水中悬浮的有机物用空气中的氧氧化，最终将它们转化为N_2和CO_2。对于该技术的研究我国起步也比较早，目前的研究已经比较成熟。杜鸿章等采用自制贵金属-稀土金属/氧化钛催化剂，将其用于氧化分解高浓度焦化废水，结果表明对COD、氨氮去除率达99.6%。Jogle等将该法用于含酚有机废水的处理，结果表明其对COD_{Cr}的去除率达90%以上，对酚类分子结构的破坏率接近100%。但此法由于催化剂价格昂贵在工业应用上有很大限制。

5. 焚烧法

所谓焚烧法处理废水就是首先使废水变成雾状，然后将雾状的废水喷入高温燃烧炉中，使水雾完全汽化，这样就能让废水中的有机物在炉内发生氧化，最终把废水分解成为完全燃烧产物二氧化碳和水及少许无机物灰分。但是遇到焦化废水这种特殊的废水，因废水中含有大量氨氮物质，这些NH_3-N在燃烧中有NO生成，而由于NO的生成会不会造成二次污染则是我们采用焚烧法处理焦化废水的一个所要面临的问题。

也有研究发现，氨氮在非催化氧化条件下主要生成物是氮气，不会产生高浓度N。造成二次污染，从而说明焚烧处理工艺对于处理焦化厂高浓度废水是一种切实可行的处理方法。然而，尽管焚烧法处理效率高，不造成二次污染，但是其最大的缺点是处理费用比较昂贵（约为167美元/吨），因此在国内没有广泛应用。

6. 光催化氧化法

光化学及光催化氧化法是目前研究较多的一项高级氧化技术。所谓光催化反应，就是在光的作用下进行的化学反应。光化学反应需要分子吸收特定波长的电磁辐射，受激产生分子激发态，然后会发生化学反应生成新的物质，或者变成引发热反应的中间化学产物。光化学反应的活化能来源于光子的能量，在太阳能的利用中光电转化以及光化学转化一直是十分活跃的研究领域。

光催化氧化技术利用光激发氧化将O_2、H_2O_2等氧化剂与光辐射相结合。所用光主要为紫外光，包括uv-H_2O_2、uv-O_2等工艺，可以用于处理污水中$CHCl_3$、CCl_4，多氯联苯等难降解物质。另外，在有紫外光的Fenton体系中，紫外光与铁离子之间存在着协同效应，使H_2O_2分解产生羟基自由基的速率大大加快，促进有机物的氧化。光催化氧化法这种污水处理方法，对废水中所含有酚类物质及废水中所含有的其他有机物都有较高的去除率。

试验证明：处理焦化废水如果用光催化氧化法，则该方法对挥发酚的去除率可达 99.7%。高华等在焦化废水中加入催化剂粉末，然后用紫外光对焦化废水进行照射，在这种情况下再鼓入空气，这样焦化废水中的所有有机毒物不但可以有效地去除，而且废水的颜色也得到有效去除。如果把条件控制在最佳光催化下，控制废水进水流量为 3500mL/h，就可以使出水 COD 值由 470mg/L 降至 100mg/L 以下，并且在最后的出水中检测不出多环芳烃来。

7. Fenton 试剂法

Fenton 试剂是一种强氧化剂，它是由 H_2O_2 和 Fe^{2+} 混合得到的，由于它能产生氧化能力很强的 ·OH，针对采用生化方法难以进行有效处理的有机废水时能取得很好的效果。Fenton 氧化技术的优点主要有：

（1）反应启动快，反应条件温和；

（2）设备简单，能耗小，节约运行费用；

（3）Fenton 试剂氧化性强，反应过程中可以将污染物彻底无害化，而且氧化剂 H_2O_2 参加反应后剩余物可以自行分解，不留残余，同时也是良好的絮凝剂；

（4）运行过程稳定可靠，且不需要特别维护，操作简单易行。

刘红和周志辉采用 Fenton 试剂氧化联合聚硅硫酸铝混凝沉降的方法，净化处理了经过预处理后的焦化废水，取得了良好的效果，为该工艺的工业化应用的可能性提供了科学依据。试验证明在最佳处理条件下，使用该法处理的焦化废水，其 COD 值可由 1173.0mg/L 降至 38.2mg/L，符合国家一级排放标准，COD 去除率达到 96.7%。

8. 其他方法

（1）高铁氧化法　高铁盐作为一种非氯型高效多功能水处理剂，是氧化能力极强的六价铁化合物，其溶液呈深紫色，无论在酸性或碱性介质中均表现出极强的氧化性，常见的高铁酸盐有高铁酸钾和高铁酸钠两种。由于高铁酸根（FeO_4^{2-}）在水中所具有的强氧化性，使得其在废水处理中呈现出特殊的功能：①在水中可以氧化去除其中的部分有机或无机污染物；②具有高效快速的杀菌消毒作用，无毒、无污染、无刺激性，其效率优于氯气且不产生二次污染，不引入有害元素；③在氧化还原过程中新生成的 Fe^{3+} 是良好的絮凝剂或助凝剂；④其氧化还原产物氢氧化铁还具有高度的吸附活性，对水中的污染物去除具有协同效果；⑤具有去除水中腐殖质、脱色、除臭等效能。

（2）EM 脱氮技术　EM 是以光合细菌、酵母菌、乳酸菌和放射菌等为主的 5 科 10 属 80 多种有益微生物复合培养而成的一种新型微生物活菌剂。中南林业学院采用在生活污水中投加 EM 的方法，系统评价了其对 3 种污染物去除率的影响。结果表明：好氧条件下可提高污水 COD 的去除率；当 EM 投加量为 0.5% 时，能显著提高污水中 NH_4^+-N 的硝化程度；EM 投加量大于 0.5% 时，才能提高污水的除磷能力。

（3）电极生物膜反硝化技术　电极生物膜反硝化技术是将电化学法与生物膜法相结合而发展起来的新型水处理技术。该技术采用在物理电极上进行微生物挂膜、微电流驯化等手段制得附有生物膜的电极，然后在电极之间通以电流进行电解，电解时阴极表面产生的氢被固定在阴极表面的反硝化膜高效利用，达到反硝化效果。因该法能提高脱氮效率、运行管理方便、处理费用低等优点，正逐渐成为国内外研究的热点。

（4）电化学氧化技术 电化学氧化技术的基本原理是使污染物在电极上发生直接电化学反应或利用电极表面产生的强氧化性活性物质使污染物发生氧化还原转变。目前的研究表明，电化学氧化法氧化能力强、工艺简单、不产生二次污染，是一种前景比较广阔的废水处理技术。研究还发现，电极材料、氯化物浓度、电流密度、pH 值对 COD 的去除率和电化学反应过程中的电流效率都有显著影响。梁镇海等采用 $Ti/SnO_2^+Sb_2O_3^+MnO_2/PbO_2$ 处理焦化废水，使酚的去除率达到 95.8%，其电催化性能比 Pb 电极优良，比 Pb 电极可节省电能 33%。

（二）生物化学处理法

1. 活性污泥法

（1）活性污泥法概述

①普通活性污泥法

在工业废水的处理方法中，对有机废水来说，生物处理是最常用的方法，活性污泥法由于经济而且高效，得到了最广泛地应用。活性污泥法于 1914 年在英国曼彻斯特的实验厂开始应用以来，已有近百年的历史。随着实际生产的广泛应用和技术上的不断改进创新，先后出现了多种能够适应各种条件的工艺流程。

好氧活性污泥法就是在氧气充足的曝气池中，生长在活性污泥中的好氧菌将废水中存在的溶解或胶体状态的有机物，通过代谢活动，一方面经过分解代谢成为稳定的无机物，并提供微生物生命活动所需的能量；另一方面经合成代谢，被转化为新的细胞物质，即参与微生物的生长繁殖。

a. 微生物的生长规律

同一种微生物在不同的生长条件下，细胞的增殖速度不同，说明细胞的增殖速度与环境条件之间存在某种必然联系，这种联系叫做微生物的生长规律。其生长曲线包括四个部分：迟缓期、对数期、稳定期、衰亡期。生长各时期特点如下：

迟缓期（lag phase）：又叫调整期。细菌接种至培养基后，对新环境有一个短暂的适应过程。此期曲线平坦稳定，因为细菌繁殖极少。迟缓期长短因菌种、接种菌量、菌龄以及营养物质等不同而异，一般为 1～4h。此期中细菌开始逐渐增大体积，代谢活跃，为细菌的分裂增殖合成、储备充足的酶、能量及中间代谢产物。

对数期（logarithmic phase）：又称指数期。此期细菌个数直线上升。在较短的时间内，细菌以稳定的几何级数极快增长。此期细菌形态、染色、生物活性都很有特点，对外界环境因素的作用敏感，因此研究细菌性状以此期细菌最好。

稳定期（stationary phase）：该期是细菌菌群数处于动态平衡的阶段，细菌增殖数与死亡数渐趋平衡。但细菌群体活力变化较大。由于培养基中营养物质消耗、毒性产物（有机酸、H_2O_2 等）积累、pH 下降等不利因素的影响，细菌繁殖速度逐渐趋于下降，相对细菌死亡数开始逐渐增加。细菌形态、染色、生物活性可出现改变，并产生相应的代谢产物如外毒素、内毒素、抗生素以及芽胞等。

衰亡期（decline phase）：随着稳定期发展，细菌繁殖越来越慢，死亡菌数明显增多。活菌数与培养时间成反比关系，细菌菌体会出现自溶，不易观察形态。生理代谢活动趋于停滞。

b.活性污泥法的净化过程

活性污泥去除有机物是分阶段进行的，依次为：吸附阶段、稳定阶段和混凝阶段。

吸附阶段　活性污泥具有巨大的表面积，表面上含有多糖类黏性物质，使活性污泥具有很好的吸附性。污水与活性污泥混合后，污水中的污染物首先被吸附转移到活性污泥的表面，此为吸附阶段。吸附阶段进行得很快。

稳定阶段　吸附转移到活性污泥的表面的污染物被微生物分解转化为CO_2和H_2O等简单化合物和自身细胞，这一过程叫做稳定阶段。稳定阶段需要的时间较长。

混凝阶段　曝气池中的混合液进入二沉池后，活性污泥颗粒与游离微生物等固形物在微生物释放的β-羟基丁酸和黏性物质等作用下，相互凝聚形成大颗粒絮体，这一过程叫做混凝阶段。混凝阶段吸附和夹带污染物共同沉淀，使污染物得以去除。

c.活性污泥法处理焦化废水的典型工艺

活性污泥法是一种非常优良的废水处理方法，是应用最广泛的焦化废水处理技术。这里以两段生物法（AB法）为例，介绍活性污泥法。

第一，AB法工艺流程

两段生物法即AB法，是吸附生物降解工艺（Adsorption Biodegradation）的简称；20世纪80年代开始应用于工程实践。该工艺由A、B两段组成，不设初沉池。AB法的工艺基本流程如图3-3。

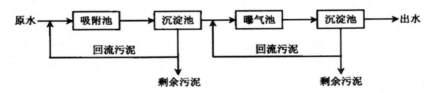

图3-3　AB法工艺基本流程

A段为吸附段，是AB工艺的关键和主体。在A段废水与活性很强的、高负荷的活性污泥充分接触，有机物被活性污泥吸附后，混合液就进入沉淀池进行固液分离。该段负荷高，能够成活的微生物种群只有抗冲击负荷能力强的原核细菌，而原生动物和后生动物不能存活，污染物的去除主要依靠活性污泥的吸附作用。A段污泥负荷一般为2～6kg/（kg·d）（每千克活性污泥中悬浮固体所含的BOD_5的千克值），为常规方法的10～20倍，污泥龄0.3～0.5d，水力停留时间30min，池内溶解氧浓度为0.2～0.7mg/L，污泥在缺氧（兼性）条件下工作，BOD_5去除率为40%～70%，悬浮固体（SS）去除率可达60%～80%，污泥容积指数（SVI）<60。

B段为氧化段，曝气池在低负荷率下工作，污泥负荷一般为0.15～0.3kg/（kg·d），污泥龄15～20d，水力停留时间2～3h，池内溶解氧浓度为1～2mg/L，SVI<100。AB二段活性污泥各自回流。

AB两段负荷相差很大，因此繁殖出不同的生物相。A段优势是微生物种群为原核生物，使活性污泥表现为：絮凝、吸附、降解有机物能力强；抗冲击负荷能力强；抗毒能力强；运行系统一旦遭到破坏，能在短时间内恢复原有处理效果。B段微生物种群为后生动物，生长周期较长，抗冲击负荷能力不如A段。

第二，AB法工艺特点

AB法不设初沉池，污水中的微生物全部进入A段，与活性污泥较短时间的接触，因此吸附池的容积较小。A段的微生物处于对数生长期，大都为繁殖速度快的细菌。微生物对环境变化（pH值、负荷、毒物、温度等）的适应性强，耐冲击能力很强。在A段中的污水与回流污泥混合后，相互间发生絮凝和吸附，难降解的悬浮物——胶体得到絮凝、吸附、黏结，经沉降后与水分离，一部分可溶性有机物被降解。在缺氧条件下运行时脱P、N作用显著。A段的缓冲、净化和改善可生化性等作用，为B段的生物净化创造了有利条件，使B段出水水质得到改善，曝气池容积减小40%，能耗降低，投资费用减少。

B段微生物处于内源呼吸期，大都为繁殖较慢的菌胶团和原生动物等。不同相的微生物可去除不同种类的污染物，所以AB法的净化效果显著提高。

AB法与普通的生物处理法相比，在处理效率、运行稳定性、工程的投资和运行费用方面均具有明显的优势：基建费用和运行费用较低；出水水质稳定；对P、N有较好的去除效果，但不能满足深度处理的要求。

②延时曝气

延时曝气法又称完全氧化活性污泥法，主要特点是有机负荷低，是普通活性污泥法的一种改型，为长时间曝气的活性污泥法。它是通过延长曝气时间，一般达24h甚至更长时间，使微生物处于内源呼吸阶段，污水中有机污染物最大限度地被微生物氧化所利用。由于将微生物控制在内源呼吸阶段，使得该工艺系统大大地减少了剩余污泥量，不必进行厌氧消化，同时，在这一过程中产生的污泥通常是稳定的。

该方法曝气池中混合液悬浮固体（MLSS）较高，可达到3000~6000mg/L；有机负荷低；管理方便、出水水质好。同时，由于微生物量大、浓度高，可适应污水一定范围内的水质、水量变化。其缺点是占地面积大，曝气动力消耗高，运行时曝气池内的活性污泥易产生部分老化现象而导致二沉池出水有污泥流失。一般用于规模较小的污水处理系统。二十世纪八九十年代，延时曝气工艺在我国焦化行业的污水处理领域得到了广泛应用。

③序批式活性污泥法（SBR法）

SBR（Sequencing Batch Reactor）是序批式活性污泥法的简称。20世纪初，废水生物处理活性污泥法工艺技术的诞生与推广应用，使它成为历时近百年废水生物处理的主流净化技术。但是当初开始开发该项技术时，却是采用间歇序批式进行的。在继后投入生产性应用时，由于一些技术问题在当时条件下尚无妥善解决的办法，于是采用了连续推流（或混合流）方式，即传统的活性污泥法工艺技术，形成了相当规范化的工艺流程，如以曝气池为主体工艺的包括格栅、沉砂池、初沉池、终沉池、污泥回流泵及污泥处理等组成的工艺流程，占用的土地面积大。

传统活性污泥法的曝气池，在流态上属推流，在有机物降解方面也是沿着空间而逐渐降解的，而 SBR 工艺的曝气池，在流态上属完全混合，在有机物降解方面却是时间上的推流，有机物是随着时间的推移而被降解的。

SBR 属于活性污泥法的一种，它是由 5 个阶段组成，即进水期、反应期、沉降期、排水期、闲置期。

a. 进水工序

进水工序是反应池接纳污水的过程。在污水流入之前是前一周期的排水或闲置状态，反应池内剩有高浓度的活性污泥混合液，相当于传统活性污泥法的回流污泥，此时，反应池水位最低。

由于进水工序只进入污水，不排放处理水，反应池起到了调节作用，因此，反应池对水质、水量的变动有一定的适应性。

污水进入反应池，水位上升，可以根据工艺要求和污水性质作为整体的处理目标来决定。本工序所用时间，则根据实际排水情况和设备条件确定，从工艺效果上要求，一般污水注入时间以短促为宜。

b. 反应工序

污水注入达到预定容积后，即开始反应操作。根据污水处理的目的，采取的相应措施，如 BOD 的去除、硝化等需要曝气，反硝化脱氮则需要缓速搅拌，并根据需要达到的程度来决定反应的延续时间。

c. 沉降工序

本工序相当于传统活性污泥法的二次沉淀池，停止曝气和搅拌，使活性污泥与水在静止状态分离，因而有更高的沉淀效率。

d. 排水工序

经过沉淀后产生的上清液作为处理水排放到最低水位，反应池底部沉淀的活性污泥大部分作为下个处理周期的回流污泥使用，排除剩余污泥。

e. 闲置工序

也称待机工序，即在处理水排放后，等待下一个处理周期的阶段。此工序时间根据现场情况而定。从污水流入开始到待机时间结束算一个周期。在一个周期内，一切过程都在一个设有曝气或搅拌装置的反应池内进行，这种周期周而复始反复进行。SBR 工艺在运行过程中，各阶段的运行时间、反应器内混合液体积的变化以及运行状态都可以根据具体污水的性质、出水水质、出水质量与运行功能要求等灵活变化，所以可以灵活操作。

SBR 工艺处理污水中有机物的机理与普通活性污泥法工艺相同，不同之处是 SBR 工艺处理污水是在一个反应池中周期进行，即将原普通活性污泥法工艺中的调节池、初沉池、曝气池和二沉池并为一个池作为反应池进行周期处理，省去了污泥回流系统等，操作简单。

目前 SBR 方法对工业废水的处理研究引起了比较广泛的关注，它是在同一反应器内，通过程序化控制进水、曝气反应、沉淀、排水、排泥五个阶段，顺序完成缺氧、厌氧及好氧过程，实现对废水的生化处理。实践证明 SBR 工艺用于处理高浓度难降解有机物及生物除氮、磷、硫时，均可获得比传统活性污泥法更好的出水水质。

Hanqing等用SBR工艺处理焦化废水。结果表明，采用曝气段前后各进行一段缺氧处理的方式比采用其他方式（前置反硝化和后置反硝化）脱氮效果更好。4h的缺氧处理可使进水中的一些基质储存在生物体中，从而导致在第二次缺氧阶段进行反硝化。在以上条件下，NH_3和COD_{cr}的去除率分别为82.5%和65.2%。16h的曝气显著降低了甲酚、3，4-二甲酚和2-喹啉乙醇的浓度，但喹啉、异喹啉、吲哚和甲基喹啉的去除不明显。张文艺等采用该技术处理焦化废水，COD去除率可达85%，NH_3-N去除率可达75%；还有人将膜技术与SBR技术联合，开发了所谓的一体化膜-序批式反应器（SMSBR），用该技术处理焦化废水可使出水的COD去除率稳定在100mg/L以下。

（2）活性污泥法处理流程

我国从20世纪80年代开始起陆续建起了一批以活性污泥法处理焦化废水的工程，由于焦化废水成分复杂，含有多种难以生物降解的物质，因此，在已建的活性污泥法处理工程中，大多数采用鼓风曝气的生物吸附曝气池，少数采用机械加速曝气池。近几年来，有的新建或改建成了二段延时曝气处理设施。由于活性污泥法的处理工艺有多种组合形式，且所采用的预处理方法也有较大差异，因而其处理流程和设计、运行参数也不尽相同。一般情况下，活性污泥法处理焦化含酚废水的流程是：废水先经预处理除油、调匀、降温后，进入曝气池，曝气后进入二次沉淀池进行固液分离，处理后废水含酚质量浓度可降至0.5mg/L左右，废水送回循环利用或用于熄焦，活性污泥部分返回曝气池，剩余部分进行浓缩脱水处理。图3-4为国内焦化废水生化处理工艺流程。图3-4为国内焦化废水处理活性污泥法的组合形式，其中图3-4（a）是活性污泥法最基本形式，其他各种组合形式均由此演变发展而成。

活性污泥法处理的关键是保证微生物的正常生长繁殖，必须对其生长条件进行控制。首先是微生物生长必要的营养源，如碳、氮、磷等，而焦化废水中一般存在磷不足的问题，需要向水中投放适量的磷；其次是足够的氧气；再者是控制酸碱度、温度、微生物毒害物质等条件，使微生物能迅速生长。

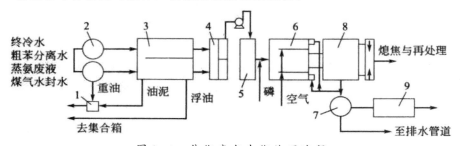

图3-4　焦化废水生化处理流程

1-焦油池；2-除重油池；3-平流式隔油池；4-调节池；5-冷却塔；
6-曝气池；7-污泥浓缩池；8-二次沉淀池；9-污泥干化场

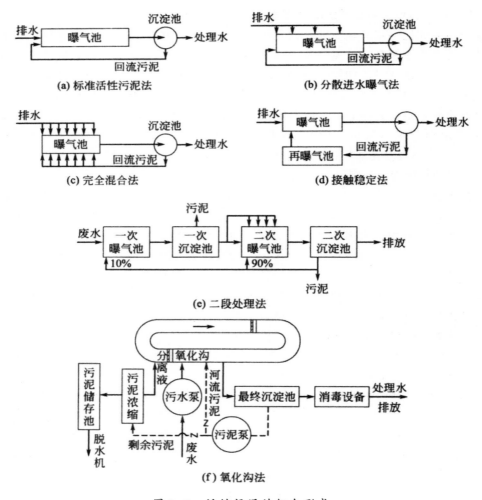

图 3-5　活性污泥的组合形式

2. 生物铁法

生物铁法是在曝气池中投加铁盐，以提高曝气池活性污泥浓度为主，充分发挥生物氧化和生物絮凝作用的强化生物处理方法。生物铁法是原冶金部世纪建筑研究院于 20 世纪 70 年代研究开发的技术，已被国内普遍用于焦化废水的处理。

由于铁离子不仅是微生物生长必需的微量元素，而且对生物的黏液分泌也有刺激作用。铁盐在水中生成氢氧化物与活性污泥形成絮凝物共同作用，使吸附和絮凝作用更有效地进行，从而有利于有机物富集在菌胶团的周围，加速生物降解作用。该法大大提高了污泥浓度，由传统活性污泥法 2～4g/L 提高到 9～10g/L，降解酚器化物的能力也大大加强。在氰化物的质量浓度高的条件下，仍可取得良好的处理效果。对酚的降解效果也较传统方法好。该法处理费用较低，与传统法相比，只是增加一些处理药剂费。

二级处理中生物铁法工艺包括两个部分：废水的生化处理和废水的物化处理。

废水的生化处理过程包括一段曝气、一段沉淀、二段曝气、二段沉淀。这是生物铁法的核心工序。由鼓风机供给曝气池中的好氧菌足够的空气，并使之混合均匀，这样含有大量好氧菌和原生动物的活性污泥对废水中的溶解状和悬浮状的有机物进行吸附、吸收、氧化分解，从而将废水中的有机物降解成无机物（CO_2、H_2O 等）。经过一段曝气池降解的废水和污泥流入一段二沉池，将废水与活性污泥分离。上部废水再流至二段曝气池，对较难降解的氨氮等有机物进一步降解。一段二沉池下部沉淀的污泥再回到一段曝气池的再生段，经再生后再进入曝气池与废水混合，多余污泥通过污泥浓缩后混入焦粉中供烧结配料用。二段曝气池、二段二沉池的工况与一段相仿，二段生化处理可使活性污泥中的微生物菌种组成相对较为单纯、能处理含不同杂质的废水。

废水的物化处理工艺流程包括旋流反应、混凝沉淀和过滤等工序。经过二段生化处理后的废水还含有较高的悬浮物，为此，又让二段二沉池上部的废水自流入旋流反应槽，再投加适量的混凝剂，经混合后流入混凝沉淀池，经沉淀后的上部废水自流入至吸水井，再经泵将水送至单阀滤池，过滤后再外排或回用。

在生物与铁的共同作用下，能够强化活性污泥的吸附、凝聚、氧化及沉淀作用，达到提高处理效果、改善出水水质的目的。生物铁法的生产运行工艺条件包括：营养素的需求、适量的溶解氧、温度和pH值控制、毒物限量及污泥沉降比等。

3、生物脱氮技术

（1）传统生物脱氮工艺

焦化废水处理较为普遍采用的普通活性污泥法、AB法和延时曝气法等对含碳污染物具有大幅度去除的功能，处理后的废水中酚的浓度一般低于0.5mg/L，而对于氰化物、氨氮等污染物的处理效果较差。当废水中氰化物、氨氮等污染物的浓度较高时，会破坏活性污泥中微生物的活动，使微生物死亡，影响处理效果。因此，近年来，脱氮改进技术成为研究热点。

焦化废水传统的生物脱氮工艺，即全程硝化—反硝化生物脱氮技术。我国的焦化废水生物脱氮技术研究始于20世纪80年代末90年代初，90年代中期取得了传统生物脱氮技术的成功，开发了焦化废水生物脱氮的A/O、A^2/O等工艺。传统的生物脱氮工艺对氮的去除主要是靠微生物细胞的同化作用将氨转化为硝态氮形式，再经过微生物的异化反硝化作用，将硝态氮转化成氮气从水中逸出。

①传统生物脱氮机理

传统生物脱氮理论认为生物脱氮主要包括硝化和反硝化两个过程，并由有机氮氨化、硝化、反硝化及微生物的同化作用来完成。

a. 氨化作用

含氮有机物经微生物降解释放出氨的过程，称为氨化作用。这里的含氮有机物一般指动、植物和微生物残体，以及它们的排泄物、代谢物所含的有机氮化物。

第一，蛋白质的分解。蛋白质的氨化过程首先是在微生物产生的蛋白酶作用下进行水解，生成多肽与二肽，然后由肽酶进一步水解生成氨基酸。氨基酸被微生物吸收，在体内以脱氨和脱羧两种基本方式继续被降解。氨基酸脱氨基的方式很多，在脱氨基酶的作用下可通过氧化脱氨基或水解脱氨基或还原脱氨基作用，生成相应的有机酸，并释放出氨。氨基酸如果通过脱羧基反应降解，则形成胺类物质。

第二，核酸的分解。各种生物细胞中均含有大量核酸。核酸的生物降解在自然界中相当普遍。据研究，从某些土壤分离的微生物中，有76%的菌株能产生核糖核酸酶，有86%能产生脱氧核糖核酸酶。细菌中的芽孢杆菌、梭状芽孢杆菌、假单胞菌、节杆菌、分枝杆菌，真菌中的曲霉、青霉、镰刀霉等以及放线菌中的链霉菌，都能分解核酸。

第三，其他含氮有机物的分解。除了蛋白质、核酸外，还有尿素、尿酸、几丁质、卵磷脂等含氮有机物，它们都能被相应的微生物分解，释放出氨。

总之，氨化作用无论在好氧还是厌氧条件下，中性、碱性还是酸性环境中都能进行，只是作用的微生物种类不同、作用的强弱不一。但当环境中存在一定浓度的酚或木质素-蛋白质复合物（类似腐殖质的物质）时，会阻滞氨化作用的进行。

b. 硝化作用

硝化作用是指NH_4^+氧化成NO_2^-，然后再氧化成NO_3^-的过程。硝化作用由两类细菌参与，亚硝化菌（其中常见的是亚硝化单胞菌 Nitrosomonas）将NH_4^+氧化成NO_2^-；硝化杆菌（Nitrobacter）将NO_2^-氧化为NO_3^-。它们都能利用氧化过程释放的能量，使CO_2合成为细胞有机物质，因而是一类化学能自养细菌，在运行管理时应创造适合于自养硝化细菌生长繁殖的条件。硝化作用的程度往往是生物脱氮的关键。此外，硝化反应的结果还生成强酸（HNO_3），会使环境的酸性增强。

在水处理工程上，为了要达到硝化的目的，一般可采用低负荷运行，延长曝气时间。硝化阶段一般选用的污泥停留时间应大于两倍的理论值。若有条件，可采用固着生物体系（生物膜法），这样可以防止硝化菌的流失。由于硝化菌是自养菌，有机基质浓度并不是它的生长限制因素，但是，硝化阶段的含碳有机基质浓度不可过高，BOD_5一般应低于20mg/L。有机基质浓度过高会使生长速率较高的异养菌迅速繁殖，争夺溶解氧，从而使自养性的生长缓慢的硝化菌得不到优势，降低硝化率。

环境中的溶解氧浓度会影响硝化反应的速度及硝化细菌的生长速率。在溶解氧浓度大于2mg/L时，就可以满足硝化细菌的生长。但沉淀池需要一定的溶解氧浓度限制，防止污泥的反硝化上浮，硝化池的溶解氧浓度宜控制在1.5～2.5mg/L。

c. 反硝化作用

反硝化作用是指硝酸盐和亚硝酸盐被还原为气态氮和氧化亚氮的过程。参与这一过程的细菌称为反硝化细菌。大多数反硝化细菌是异养的兼性厌氧细菌，它能利用各种各样的有机基质作为反硝化过程中的电子供体（碳源），其中包括碳水化合物、有机酸类、醇类以及烷烃类、苯酸盐类和其他的苯衍生物等化合物。

在反硝化过程中有机物的氧化可表示为：

$$5C（有机碳）+2H_2O+4NO_3^- \rightarrow 2N_2+4OH^-+5CO_2$$

说明，反硝化不仅可以脱氮，而且可使废水中有机物氧化分解。

影响反硝化过程的因素主要有碳源及其浓度、硝酸盐浓度、溶解氧、pH值和温度。

第一，碳源及其浓度。焦化废水本身富含含碳有机物，可不投加外源性碳源即能达到脱氮的目的。

第二，硝酸盐浓度。在悬浮污泥系统中，硝酸盐浓度对反硝化活性影响极小，硝酸盐浓度只有超过 0.1mg/L 就对反应速率无影响。

第三，溶解氧。异化硝酸盐还原受氧的抑制，而同化硝酸盐还原不受氧存在的影响。在反硝化脱氮系统中使用不充氧的缺氧段，使硝酸盐通过异化反硝化还原途径转化成氮气。溶解氧会阻抑硝酸盐还原酶的形成，或充当电子受体从而竞争性地阻碍了硝酸盐的还原。对反硝化脱氮有抑制作用，但氧的存在对能进行反硝化作用的反硝化菌却是有利的。因而在工艺上使反硝化菌（即污泥）交替处于好氧、缺氧的环境下。在悬浮污泥反硝化系统中，缺氧段溶解氧应控制在 0.5mg/L 以下，否则会影响反硝化的进行。在膜法反硝化系统中，细菌周围的微环境的氧分压与大环境的氧分压是不同的，即使滤池内有一定的溶解氧，生物膜内层仍呈缺氧状态，缺氧段溶氧控制在 1～2mg/L 以下不影响反硝化的进行。

第四，温度。对反硝化速率的影响比对普通废水生物处理的影响更大。反硝化最合适的温度为 20～35℃，低于 15℃反硝化速率明显降低，在 5℃以下时反硝化虽也能进行，但其速率极低。为了保证在低温下有良好的反硝化效果，可适当降低负荷，增加废水停留时间。

第五，pH值：反硝化作用适宜的 pH 值为 7.0～8.5。

②传统硝化—反硝化脱氮过程中的微生物

a. 硝化过程中微生物菌属

硝化过程中由两类细菌参与：一是氨氧化菌（Ammonia-oxidhing bacteria），即其生化过程是将 NH_4^+ 转化为 NO_3^-，主要包括亚硝酸盐单胞菌属和亚硝酸盐球菌属；二是亚硝酸盐氧化菌（Nitrite-oxidizing bacteria），即其生化反应是将 NO_2^- 转化为 NO_3^-，主要包括硝酸盐杆菌属、螺旋菌属和球菌属。硝化菌的主要特点是自养性，生长率低，好氧性，对环境因素十分敏感。

b. 反硝化过程中微生物菌属

生物反硝化过程，即污水中 NO_2^- 或 NO_3^- 在无氧或低氧条件下被微生物转化为 N_2 的过程。参与这一生化反应的反硝化细菌属于异养型兼性细菌，其种类较多，主要包括变形杆菌属（Pmteus）假单胞菌属（Eudomonas）、芽孢杆菌属（Bacillus）、无色杆菌属（Achromobacter）、气单胞菌属（Aerobacter）、产喊菌属（Alcaligenes）、色杆菌属（Chromobacterium），某些属中只有一些种利用 NO_2^- 或 NO_3^- 作为电子受体，例如芽孢杆菌属、产碱菌属等。各菌属的具体特征如下所述。

变形杆菌属。通常是直杆菌，在某些情况下呈类球形。革兰染色阴性，不生荚膜，周生鞭毛运动，不需要有机生长因子，化能营养异养菌，兼性菌。

假单胞菌属。直或微弯的杆菌，不呈螺旋状，革兰染色阴性，以单极毛或数根极毛运动；需氧，某些情况下以硝酸盐为替代的电子受体进行厌氧呼吸；大多数种不需要有机生长因子，化能营养异养菌，有的种是兼性化能自养，利用 H_2O 或 CO 为能源。

芽孢杆菌属。直的或近乎直的杆菌，多数运动，鞭毛周生或侧生；产生抗热孢子，空气不抑制芽孢的形成；革兰染色阳性；化能异养菌，可利用各种底物；呼吸代谢的电子受体为分子氧，有些种以硝酸盐代替，即好氧或兼性厌氧。

无色杆菌属。革兰染色阴性。具有圆端的杆状，化能异养，微好氧，无鞭毛，可做振动。

气单胞菌属。具有圆端的直杆状，单个、成对或成链出现；极毛运动，革兰染色阴性；化能异养菌，可利用氧气或硝酸盐作为电子受体将 NO_3^- 还原为 NO_2^-。

产碱菌属。呈杆状、球杆状或球状，周生鞭毛运动，革兰染色阴性，化能异养菌，严格好氧菌，有些菌种可利用硝酸盐或亚硝酸盐作为电子受体进行厌氧呼吸。

色杆菌属。圆端杆状或稍弯，一根极生鞭毛，革兰染色阴性；化能异养菌，可利用氧气或硝酸盐作为电子受体。

c. 传统生物脱氮工艺

在传统生物脱氮机理上构建了一系列的生物脱氮技术，如 A/O 生物脱氮工艺、A^2/O 生物脱氮工艺等。

③A/O（缺氧-好氧）工艺

A/O 工艺，其主要特点是将缺氧反硝化反应池放置在该工艺之首，是目前采用比较广泛的一种工艺。A/O 工艺有内循环和外循环两种形式。

A/O 工艺的特点是原废水先经缺氧池，再进好氧池，经好氧池硝化后的混合液回流到缺氧池（外循环）；或将经好氧池硝化后的污水回流到缺氧池，而将二沉池沉淀的硝化污泥回流到好氧硝化池（内循环）。

在 O 段好氧池中，由于硝化作用，NH_4^+-N 的浓度快速下降，而 NO_3^+-N 的浓度不断上升，COD 和 BOD 也不断下降。发生如下硝化反应：

$$NH_4^+ + 2O_2 \rightarrow NO_3^- + 2H^+ + H_2O$$

硝化细菌是化能自养菌，生长慢，对环境条件变化敏感。反应适宜的温度为 $20 \sim 30$℃，低于 15℃，反应速度迅速下降。硝化段的含碳有机基质浓度不可过高，：BOD_5 一般应低于 20mg/L，否则，有机基质浓度过高，会使生长速率较高的异养菌迅速繁殖，争夺溶解氧，从而降低硝化率。溶解氧应保持在 2mg/L 以上。

在 A 段缺氧池中，NH_4^+-N 浓度有所下降，主要由于反硝化菌的微生物细胞合成；由于反硝化过程中利用了原污水的有机物为碳源，故 COD 和 BOD 均有所下降；在反硝化菌的作用下，NO_3^--N 的含量明显下降，氮得以脱除。

A/O 外循环工艺是将缺氧段（A）置于好氧段（O）前，A、O 段均采用悬浮污泥法。O 段的泥水混合液由回流泵送至 A 段，并完成反硝化。该工艺的优点是不必向 A 段投加甲醇等有机物，构筑物也有所减少。但存在的最大问题是系统中的活性污泥处于缺氧、好氧的交替状态，恢复活性所需的时间会影响其处理效果。

A/O 内循环工艺是 A/O 工艺的改进型。缺氧段（A）采用半软性填料式生物膜反应器，硝化段为悬浮污泥系统，回流采用内循环，即污泥回流到 O 段，而回流废水进入 A 段。这样，克服了 A/O 外循环工艺活性污泥交替处于缺氧、好氧状态，致使污泥活性受抑制的缺点，但也存在二沉池增大、占地和投资增加的问题。宝钢化工公司采用A/O内循环工艺已运行多年，处理效果良好。为克服二沉池容积大、占地面积大的缺点，可在O段采用膜法工艺，即在O段加设软性填料，曝气采用穿孔管，提高氧的供给效率。经改进后，该工艺在某煤气厂污水处理站投入使用，效果良好。

A/O工艺与传统活性污泥法相比主要有如下优点：

流程简单，省去了中间沉淀池，构筑物少，基建费用可大大节省，减少了占地面积；

将脱氮池设置在硝化过程的前部，可以利用原有污水中的含碳有机物和内源代谢产物作为碳源，节省了外加碳源的费用，并可获得较高的C/N比，以保证反硝化作用的正常充分进行；

好氧池在缺氧池后，可使反硝化残留的有机污染物得到进一步去除，提高出水水质，确保出水水质达到排放标准，同时缺氧池设置在好氧池之前，由于反硝化时污水中的有机碳被反硝化菌所利用，可减轻其后续好氧池的有机负荷，也可改善活性污泥的沉降性能，以利于控制污泥膨胀；

缺氧池中进行的反硝化反应产生的碱度可以补偿好氧池中进行硝化反应对碱度的需求，节省药剂费用。

A/O工艺的主要缺点：脱氮效率不高，一般为30%～40%。此外，如果沉淀池运行不当，不及时排泥，则会在沉淀池内发生反硝化反应，造成污泥上浮，使处理水水质恶化。要提高脱氮率，必须加大回流比，这样将导致回流管道管径很大，回流水量多，动力消耗大，提高运行成本。同时，回流液将所含的大量溶解氧带入缺氧池，使反硝化反应器内难以保持理想的缺氧状态，影响反硝化进程。

④A²/O生物脱氮法

A²/O（Anaerobic-Anoxic-Oxic）工艺是在20世纪70年代，由美国的一些专家在厌氧一好氧法脱氮工艺的基础上开发的污水处理工艺，旨在能同步去除污水中的氮和磷，尤其是对愈加严重的富营养化污染的水体（工艺流程见图3-6）。

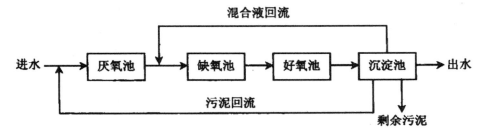

图3-6　A²/O工艺流程

A²/O是在厌氧、缺氧、好氧三种不同的环境条件和不同种类微生物菌群的有机配合，能同时具有去除有机物、脱氮、除磷的一种工艺。厌氧一氧一好氧交替运行，因此，丝状菌不会大量繁殖，SVI一般小于100，不会发生污泥膨胀。厌氧一缺氧池只需轻缓搅拌，使混合均匀即可。焦化废水采用A²/O进行处理，取得了较好的处理效果。

a. 工艺原理

A^2/O工艺是在A/O法流程前加一个厌氧段，废水中难以降解的芳香族有机物在厌氧段开环变为链状化合物，链长化合物开链为链短化合物。由于焦化废水中含有大量的喹啉、吡啶和异喹啉等难降解的化合物，增加厌氧段能提高废水的处理效果。A^2/O法处理焦化废水，首先在好氧条件下，通过好氧硝化菌的作用，将废水中的氨氮氧化为亚硝酸盐或硝酸盐；然后在缺氧条件下，利用反硝化菌（脱氮菌）将亚硝酸盐和硝酸盐还原为氮气而从废水中逸出。

硝化菌的适宜pH为8.0~8.5，最佳温度为35℃。反硝化是在缺氧条件下，由于兼性脱氮菌的作用，将硝化过程中产生的硝酸盐或亚硝酸盐还原成氮气的过程。反硝化菌的适宜pH为6.5~8.0，最佳温度为30℃。

b. 缺氧反应器

在缺氧反应器中，主要反应是以来自好氧池回流的NO_3^--N为电子受体，以有机物为电子供体，将NO_3^--N还原为N_2，同时将有机物降解，并产生碱度的过程。与一般脱氮除磷的A^2/O工艺稍有不同，焦化废水在缺氧段还能去除大量难降解的有机物。

同化作用去除一部分NH_4^+-N。在反硝化反应器中，反硝化菌在降解有机物同时合成自身细胞。由于经酸化的废水中含大量的NH_4^+-N，微生物以NH_4^+-N作氮源。因此在反硝化反应器中，有一部分NH_4^+-N通过同化作用而得到去除。

c. 好氧硝化池

好氧硝化池去除COD，在该阶段，大量异养菌在好氧条件下降解水中高浓度的COD，同时自身不断繁殖；硝化去除氨氮，当水中可降解有机物消耗殆尽时，自养的硝化菌取代异养菌成为优势菌种。在一般情况下，先是亚硝化菌将NH_4^+-N转化为NO_2^--N，然后在由硝酸菌进一步转化为NO_3^--N；同化作用去除一部分NH_4^+-N。

d. A^2/O工艺的特点

第一，厌氧、缺氧、好氧三种不同的环境条件和不同种类微生物菌群的有机配合，能同时具有去除有机物、脱氮除磷的功能。

第二，在同时脱氮除磷去除有机物的工艺中，该工艺流程较为简单，总的水力停留时间少于其他工艺。

第三，在厌氧—缺氧—好氧交替运行下，丝状菌不会大量繁殖，SVI一般小于100，不会发生污泥膨胀现象。

第四，在具有脱氮除磷功能的处理工艺中，污泥中含磷量高，一般为2.5%以上。

第五，脱氮效果受混合液回流比大小的影响，脱氮除磷效率不是很高。

（2）同步硝化-反硝化工艺

根据传统生物脱氮理论，废水中的氨氮必须通过硝化和反硝化两个独立过程来实现转化成氮气的目的。硝化和反硝化不能同时发生，硝化反应在有氧的条件下进行，而反硝化反应需要在严格的厌氧或缺氧的条件下进行。近几年来，国内外有不少实验和报道证明有同步硝化和反硝化现象（SND），尤其在有氧条件下，同步硝化与反硝化存在于不同的生物处理系统中，如流化床反应器、生物转盘、SBR、氧化沟、CAST工艺等。该工艺与传统生物脱氮理论相比具有很大的优势，它可以在同一反应器内同时进行硝化和反硝化反应，从而具有以下优点：a. 曝气量减少，降低能耗；b.反硝化产生 OH^- 可就地中和硝化产生的 H^+，有效地维持反应器内的 pH 值；c.因不需缺氧反应池，可以节省基建费；d.能够缩短反应时间，节约碳源；e.简化了系统的设计和操作等。

因此，SND 系统提供了今后降低投资并简化生物除氮技术的可能性。

①同步硝化-反硝化的特点

a.在 SND 工艺中，NO_2^- 无需氧化为 NO_3^- 便可直接进行反硝化反应，因此，整个反应过程加快，水力停留时间可缩短，反应器容积也可相应减小。

b.与完全硝化反应相比，亚硝化反应仅需 75% 的氧，工艺中需氧量降低，可节约能耗。

c.SND 使得两类不同性质的菌群（硝化菌和反硝化菌）在同一反应器中同时工作，脱氮工艺更加简化而效能却大为提高。

d.在废水脱氮工艺中，将有机物氧化、硝化和反硝化在反应器内同时实现，既提高脱氮效果，又节约了曝气所需和混合液回流所需的能源。

e.在 SND 工艺中，反硝化产生的 OH^- 可以中和硝化产生的部分 H^+，减少了 pH 值的波动，从而使两个生物反应过程同时受益，提高了反应效率。

f.在反应过程中，碳源对硝化反应有促进作用，同时也为反硝化提供了碳源，促进同步硝化-反硝化的进行。

所以，对于含氮废水的处理，同步硝化-反硝化技术有着重要的现实意义和广阔的应用前景。

②同步硝化-反硝化技术的实践

由于同步硝化-反硝化技术的诸多优点，国内外诸多水处理工作者正在进行此技术在实际运行中的应用性研究。间歇曝气工艺的氮去除率可达 90%，溶解氧浓度、曝气循环的设置方式、碳源形式及投加量均为重要的影响因素。较短的曝气循环周期有利于 SND 的发生，厌氧段加入碳源可以同时增强硝化和反硝化作用。同济大学的朱晓军、高廷耀等对上海市松江污水厂原有的推流式活性污泥法工艺（工艺流程见图3-7）进行低氧曝气，以达到实现同步硝化-反硝化。测试结果表明，将曝气池中 DO控制在 $0.5\sim1.0mg/L$ 低氧水平，在保证出水 COD 高效去除的同时，系统的脱氮能力显著提高，除磷能力也有很大改善。COD 的去除率可达 95% 左右，TN 去除率可达 80%左右，TP 去除率为 90% 左右，且电耗较常规活性污泥法工艺低 10% 左右。

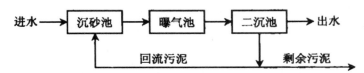

图 3-7　推流式活性污泥法工艺流程

依据同步硝化-反硝化机理，在一个反应器中同时实现硝化、反硝化和除碳，开发单级生物脱氮工艺如下：

a.单级活性污泥脱氮。活性污泥单级生物脱氮主要是利用污泥絮凝体内存在溶解氧的浓度梯度实现同时硝化和反硝化。在活性污泥絮凝体表层，由于氧的存在而进行氨的氧化反应，从外向里溶解氧浓度逐渐下降，内层因缺氧而进行反硝化反应。关键在于控制好充氧速率，只要控制好氧的浓度，就可以达到在一个反应器中同时进行硝化、反硝化除氮的目的。

b. 生物转盘（RBC）。在单一的RBC中同时进行硝化和反硝化的关键在于能否在生物膜内为硝化菌和反硝化菌创造各自适宜的生长条件，溶解氧浓度是一个重要因素。采用的方法：一是通过降低气相中氧分压控制氧的传递速率；二是采用部分沉浸式和全部沉浸式相结合的RBC反应器。在好氧的RBC中，氮的去除效率除了与气相中氧分压有关外，还取决于水温、HRT和进水中的有机物与氨氮的比例。

（3）短程硝化-反硝化脱氮工艺

①短程硝化-反硝化

短程硝化（简捷硝化或亚硝酸型硝化）-反硝化是指氨氮经过NO_2^--N再被还原成N_2。基本原理就是将硝化过程控制在亚硝酸盐阶段，阻止NO_2^-的进一步氧化，直接以NO_2^-为电子受体进行反硝化，而整个生物脱氮过程为：$NH_4^+ \rightarrow NO_2^- \rightarrow N_2$。其标志是亚硝酸高效而稳定地积累，影响亚硝酸盐积累的主要因素有游离氨浓度、DO、温度、pH、污泥龄及盐度等。由于短程硝化反硝化具有耗能低、碳源需量少、污泥产量低、碱量投加少和反应时间短等优点，引起了国内外学者的广泛关注。

长期以来，无论在废水生物脱氮理论上还是在工程实践中都认为，要使水中的氨态氮得以从水中去除必须经过典型的硝化反硝化过程，即要经由NH_4^+-N$\rightarrow NO_2^-$-N$\rightarrow$ NO_3^--N$\rightarrow NO_2^-$-N$\rightarrow N_2$的过程，这基于以下几个方面的原因：首先，若硝化不完全，所得的NO_2^--N是"三致"物质，对受纳水体造成二次污染，因而要尽量避免硝化不完全；其次，NO_2^--N可继续耗氧，会影响出水水质；最后，从化学反应消耗的能量角度来看，在稳态条件下也会有N积累。从氮的微生物转化过程来看，氨氮转化成硝酸盐是由两类独立的细菌完成的，两个不同反应完全可以分开。对于反硝化菌，无论是NO_2^--N还是NO_3^--N都可作为最终受氢体，因此整个生物脱氮过程也可以通过NH_4^+-N$\rightarrow$ NO_2^--N$\rightarrow N_2$这样的途径来完成，即短程硝化反硝化。

②短程硝化反硝化的影响因素

实现短程硝化反硝化，关键是NO_2^--N积累，NO_2^--N积累的影响因素主要有游离氨、碱度、温度、DO、有毒物质的影响。

a. 游离氨对短程硝化的影响

亚硝酸菌和硝酸菌对游离氨的敏感度不同，硝酸菌容易受到游离氨的抑制。游离氨对硝酸菌和亚硝酸菌的抑制浓度分别为0.1～1.0mg/L和10～150mg/L。当游离氨超过了两类菌群的抑制浓度时，则整个硝化过程都受到抑制；当游离氨的浓度高于硝酸菌的抑制浓度而低于亚硝酸菌的抑制浓度时，则亚硝酸菌能够正常增殖和硝化，而硝酸菌被抑制，就会发生亚硝酸盐的积累。当系统氨氮负荷增加时，系统内游离氨浓度增加，对硝酸菌的抑制作用增加，故系统内能够发生亚硝酸盐氮的积累。焦化废水处理过程中，在一定范围内加大系统的游离氨负荷有利于实现短程硝化。

b. DO对短程硝化的影响

溶解氧对硝酸菌的活性有抑制作用，在有限溶解氧的竞争上亚硝酸菌的能力要强于硝酸菌。在一定的氨氮负荷下，当溶解氧不成为亚硝化速率的制约因素时，在某种程度上亚硝化率会随着溶解氧的降低而增大。当溶解氧浓度过低时，会抑制短程硝化的进行，从而减慢亚硝化速率，拖延了亚硝化的时间，为硝酸菌的活动提供了机会，反而会降低亚硝化率。

4、生物膜法

生物膜法和活性污泥法一样，大都属于好氧生物法。生物膜法利用固着生长的微生物——生物膜的代谢作用去除有机物，有厌氧和好氧两种。

（1）生物膜法的基本原理

生物膜法主要适用于处理溶解性有机物。污水同生物膜接触后，溶解性有机物和少量悬浮物被生物膜吸附降解为稳定的无机物。其反应过程是：a.基质向生物膜表面扩散；b.在生物膜内部扩散；c.微生物分泌的酵素与催化剂发生化学反应；d.代谢生成物排出生物膜。其基本流程如图3-8所示。

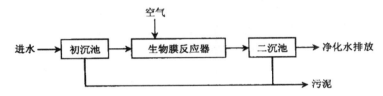

图3-8 生物膜法基本流程

污水经沉淀池去除悬浮物后进入生物膜法反应池，去除有机物。生物膜法反应池出水入二沉池去除脱落的生物体，澄清液排放。污泥浓缩后进一步处理。

生物膜法的分类和特点：

①分类

按生物膜与污水接触方式的不同，可分为充填式和浸没式两类。充填式生物膜法的填料不被污水浸没，自然通风或强制供氧，污水流过填料表面或转盘旋转浸过污水。浸没式生物膜法的填料完全浸没于水中，一般采用鼓风曝气供氧。

②特点

a.微生物相复杂，能去除难降解有机物。固着生长的生物膜受水力冲刷影响小，所以生物膜中存在各种微生物，包括细菌、原生动物等。形成复杂的生物相。世代时间长的硝化细菌在生物膜生长良好，硝化效果良好。

b.微生物量大，净化效果好。生物膜含水率低，微生物浓度是活性污泥法的5～20倍。有机负荷高，容积小。

c.生物膜上的微生物营养级高，食物链长，有机物氧化率高，剩余污泥少。

d.填料表面脱落的污泥比较密实，沉淀性好，容易分离。

e.耐冲击负荷，能处理低浓度污水。

f.生物量大，无需污泥回流，有的为自然通风，所以操作简单，运行费用低。

g.不易发生污泥膨胀。即使丝状菌占优势也不易脱落而引起污泥膨胀。

h.生物膜法需要填料和支撑结构，投资费用较大。

生物膜法应用较为广泛的工艺有生物滤池、生物转盘、生物接触氧化、生物流化床等。

（2）生物滤池

生物滤池是最早的生物膜法反应池。生物滤池的填料一般不被水淹没。按运行方式可以分为普通生物滤池、高负荷生物滤池和塔式生物滤池三种。

普通生物滤池是在较低负荷率下运行的生物滤池，以 BOD 计的有机负荷率为 $0.15 \sim 0.30 kg/（m^3 \cdot d）$。水力停留时间长，净化效果好，出水稳定，污泥沉淀性好，剩余污泥少。但占地面积大，水力冲刷作用小，易堵塞和短流，生长灰蝇，散发臭气，卫生条件差，目前已趋于淘汰。

高负荷生物滤池在高负荷率下运行，有机负荷率为 $1.1 kg/（m^3 \cdot d）$ 左右。微生物生长营养充足，生物膜增长快。为防止滤料堵塞，需进行出水回流，又叫回流式生物滤池。回流使流速提高，冲刷作用强，能防止滤料堵塞。与普通生物滤池相比，高负荷生物滤池剩余量多，稳定度小。占地面积小，投资费用低，卫生条件好，适于处理浓度较高、水质水量波动大的污水。

塔式生物滤池的负荷很高，有机负荷率为 $1.0 \sim 3.0 kg/（m^3 \cdot d）$。塔式生物滤池的膜生长快，没有回流，为防止滤料堵塞，采用的滤池面积小，以获得较高的滤速。净化效果较差，占地面积小，投资运行费用低，耐冲击负荷能力较强，适用于处理浓度较高的废水。

（3）生物接触氧化

生物接触氧化简称接触氧化，又名浸没式生物滤池。生物接触氧化法的填料浸没于水中，填料上生长着生物膜。氧化池中的污水还存在着悬浮生长的微生物。接触氧化主要靠生物膜净化污染物，但悬浮态微生物也对污染物的净化有一定的作用。

生物接触氧化法既有生物膜工作稳定、耐冲击负荷和操作简单的特点，又有活性污泥混合接触效果好的特点。

①接触氧化法填料的比表面积大，充氧效果好，氧利用率高。所以，单位容积的微生物量比活性污泥和生物滤池大，容积负荷高，耐冲击负荷，净化效果好。

②由于单位体积的微生物量大，容积负荷大时，污泥负荷仍然较小，所以污泥产量低。

③由于采用强制通风供氧，动力消耗比一般的生物膜法大。

④与活性污泥和生物滤池法相比，接触氧化法出水中生物膜的老化程度高，受水力冲击变得很细碎，沉淀性能较差。

⑤接触氧化法一般不发生污泥膨胀，但当污水的供氧、营养、水质（毒物、pH值）和温度等条件不利时，生物相的性能会变差，在剧烈的水力冲击下脱落，随水流失，发生污泥膨胀的可能性比生物滤池大。

⑥占地面积小，管理方便。

（4）生物流化床

流化床是用于化工领域的一项工艺，从 20 世纪 70 年代初开始，一些国家将这一技术应用于污水生物处理领域，开展了多方面的科学研究工作。结果表明，这种工艺的应用提高了污水生物处理效果。因此，受到污水处理领域专家们的重视，并被认为是污水处理技术的发展方向。

生物流化床技术是生物膜法技术之一，它是以粒径小于1mm的砂、焦炭、活性炭之类的颗粒材料作为载体，通过脉冲进水措施使污水由下向上流过，使附着生物膜的载体呈流动状态或称为"流化"状态，依靠载体表面附着生长的生物膜，使污水得以净化。

美国、日本等国家的环境工程学家最早将这项工艺应用于污水的深度处理，随后研究应用于二级处理。国内一些科研单位从1977年开始这项工作，采用纯氧和空气为氧源。好氧生物流化床和厌氧-兼氧生物流化床均取得较好的效果。

生物流化床兼有完全混合式活性污泥法接触所形成的高效率和生物膜法能够承受负荷变化冲击的双重优点，具有良好的处理效果，因此近年来在处理难降解有机废水方面越来越受到人们的重视。近年来，生物流化床技术在焦化废水的处理方面呈现良好的发展前景。

①生物流化床技术主要工艺

生物流化床技术主要有四种工艺，即压缩空气流化床工艺、纯氧流化床工艺、三相流化床工艺和厌氧-兼性流化床工艺。

a. 以纯氧为氧源的流化床工艺

以纯氧为氧源的流化床工艺基本流程如图3-9所示：污水与回流水在充氧设备中与氧混合，使水中的溶解氧提高至32～40mg/L。充满溶解氧的污水进入生物流化床，进行生物反应。在流程中设有脱膜机脱除载体上的生物膜。经脱膜后的载体返回流化床。

b. 以压缩空气为氧源的流化床工艺

以压缩空气为氧源的流化床工艺的特点是以压缩空气为氧源。氧在空气中的分压低，充气后的水中溶解氧含量低（一般情况下低于9mg/L），因而循环系数大，动力消耗多。流程示意如图3-10。

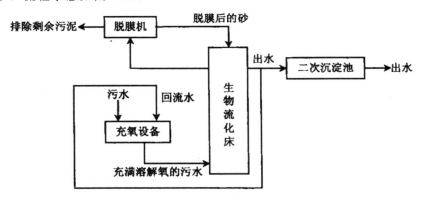

图3-9　以纯氧为氧源的流化床工艺流程

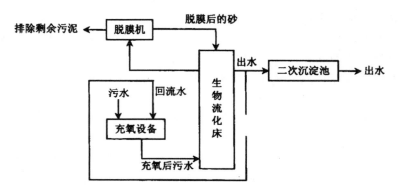

图 3-10 以压缩空气为氧源的流化床工艺流程

c. 三相生物流化床工艺

在三相生物流化床中，气（或纯氧）、液（污水）、固（带生物膜的载体）在流化床中进行生物学反应，不需要另外的充氧设备如图 3-11 所示。由于空气的搅动，载体间的摩擦比较强烈，一些多余的生物膜在流化过程中脱落，故不需要特殊的脱膜装置。在三相生物流化床中，由于空气的搅动，有小部分载体可能从流化床中带出，故需回流载体。三相生物流化床的关键技术之一是防止气泡在床内互相合并，形成巨大的鼓气，从而影响充氧效率。

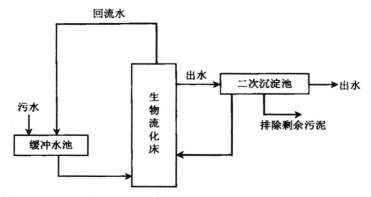

图 3-11 三相生物流化床工艺流程

三相流化床反应器是将生物技术、化工技术和水处理技术有机结合的一种新型生化处理装置，如用内循环生物流化床、气提升循环流化床、活性炭厌氧流化床等处理含酚废水，均取得了比较好的除酚效果。

d. 厌氧-兼氧生物流化床工艺

产水处理过程中，由于污水在管道中流动，形成表面复氧，常含有 2mg/L 左右的溶解氧，可首先经过厌氧-兼氧生物流化床处理，去除一部分 BOD，再进行好氧处理，这种流程的特点是动力消耗少，剩余污泥量少。

此外，流化床工艺还在这些流程上有各种不同变化，但上面四种可以算是流化床的四个基本型，其他变化都不过是大同小异而已。

②生物流化床技术主要工艺特点

a. 生物流化床是一种高效率处理工艺，由于细颗粒载体提供巨大的表面积（$2000\sim3000m^2/m^3$），使单位体积载体内保持较高的微生物量，污泥浓度可达 $10\sim40g/L$，从而使负荷较普通的活性污泥法提高 $10\sim20$ 倍。据美国资料报道，对普通生活污水在 $16min$ 内即能去除 93% 的 BOD。

b. 生物群体固定在填料上，能承受冲击负荷和毒物负荷，这一点与生物滤池相同。

c. 生长的生物膜在流化床反应池内脱落很少，使此法省去二次沉淀池。

d. 由于流化床混合液悬浮固体浓度达到 $10000\sim40000mg/L$，污水在好氧硝化过程中可采用纯氧时，氧的利用率超过 90%。

e. 流化床工艺效率高，占地少，是普通活性污泥法的 5% 左右，投资省。

5. 缺氧-好氧（A/O）法处理焦化废水

用常规活性污泥法处理焦化废水，对去除酚、氰以及易于生物降解的污染物是有效的，但对于其中难降解部分的某些污染物以及氨氮与氟化物就很难去除。

A/O 法内循环生物脱氮工艺，即缺氧好氧工艺，其主要工艺路线是缺氧在前，好氧在后，泥水单独回流，缺氧池进行反硝化反应，好氧池进行硝化反应，焦化废水先流经缺氧池而后进入好氧池。

硝化反应是在延时曝气后期进行的，对于焦化废水生物氧化分解，氨氮的降解是在酚、氧、硫、氰化物等被降解之后进行，故需要足够的曝气时间，且氨氮的氧化必须补充一定量的碱度。硝化细菌属于好氧性自养菌；而反硝化细菌属于兼性异养菌，即在有氧的条件下利用有机物进行好氧增殖；在无氧的条件下，微生物利用有机物碳源，以 NO_2^- 和 NO_3^- 作为最终电子接受体将 NO_2^- 和 NO_3^- 还原成为氮气（N_2）排除，以达到脱氮的目的。

硝化与反硝化过程中所参与的微生物种类不同，转化的机制不同，所需要的反应条件也不相同。

硝化反应是将氨氮转化成硝酸盐氮的过程。包括两个基本反应：亚硝酸菌将氨氮转化成亚硝酸盐，硝酸菌将亚硝酸盐转化成硝酸盐。反应方程式为：

$$NH_4^+ + \frac{3}{2}O_2 + 2HCO_3^- \xrightarrow{\text{亚硝酸菌}} NO_2^- + 2H_2CO_3 + H_2O$$

$$NO_2^- + \frac{1}{2}O_2 \xrightarrow{\text{硝酸菌}} NO_3^-$$

总反应式为：

$$NH_4^+ + 2O_2 2HCO_3^- \xrightarrow{\text{氧化}} NO_3^- + H_2O + 2H_2CO_3$$

在硝化过程中，1g 氨氮转化成硝酸盐氮耗氧 $4.57g$，同时消耗 $7.14g$ 重碳酸盐碱度（以 $CaCO_3$ 计）。

反硝化反应是将硝化过程中产生的硝酸盐或亚硝酸盐还原成氮气的过程。在反硝化过程中，反硝化菌需要有机碳源（如甲醇）作电子供体，利用中的 NO_3^- 中的氧进行缺氧呼吸。其反应过程为：

$$6NO_3^- + 2CH_3OH \longrightarrow 6NO_2^- + 2CO_2 + 4H_2O$$

$$6NO_2^- + 3CH_3OH \longrightarrow 3N_2\uparrow + 3CO_2 + 3H_2O + 6OH^-$$

总反应式为：

$$6NO_3^- + 5CH_3OH \longrightarrow 5CO_2 + 3N_2\uparrow + 7H_2O + 6OH^-$$

在反硝化过程中，每还原 $1gNO_3^-$ 可提供 $2.6g$ 的氧，消耗 $2.47g$ 甲醇（约 $3.7gCOD$），同时产生 $3.57g$ 左右的重碳酸盐碱度（以 $CaCO_3$ 计）。

A/O 法生物脱氮工艺流程又称前置反硝化工艺，一般采用硝化混合液回流，故又称内循环生物脱氮工艺。这是目前焦化废水处理采用较多的一种脱氮工艺。

6. A/A/O 法处理焦化废水

由于焦化废水的可生化性较差，A/O 法由于蒸氨投碱量波动、除油效率的波动、回流液含溶解氧的波动等都将造成脱氮效率下降。为提高焦化废水的可生化性，人们利用厌氧处理的水解酸化作用，将污水中颗粒性或溶解性有机物水解酸化，以提高碳氧化和反硝化效率。因而在 A/O 工艺流程的缺氧段前增加一个厌氧处理单元，组合成 A/A/O 生物脱氮工艺。如图 3-12 所示。

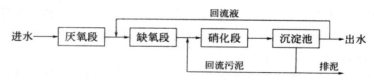

图 3-12　A/A/O 工艺流程

厌氧段、缺氧段一般采用生物膜，硝化段常采用活性污泥法。

焦化废水厌氧水解的作用即将厌氧硝化控制在水解（酸化）阶段，利用水解作用在较短的时间内使焦化废水中的不溶性有机物溶解，可溶性难降解有机物的分子结构发生变化，部分环状化合物开环，大分子有机物降解为小分子有机物，以提高 BOD/COD 比值，即提高焦化废水的可生化性，并减轻好氧段负荷和对好氧生物降解的抑制作用。

A/A/O 工艺具有 A/O 法流程的一切优点。由于在缺氧段前增加了厌氧段，提高了本工艺对碳源的氧化分解能力，增加可减轻后续反硝化-硝化过程中 NO_2-N 的积累，同时酸化（厌氧）作用将部分难降解有机物转化为易降解有机物，提高了可生化性，为缺氧段提供了较好的碳源；同时由于厌氧段的生物选择性，能更好地控制丝状菌的增长，避免污泥膨胀，使运行更稳定、管理更方便。缺点是由于增加了厌氧段，基建投资相对增加。

经过在工程中的实际应用，A/A/O 法对 COD 的去除效率在 $80\% \sim 90\%$ 之间，对 NH_3-N 的去除效率在 90% 以上。在处理停留时间大于 $36h$ 的时候，出水水质能满足焦化废水排放标准。经过测定，使用 A/A/O 法能去除大部分有机物，有机物的种类以及芳香烃和杂环化合物的含量都大大减少。对吲哚的降解效率达 80.2%，对喹啉、吡啶、联苯等 3 种难降解的有机物降解后基本无残留。李咏梅等采用厌氧-缺氧好氧工艺处理焦化废水，当进水的 COD 和 NH_3-N 浓度分别为 $1300mg/L$ 和 $245mg/L$ 时，出水 COD 和 NH_3-N 浓度分别为 $190mg/L$ 和 $19.6mg/L$，去除率分别达到 85.4% 和 92.0%。闫雨龙等在研究焦化废水经过 A/A/O 工艺处理对 PAHs 去除效果发现，除了苊（23.66%）外，其余

PAHs的生化处理去除效率在63.6%～97.3%；尤其是对对中环数（3环和4环）的PAHs去除效果最好（85%以上）。

7. A/O/O法处理焦化废水

在传统的硝化-反硝化脱氮过程中，焦化废水中的氮由亚硝态氮转化成硝态氮要消耗一定的溶解氧，而由硝态氮转化为亚硝态氮则会需要更多的有机碳源。如果能使亚硝态氮直接反硝化，即亚硝态氮不转化成硝态氮，这就形成了所谓的短程硝化-反硝化工艺（也称节能型生物脱氮技术），简称A/O/O技术。其中，A是缺氧反硝化阶段，第一个O为亚硝化阶段，第二个O为硝化阶段。A/O/O工艺与A/O工艺相比，碳源节省了40%左右。如果按照相同碳氮比，氨氮的去除效率得到提高，需氧量减少了25%，碱耗减少了20%左右，停留时间缩短，污泥产量大大减少，耐氨氮负荷冲击能力也得到提升。

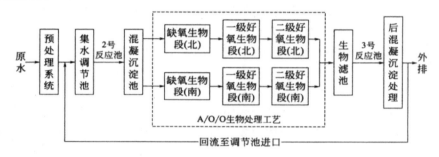

图3-13　A/O/O生物处理工艺流程

图3-13所示的即为一个典型的A/O/O生物处理工艺流程。江承付等在韶钢焦化厂应用A/O/O工艺处理废水，结果对焦化废水中的COD、挥发酚、氨氮和油的去除率分别达到了91.4%、99.9%、89.5%和87.8%。吴小丘对某钢铁企业焦化作业部污水处理厂的A/O/O生物处理工艺研究发现，包括COD和氨氮的各项污染指标处理效率都比较高，基本达到了设计要求，可以有效降低废水中COD、氨氮、氧和酚等的浓度含量，出水水质达到国家一级排放标准。

8. O/A/O法处理焦化废水

O/A/O工艺相比A/O工艺在前面多了一级预曝气池。预曝气池中的好氧生物会降解废水中的一部分有机物负荷和对生物脱氮有抑制作用的有毒有害物质，为后续的生物脱氮工艺提供良好的条件。

通过O/A/O工艺的好氧预曝处理，可以在适当控制进入生物脱氮系统的COD_{Cr}同时也会有效去除焦化废水中对生物脱氮有抑制或毒害的酚、氧等物质，减少废水水质对生物脱氮的影响，使硝化作用顺利进行。图3-14为O/A/O工艺基本流程。

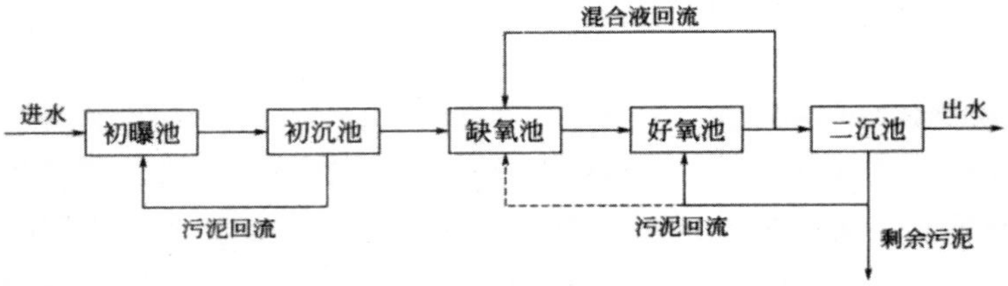

图3-14 O/A/O工艺基本流程

徐子诚等采用O/A/O工艺对煤气废水进行了中试研究，设计流量为0.5m³/h，污泥回流比为1，每天排泥4%。当进水酚和COD$_{Cr}$浓度分别达到406.9mg/L、2066.6mg/L，系统仍能正常运行，去除率分别是88.6%和87.5%，CODCr和酚类物质主要在初曝池中被降解。徐军富等利用O/A/O工艺并加入HENGJIE高效混合菌制剂和载体粉末活性炭进行中试，可直接处理高浓度焦化废水；当污泥回流比在100%～200%，总HRT为84h，进水COD$_{Cr}$浓度平均为5435.7mg/L时，去除率达到了93.17%。氨氮从67.80mg/L降到了1.04mg/L，去除率高达98.18%。

8. 膜生物反应器

（1）概述

膜生物反应器（membrane bioreactor，MBR）是由膜分离技术和生物处理技术有机结合形成的生物化学反应系统，该系统在水处理中的应用及其研究正备受人们关注。

MBR最先用于酶制剂工业，其在废水处理领域中的应用研究始于20世纪60年代末。美国的Smith于1969年首次报道了活性污泥法和超滤法结合处理高浓度废水的研究，该工艺具有减少活性污泥产量，保持较高活性污泥浓度，减少污水处理厂占地面积等优点。但当时由于受膜生产技术所限、膜的使用寿命短、水通透量小的影响，使其在实际应用中遇到障碍。同年，美国的Dorr-Oliver公司用超滤膜和活性污泥反应器相结合进行了处理生活污水的研究，并申请了专利。到20世纪80年代中后期发展很快，由于新型膜材料的出现和膜市场的迅速开发，加上80年代中后期各种形式MBR的出现，使得系统运行的稳定性得到提高，运行能耗降低，MBR工艺在废水处理中的应用受到越来越广泛的重视。国外对膜生物反应器的研究已经进入到工业化生产应用研究阶段。国内近年来在膜生物反应器方面的研究也成果显著，随着研究的深入、认识的加深，膜生物反应器将会在水处理中得到越来越广泛的应用。

膜分离技术是用天然的或人工合成的膜材料，以外界能量或化学位差等为推动力，对溶质和溶剂进行分离、分级、提纯和富集的方法。膜分离的特性与膜材料的性质（如分离孔径的大小、亲水性等）、水溶液中溶质分子的大小、性质以及推动力的类型、大小有关。根据膜的功能进行分类，膜可分为微滤（MF）、超滤（UF）、纳滤（RO）、电渗析（ED）、液膜（IM）和渗透蒸发（PV）等。

膜生物反应器由膜过滤取代传统生化处理技术中二次沉淀池和砂滤池。MBR将分离工程中的膜技术应用于废水处理系统，提高了泥水分离效率，并且由于曝气池中活性污泥浓度的增大和污泥中特效菌（特别是优势菌群）的出现，提高了生化反应速率。同时，通过降低 F/M（营养和微生物比率），减少剩余污泥产生量（甚至为零），从而基本解决了传统活性污泥法存在的突出问题。与传统活性污泥工艺相比，它主要有以下优势：

①MBR 内微生物浓度高、容积负荷高

大多数 MBR 的 MLSS 值在 5～20g/L，有时可达到 35g/L，而传统活性污泥的 MLSS 值为 2g/L 左右；与 CAS 处理生活污水的比较试验表明，随运行时间的延长，MBR 中污泥浓度持续增长，50d 后稳定于 3～4g/L，而 CAS 经常发生污泥膨胀，MLSS 波动很大，经常小于 1g/L。因此，MBR 较好地解决了 CAS 系统容积大、污泥处置费用高以及污泥膨胀等问题，使 MBR 小型化成为可能，降低了.污泥排放量，也避免了污泥膨胀。而且处理出水水质良好，一般可以实现进水有机物的完全矿化，出水不含悬浮 SS，而且可以去除细菌、病毒等。

②处理效率高，出水可直接回用

由于超滤膜（或微滤膜）对生化反应器的混合液具有高效的分离作用，可彻底地将污泥与出水进行分离，故可使出水 SS 及浊度接近于零。由于活性污泥的损失几乎为零，使得生化反应器中的活性污泥浓度 MLSS 可比传统工艺高出 2～6 倍，这就大大提高了脱氮能力和对有机污染物的去除能力。故采用膜生物反应器工艺处理污水，出水 COD 可在 30mg/L 以下，TP 可在 0.15mg/L 以下，TN 可在 2.2mg/L 以下；重金属（尤其是 Cu、Hg、Pb、Zn 等）的去除明显；耐热大肠杆菌可被完全除去，噬菌体数量为传统工艺的 1/1000～1/100，可实现污水资源化。

③系统运行稳定、流程简单、设备少、占地面积小

由于膜生化反应器技术的活性污泥浓度高，因此装置的容积负荷大；对进水波动的抗击性能更好，运行稳定。所以，此工艺除了可大大地缩小生化反应器——曝气池的体积，使设备和构筑物小型化以外，甚至可以省去初沉池。另外，此工艺不需要二沉池，使得系统占地面积减少，由此大大降低了工艺的建设成本。

④污泥龄长，剩余污泥量少

当污泥浓度高、进水污染物负荷低的情况下，系统中 F/M（营养和微生物比率）低，污泥龄变长。当 F/M 维持在某个低值时，活性污泥的增长几乎为零，这就降低了对剩余污泥的处理费用。污泥龄长虽有利于硝化菌的生长，但泥龄过长会导致有毒物质的积累、污染膜的形成和影响出水水质。

⑤操作管理方便，易于实现自动控制

可以实现对水力停留时间（HRT）和固体停留时间（SRT）的独立控制，易于操作管理和实现自动化。MBR 工艺由于膜组件将固体颗粒完全截留在生物反应器内，因而可以实现生物反应器 HRT 和 SRT 的单独控制，使系统在 HRT 很短和 SRT 很长的工况下运行，污水中大分子难降解的有机物在生物反应器内有足够的停留时间，可以灵活、稳定地加以控制，达到最终去除目的。MBR 的 SRT 值较 CAS 系统要长，一般达 30d 以上。

⑥传质效率高

因为 MBR 工艺的污泥平均粒径较传统活性污泥小，使得该工艺氧转移效率高，可

达 26%~60%。

⑦由于 MBR 的 SRT 长，对世代时间较长的硝化菌的截留、生长和繁殖有利，系统硝化功能得以提高。

⑧MBR 系统抗冲击负荷能力强。由于生物反应器内微生物浓度高，在负荷冲击波动较大的情况下，系统的去除效果变化也不大，出水水质仍较稳定。

综上所述，MBR 技术具有诸多传统污水处理工艺所无法比拟的优点，因此在世界范围内受到普遍关注。但膜生物反应器工艺存在膜的制造成本较高、寿命短、易受污染、整个工艺能耗较高等不足。

（2）膜生物反应器的工艺机理

MBR 工艺主要由膜组件和生物反应器两部分构成。活性污泥在生物反应器内与废水中可生物降解的有机物充分接触，通过氧化分解作用进行新陈代谢以维持自身生长、繁殖，同时使有机物降解。膜组件通过机械筛分、截留等作用对混合液进行固液分离，未被降解的大分子物质和活性污泥等被浓缩后返回生物反应器，避免了活性污泥的流失，延长了难降解大分子物质在反应器中的停留时间，加强了系统对难降解物质的去除效果。由于膜的分离作用，生物反应器内的活性污泥浓度较传统的生物处理法要高，这就提高了污水的处理效率与出水水质，同时，降低了运行过程的能耗。

在膜分离过程中，原料被分成两股物流，即截留物（增浓物）和渗透物。采用压力差为推动力的膜分离技术，主要涉及微滤、超滤、纳滤及反渗透。

（3）MBR 的类型

①膜组件核膜材料

MBR 中的膜都起着泥水分离和微生物截留的作用，但由于废水中的污染物对使用的膜材料都有着一定的物化或生物作用，因此选用的膜组件在材质上应满足非生物降解性、耐无机盐和生物不易附着的要求，在操作上应满足惰性、非生物降解性、易清洗再生、抗清洗剂、耐高温高压、孔径分布均匀且多孔性、材料中性耐磨损、抗污染物和生物体附着与使用持久性以及容易更换等条件。目前，大多数的 MBR 工艺都采用 0.01~0.4μm 的膜孔径，完全可截留以微生物絮体为主的活性污泥；膜材料一般可分为有机高分子膜和无机陶瓷膜，有微滤、超滤或纳滤等不同的规格，有机高分子膜因孔径范围广，制造成本相对便宜，且组件形式多样，故应用得较为广泛；而无机陶瓷膜与有机膜相比具有操作简单、运行稳定、可靠等优点，但运行能耗较高，常用作有机膜的材料有聚砜类、聚烯烃类、含氟聚合物类及纤维类等。常用的膜组件一般有中空纤维式、卷式和板式三种，目前最为常用的 MBR 膜组件是中空纤维膜。

废水处理所采用的膜分离技术主要分离对象是活性污泥粒子和大分子有机物，因此主要采用超滤和微滤技术。通常选用 0.1~0.47μm 孔径的膜，就可以维持较好的活性污泥状态和适宜的水通量。通常亲水性膜的抗污染能力远远超出了疏水性膜。为了提高膜的亲水性能，常采用复合膜及表面活性剂对膜进行改性。废水处理用的膜其截留相对分子质量应在 $1 \times 10^3 \sim 1 \times 10^5$。

膜组件的形式主要有管式、卷式、平板式、毛细管式、中空纤维式等。管式和平板式主要用于分置式膜生物反应器，而一体式工艺中多采用中空纤维式膜组件，即将此种膜件浸没于曝气池中，故一体式反应器也称为浸没式反应器。

②膜组件与生物反应器的组合类型

根据生物反应器与膜组件的结合方式的不同，膜生物反应器可分为一体式、分置式和隔离式三大类。

a. 一体式MBR系统

一体式膜生物反应器将膜组件置于生物反应器内，通过负压抽吸水通过膜引出反应器。此种反应器体积小、无水循环、节能、运行费用低，但膜易污染，不易清洗和更换，一般只能用于好氧处理。

b. 分置式MBR系统

分置式膜生物反应器其膜组件置于生物反应器（曝气池）之外，由外加的输送泵及相应管线相连而构成的。此种反应器由于生物反应器与膜组件相对独立，彼此间干扰很小/膜组件一般可与各种不同的生物反应器结合，构成各种不同的分置式膜生物反应器。因此，分置式膜生物反应器既可用于好氧处理，也可用于厌氧处理。该反应器运行稳定可靠，易于进行膜的更换和增设，膜通量较高。

c. 隔离式MBR系统

隔离式膜生物反应器采用选择性膜将污水与生物反应器分开，这种选择性膜只允许目标污染物透过，进入反应器被降解，而其他对微生物有害的物质则被隔离在生物反应器的另一侧。隔离式膜生物反应器既可用于好氧处理，也可用于厌氧处理。反应器运行稳定、可靠，但膜易污染，维护要求高。

（4）MBR稳定运行的因素

影响膜生物反应器稳定运行的因素很多，包括生物反应器与膜组件两部分。对生物反应器而言，主要有pH值、温度、水力停留时间（HRT）、污泥停留时间（SRT）、污泥量及负荷等；对膜组件而言，主要有膜孔径、膜通量、膜面流速、操作压力、截留相对分子质量及透水率等操作参数。

①生物反应器因素

对于膜生物反应器来说，废水中负荷的变化对处理效果的影响比较小，膜生物反应器对负荷的冲击有很强的适合能力。

膜生物反应器最突出的优点是可以分别控制生物反应器中的污泥龄和水力停留时间。这样就使废水中那些大分子难降解的成分在有限体积的生物反应器中有足够的停留时间，从而达到较高的去除效果。泥龄长也为世代周期长的硝化细菌的繁殖提供了条件，因此，MBR工艺对氨氮去除率高。

膜生物反应器的污泥浓度高，可达$10\sim20g/L$。许多研究表明，膜通量与污泥浓度的对数呈线性下降关系。从这一点来讲，过高的污泥浓度对系统不利。但是研究表明，污泥浓度高，为反硝化作用提供了内部厌氧环境，总氮的去除率就高。另外，MBR系统中丝状菌和真菌所占比重较大。

②操作运行方式

膜生物反应器工艺的操作压力一般在 0.1～0.2MPa，可据膜材料和废水性质而定。操作压力及膜面流速的增加均有利于提高膜通量，但压力过高会导致膜的破裂。调节曝气量可以控制膜面流速，从而有效地减缓膜污染，增加膜通量。但膜面流速过高，则使膜表面污染层变薄，有可能造成不可逆的污染。因此，膜面流速通常保持在 1.5m/s 左右。

试验表明，在运行时采用间歇出水的方式，可以有效地改善膜过滤性能。抽吸时间、曝气量及停抽时间三因素对膜过滤特性的影响程度从大到小。因此，运行应控制在低压、高流速的条件下进行。

③膜污染的控制及再生

膜生物反应器内膜的污染可分为无机污染、有机污染和微生物污染三种。而低压、恒通量操作则更有助于减缓膜的污染，能使膜通量长期保持较高的水平。此外，若将膜生物反应器与活性炭组合应用，也可有效地控制膜的污染。

膜的清洗方法有水力清洗、空气清洗、机械清洗和化学清洗几种，清洗的方式将由污染物的种类和膜的种类及性能所决定。一般来说，化学清洗是最有效的方法。选用酸类清洗剂可溶解除去矿物质及 DNA；采用 NaOH 水溶液可有效地脱除蛋白质污染；采用 2%～5% 的次氯酸钠溶液进行在线药洗，可有效地去除滋生在膜内表面的微生物，大幅度降解膜过滤压差。

（5）MBR 的特点

膜生物反应器利用膜组件的分离作用，将活性污泥和已净化的水分开，完成生物反应器内混合液的泥水分离，简化了工艺流程，具有以下特点：

①对污染物的去除效率高

由于膜组件的膜孔径非常小（0.01～0.4μm），能将生物反应器内全部的悬浮物和污泥都截留下来，固液分离效果远好于沉淀池，大量实验研究表明，MBR 对悬浮固体的去除率达到 100%，浊度去除率达到 90% 以上。

系统内维持较高的微生物浓度（最高可达 40～50g/L），降低了污泥负荷，提高了 MBR 对污染物的去除效率，还可以耐冲击负荷，出水水质好。MBR 中的水力停留时间和污泥停留时间是完全分开的，从而使得增殖缓慢的微生物（如硝化细菌）能够生存下来，提高系统的硝化效率。研究表明，其他条件控制适宜，DO 在 1mg/L 左右，对 TN 的去除率可达 90% 以上。

②剩余污泥量少

MBR 工艺是在低污泥负荷下运行，反应器内营养物质相对缺乏，微生物处于内源呼吸期，污泥产率低，剩余污泥量少且浓度高，可不进行浓缩，直接脱水，降低了污泥处理费用。

③操作管理方便，易于自动控制

实现了水力停留时间和污泥停留时间的完全分开，运行控制更加灵活，可实现自动控制，从而使操作管理更为方便。

9. 其他生物化学方法

（1）生物强化技术

①生物强化技术的作用机制与特点

生物强化技术是一项新型生物处理技术，是指在生物处理体系（如废水生物处理体系）中投加具有特定功能的微生物来改善原有处理体系的处理效果。投加的微生物可以来源于原有处理体系，经过驯化、富集、筛选、培养等达到一定数量后投加，也可以是原来不存在的外源微生物。

投加的菌种与基质之间的作用主要有：a.直接作用，即通过驯化、筛选、诱变、基因重组等技术得到一株以目标降解物质为主要碳源和能源的微生物，向处理系统中投入一定量的该菌种，就会增强对目标污染物的去除效果；b.共代谢作用，就是对于一些有毒有害物质，微生物不能以其为碳源和能源生长，但在其他基质存在的条件下，能够改变这种有害的化学结构，使其降解。

高效菌种的直接作用机制首先需要通过驯化、筛选、诱变和基因重组等生物技术手段得到一株以目标降解物质为主要碳源或能源的高效微生物菌种，再经培养繁殖后，投放到具有目标降解物质的废水处理系统中。这类微生物应满足3个基本条件：维持高活性；对目标污染物具有特异性；竞争生存、无副作用。因此，当原处理系统中不含高效菌种时，如果投入一定量的高效菌种，则可有针对性地去除废水中的目标降解物；当原处理系统中只存在少量高效菌种时，那么投加高效菌种后可大大地缩短微生物驯化所需的时间。在水力停留时间不变的情况下，能达到较好的去除效果。

微生物的共代谢作用是指具有在初级能源物质存在时才能进行的有机化合物的生物降解过程。共代谢过程不仅包括微生物正在正常生长代谢过程中对非生长基质的共同氧化，而且也包括了休止细胞（resting cell）对不可利用基质的氧化代谢。微生物的共代谢作用可分为：a.以易降解的有机物为碳源和能源，提高共代谢菌的生理活性；b.以目标污染物的降解产物作为酶的诱导物，提高酶的合成；c.不同微生物之间的协同作用。

生物强化技术具有如下特点：

a.显著提高微生物活性，处理效率可以提高50%~100%；

b.进水水质变化不大的情况下，可将处理系统的处理容量提升30%~100%；

c.降低排放废水的污染指标，提高排放废水水质；

d.布局灵活、占地面积小；

e.可以有效地解决因水量增加或负荷增加而无法扩建的问题；

f.可以有效地解决因丝状菌异常增殖而导致的污泥膨胀问题；

g.投资省，可以连续提高处理等级，基本不需要增加土建构筑物；

h.自动化程度高、操作、管理简易；

f.可以用于高浓度污染物废水的生物预处理。

②生物强化技术实施途径与去除效果

生物强化处理技术是现代微生物培养技术在废水处理领域的良好应用和扩展，该技术的核心是废水处理的优势微生物来源于废水处理系统自身，优势微生物的数量及活性大小决定废水处理系统的处理效果。所以，生物强化处理技术的主要工作内容是选择原废水处理系统 中的优势微生物并使其迅速增殖，增强活性，进而返回原废水处理系统中，提高系统的处理 效果。生物强化处理技术主要用于提高城市污水处理厂和工业污水处理厂的生物处理效率， 它借助于生物强化器和特制生物培养基，在污、废水处理厂现场提取曝气池内的微生物，使 优势微生物在培养器内快速增殖后再重新返回原曝气池中，通过系统自身的优势微生物的增 殖，提高系统处理效率。

目前实施生物强化技术可通过3种途径来实现：a.投加高效降解微生物；b.投加营养物和基质类似物；c.投加遗传工程菌（GEM）等。近年来通过基因工程技术构建的具有特殊降解功能的GEM已有突破性进展，所获得菌种（株）在纯培养中，可以降解难降解物质，但在复杂生态体系的废水处理构筑物中，能否达到难降解物的预期降解目标尚需深入研究。

目前生物焦化技术中投加营养物质和基质类似物的方法已有大量工程应用，如生物铁 法、粉末活性炭（PACT）法和投加生长素法，已取得明显效果。投加高效降解微生物处理焦化废水的研究工作目前非常活跃，主要集中于投加优势菌种，降解焦化废水中氨氮；优势菌种降解焦化废水中的萘、酚、氰等有害物质；固定化微生物技术和其他优势生物强化技术。

表3-18 高效菌种的各种投加方式投加方式

投加方式	技术要点	特点
间歇式投加	将高效菌种直接投入活性污泥系统中进行生物强化	操作简便易行，但处理系统中菌种数量与活性 浓度容易发生变化
连续投加	采用一个或多个SBR反应器富集足够数量的驯化培养物，连续投加至主体工艺中	能解决高效菌种连续投加问题，工程应用方便， 但需选择合适的富集培养物和操作方式
固定化细胞投加	采用载体结合法、交联法、包埋法等固定化方法，将高效菌种固定在载体上投加	该技术具有菌种稳定性高、催化效率高、抗毒性 能力强等优点，但载体价格高
生物自固定化投加	将载体投加到生物处理反应器中，利用微生物的自固定化作用，使高效菌种固定在载体上生长	能够提高反应器中的生物量，提高处理系统的 处理能力和运行稳定性，较好地克服活性污泥法 的不足，工程上比较可行、适用

生物强化去除效果主要为：

①提高焦化废水的净化效率生物强化作用比一般的废水处理方法更能提高处理系统对 BOD、COD、 TOC 或有些难降解有机物的去除作用。辽宁大学环境科学系采用生物强化技术，向活性污泥处理系统中投加高效菌时，考察了其对焦化废水的处理效果和最佳控制参数。结果表明：在连续进水和原有设施不变的情况下，COD 的去除

率由原来的60. 87%提高到85. 60%。

攀钢煤化公司杨天旺等应用HSB技术处理焦化废水，包括蒸氨废水，浓酚水，精苯废 水和混合废水等，均取得良好效果，明显优于传统的生物脱氮工艺。

②改善污泥性能，减少污泥产量生物增强作用不仅可以有效地消除污泥膨胀，增强污泥沉降性能，而且可减少污泥产量，一般可使污泥容积降低17%~30%。这不仅可改善出水水质，而且可减少污泥排放量和污泥处理的能耗。研究结果表明，在延时曝气系统中， 使用接种生物增强剂，运行3周就可消除污泥膨胀现象；在氧化沟系统中，运行4周也可消除污泥膨胀现象。在大规模废水处理中，使用生物增强剂后，污泥床厚度由2. 3~2. 7m降到了 0.7 1.0m，既降低了能耗，又控制了臭气的产生。

③缩短系统的启动时间，增强耐冲击负荷的能力和系统的稳定性投加一定量的高效菌种，增大处理系统中有效菌种的比率，可缩短系统的启动时间，达到较高的快速降解污染 物的效果，同时，还可增强系统的耐冲击负荷能力以及处理系统的稳定性。Edgehill等曾用降解五氯酚（PCP）的纯种菌来增强活性污泥处理系统，向系统中加入10% （相对于固有菌量）纯种菌后，PC.P废水处理的驯化期被大大地缩短了。为了研究酚的降解情况，Wa- tanabe等把3种菌接种到3个活性污泥系统的单元体系中。结果发现，在普通活性污泥系统中，需要10d才能将酚完全降解，而在接种了 E1、E2菌种的增强系统中，分别只需要2d、 3d就可将酚完全降解。

（2）复合反应器 为了克服活性污泥反应器污泥比较容易流失，耐污水水质及水量冲击负荷能力差，运行不稳定的缺点，根据这些缺点后人在前人的研究基础上详加研究提出了在曝气池中投加填料的复合生物反应器，这种改进的工艺在废水处理中的关注程度大大地提高了。复合就是指在生物反应器中，不仅存在附着型生长的微生物，还存在着悬浮型生长生物。复合生物反应器有其本身的许多优点，比如说有较高污泥浓度，容积负荷也不断增高，整个负荷反应器耐冲击负荷、对毒性物质的适应能力较以前有所提高，难生物降解物质的去除率也相应地有所提高。吴立波等采用厌氧-缺氧-好氧工艺并在好氧段投加球形填料的复合生物反应器处理焦化废水，当进水的氨氮浓度为200mg/L时，去除率稳定在90%以上。某研究组利用复合生物反应器生物脱氮技术处理炼油污水，硝化率达97%～98%，脱氮率在80%以上。

三、焦化废水深度处理技术

焦化废水经生化处理后，出水的COD、氨氮等浓度虽有极大的下降，但由于难降解有机物的存在，使得出水的COD、氨氮等指标仍未达到排放标准。因此，生化处理后的出水仍需进一步的处理。目前对焦化废水深度处理的方法主要有氧化塘法、固定化生物技术、纳米技术等。

（一）氧化塘处理技术

生物氧化塘处理污水技术在国内外得到广泛应用，它是一种投资少、运行费用低、处理效果稳定、节能、管理简便的污水处理方法，但是在小城镇污水处理方面尚未系统研究。氧化塘很适合常规技术造价太高或需大量能源而不能处理的污水。氧化塘系统的结构依可利用的土地而异，可建成单池式或多池式。

吴红伟等通过试验研究发现：深度处理用氧化塘这种技术，经过处理后的效果很好，与废水进水的温度、浓度、营养条件、pH 值等关系密切；而且该研究还发现，若在焦化废水中混入生活污水，COD 和氨氮的去除率均有所提高。

（二）固定化微生物技术

自从 20 世纪 80 年代开始，国内外就开始应用这种具有独特优点的新技术来处理工业废水和分解难生物降解的有机污染物，并取得了令人瞩目的成果。微生物去除氨氮需经好氧硝化，厌氧反硝化两个阶段。而硝化菌、反硝化菌的增殖速度慢，要想提高去除率，就要求反应器有较长的固体停留时间（SRT）和较高的细菌浓度，采用固定化微生物技术可满足此项要求，有利于去除氨氮。亲水的聚丙烯胺等高分子聚合物常用来固定浓缩的硝化细菌，形成直径 3mm 的小球。有报道显示这种包含了固定化硝化细菌的小球可以维持高效率的脱氮 60d。使用沸石及多孔介质固定硝化细菌的系统的一个显著优势是脱氮速度的提高，有报道说，将 Nitrosomonas 和 Nitro-bacter 固定于胶质或聚合物中，并外加一个保护层，可以使脱氮速度提高到传统方法的 10~20 倍。技术特点是细胞密度高、反应迅速、微生物流失少、产物分离容易、反应过程控制较容易、污泥产生量少、可去除氮和高浓度有机物或某些难降解物质。

（三）微波与超声波处理技术

利用微波与超声波降解水中化学污染物，尤其是难降解的有机污染物，是近几年来发展起来的一项新型处理技术。微波是指波长在 0.001~1mm，频率为 300~300000MHz 的一种电磁波。微波对焦化废水中极性分子起作用，使极性分子发生高速旋转而产生热能，降低反应活化能和化学键强度；在微波场中，极性分子的剧烈震荡，能使化学键断裂，故可用于污染物的讲解。研究表明，微波辐射技术能用来降解各类污染物，如二甲苯、卤代烃、部分多环芳烃等有机物均能得到较好降解。

超声波由一系列疏密相间的纵波构成，并通过液化介质向四周传播，当声能足够高时，有机物在形成的空化气泡中发生化学键断裂、水相燃烧、高温分解或者自由基反应。研究指出，包括卤代脂肪烃、单环和多环芳烃、酚类都能被超声波降解。MIZERA 指出，在超声波条件下，酚类的降解去除效率能提高 30%。

（四）纳米处理技术

纳米材料以其独特的性质受到了普遍的关注，已经成为当今许多学科研究的热点。当材料尺寸减小达临界尺寸时，在室温条件下，某些性质会发生突变，呈现与原来物体差异甚大的特性，并且在这个临界尺寸多数处于 100nm 以内，因此把小于 100nm 的材料称为纳米材料。这类材料具有常规粉末材料不同的效应，如表面效应、体积效应和量子尺寸效应等。

现阶段，应用于水处理的纳米材料主要是金属氧化物，原理是其外层有特殊的电子结构，即具有较深的阶带能级，会在其表面形成氧化还原体系，能降解许多难降解的有机化合物，对焦化废水具有独特的处理效果。它在超微化、高密度、灵敏度、高集成度的发展中，将发挥巨大的作用。纳米超微粒子催化剂不仅具有高的活性，优良的选择性和较高的使用寿命，而且在催化剂的生产中不使用酸、碱、盐等有毒、有害物品，也就不会有"三废"的排放，对环境无污染，符合严格的环保要求，是一种环境友好的催化剂。

四、焦化废水脱色与泡沫控制技术

焦化废水脱色与泡沫控制是当今国内外面临的普遍而又难解的问题。由于泡沫和脱色问题的严重性，这使废水处理与操作运行和控制产生困难，严重影响处理厂出水水质。据欧洲焦化厂废水处理厂调查，有20%以上受到泡沫长期影响，50%受到周期性影响。采用延时曝气方式的焦化厂有87%受到泡沫影响。焦化水脱色问题更为普遍，因此焦化废水脱色与泡沫问题是焦化废水处理回用与"零排"亟须解决的问题。

（一）生物泡沫的形成与控制方法

1. 生物泡沫的形成与影响因数

泡沫一般分为三种形式：（1）启动泡沫。活性污泥工艺运行启动初期，由于废水中含有一些表面活性物质，易引起表面泡沫。但随着活性污泥的成熟，这些表面活性物质经生物降解，泡沫现象会逐渐消失。（2）反硝化泡沫。如果废水厂进行硝化反应，则在沉淀池或曝气不足的地方会发生硝化作用，产生氮气等气泡而带动部分污泥上浮，出现泡沫现象。（3）生物泡沫。由于丝状微生物的异常生长，与气泡、絮体颗粒混合而成的泡沫具有稳定、持续、较难控制的特点。生物泡沫对废水厂的运行是非常不利的：在曝气池或二沉池中出现大量丝状微生物，水面上漂浮、积聚大量泡沫；造成出水有机物浓度和悬浮固体升高；产生恶臭或不良有害气体；降低机械曝气方式的氧转移效率；可能造成后期污泥消化时产生大量表面泡沫。

（1）生物泡沫的形成机理

①与泡沫有关的微生物大都含有脂类物质，如M. parvicella的脂类含量达干重的35%。因此，这类微生物比水轻，易漂浮到水面。

②与泡沫有关的微生物大都呈丝状或枝状，易形成网，能捕扫微粒和气泡等，并浮到水面。被丝状网包围的气泡，增加了其表面的张力，使气泡不易破碎，泡沫就更稳定。

③曝气气泡产生的气浮作用常常是泡沫形成的主要动力。颗粒利用气泡气浮，必须是形小、质轻和具有疏水性的物质。所以，当水中存在油、脂类物质和含脂微生物时，则易产生表面泡沫现象。

（2）影响泡沫稳定性的因素

泡沫是一种亚稳态体系，影响其稳定性的因素是比较复杂的。溶液的表面张力、表面黏度、液相黏度等都是用来表征泡沫稳定性的常用参数。

当泡沫液膜受到冲击变薄时，存在两种机制可使受冲击的泡沫修复。一种是由于泡沫界面膜面积增大而造成表面张力上升，形成表面张力梯度使膜有收缩，称为Gibbs弹性；另一种是在表面张力梯度的作用下，表面吸附的分子从低表面张力区向高表面张力区迁移，称为Marangoni效应。

①内部因数

泡沫的衰变主要决定于液体从薄液膜上的流失（排液）和气体透过液膜的扩散两个步骤。因而，液膜的稳定性直接决定着泡沫的稳定性。

从液膜性质的方面考虑影响泡沫稳定性的因素包括：起泡溶液的表面张力、表面黏度、液相黏度、Gibbs表面弹性和Marangoni效应；表面活性剂分子结构、液膜的表面电荷（分离压力）等。

现有技术提高泡沫稳定性的方法一般是以上述理论为指导，向溶液体系中添加不同的稳泡物质：如利用无机盐改变溶液体系的电性，增强泡沫稳定性；提高基液黏度来减缓泡沫的排液速度，从而提高泡沫的稳定性；增加液膜的弹性，减少泡沫的透气性。高分子表面活性剂，如烷基甲酰纤维素的衍生物、乙基（羟乙基）纤维素、黄原胶、蛋白质、聚合物非离子表面活性剂和离子型表面活性剂复配可以增加表面膜的黏弹性，减慢排液速度，从而大大增加泡沫的稳定性。总之，使泡沫增强稳定性的方法就是增强泡沫液膜的稳定性。

②外部因素

a.泡沫的直径。因为形成的泡沫大小不一样，根据拉普拉斯公式（$\Delta p=2\gamma/r$），泡沫中的小泡内的压力比大泡内的压力大。因此小泡内的气体会通过液膜向大气泡扩散，使小气泡变小直至消失，大气泡变大使液膜变薄，最后破裂。因此泡沫中的气泡直径越均匀，气泡间越不易发生气体扩散，则气泡的寿命越长，泡沫越稳定。

b.表面电荷。吸附了离子型表面活性剂的泡沫，界面膜上形成两层离子吸附的双电层结构。当泡沫界面膜变薄至一定厚度时，双电层的静电斥力就发挥作用，阻碍泡沫的双电层相互接近，减少排液速度，即表面电荷越强的活性剂，形成的泡沫也越稳定。

c.表面活性剂的浓度。蛋白质、磷脂等助泡剂在吸水后可以形成水凝胶性质的表面膜，其具有高表面黏度，可缓解对泡沫的冲击，泡沫界面膜弹性也随之增加，进而增强了泡沫的自修复能力，可以提高泡沫的稳定性。

d.溶液的pH值。溶液的pH值对泡沫稳定性的影响主要是在表面活性剂的溶解性和表面层吸附状态的两个方面起作用。

e.体系的温度。温度升高，泡沫界面膜的表面张力、黏度降低，排液速度加快，使得泡沫界面膜变薄，导致泡膜的稳定性降低。

f.冲击。轻微的冲击，可由泡膜的"Marangoni效应"来弥补。但是若冲击过强，就可以直接击碎泡沫界面膜，达到消泡的目的。

此外，污泥的停留时间，憎水性物质和曝气方式、曝气时间以及油脂类物质更容易产生泡沫。

2.生物泡沫的控制方法

消除泡沫的目的是使泡沫中的气泡及时破裂，即隔开气体的液膜由厚变薄，直至破裂使气相和液相分开。

根据泡沫形成的机理及其影响因素，消除泡沫可以采用物理、化学、机械和生物的方法，具体方法如下所示。

（1）喷洒水

这是一种最常用的物理方法。通过喷洒水流或水珠以打碎浮在水面的气泡，来减少泡沫。打散的污泥颗粒部分重新恢复沉降性能，但丝状细菌仍然存在于混合液中，所以，不能根本消除泡沫现象。

（2）投加消泡剂

可以采用具有强氧化性的杀菌剂，如氯、臭氧和过氧化物等。还有利用聚乙二醇、硅酮生产的市售药剂，以及氯化铁和铜材酸洗液的混合药剂等。药剂的作用仅仅能降低泡沫的增长，却不能消除泡沫的形成。而广泛应用的杀菌剂普遍存在副作用，因为过量或投加位置不当，会大量降低反应池中絮成菌的数量及生物总量。

（3）降低污泥龄

一般采用降低曝气池中污泥的停留时间，以抑制有较长生长期的放线菌的生长。有实践证明，当污泥停留时间在5～6d时，能有效控制Nocardia菌属的生长，以避免由其产生的泡沫问题。

但降低污泥龄也有许多不适用的方面：当需要硝化时，则污泥停留时间在寒冷季节至少需要6d，这与采用此法矛盾；另外，microthrix parvicella和一些丝状菌却不受污泥龄变化的影响。

（4）回流厌氧消化池上清液

已有试验表明，采用厌氧消化池上清液回流到曝气池的方法，能控制曝气池表面的气泡形成。厌氧消化池上清液的主要作用是能抑制Rhodococcus菌，但利用此法在几个污水处理厂进行实际操作时，并没有取得像实验室那样的成功。由于厌氧消化池上清液中含有高浓度好氧底物和氨氮，它们都会影响最后的出水质量，应慎重采用。

（5）投加特别微生物

有研究提出，一部分特殊菌种可以消除Nocardia菌的活力，其中包括原生动物肾形虫等。另外，增加捕食性和拮抗性的微生物，对部分泡沫细菌有控制作用。

（6）选择器

选择器是通过创造各种反应环境（氧、有机负荷或污泥浓度等），以选择优先生长的微生物，淘汰其他微生物。有研究报道：好氧选择器能一定程度地控制M.parvicella，但对Nocardia菌属无大影响；而缺氧选择器对Nocardia菌属有控制作用，却对M.parvicella无作用。

（7）机械消泡

机械消泡是借助机械力引起剧烈震动或压力变化起到消泡作用，利用机械能量破坏泡沫的稳定性，降低泡沫界面膜的强度，达到破碎气泡的目的。

机械消泡的优点在于消泡过程中，很少甚至不需要加人消泡剂。可减少不必要的污染问题，并且机械消泡装置便于消毒，可重复使用，耗能低。

机械消泡的不足之处是机械消泡装置的效果有时并不是很理想，不能从根本上达到消除泡沫的目的。当泡沫大量生成时，机械消泡不能像消泡剂那样及时有效地把泡沫消除。

3. 应用分析与对策

通过总结泡沫控制实例分析，虽然各种实例表明泡沫控制问题具有共同性，但引起泡沫现象的因素很多，因此控制方法自然各异。表3-19列出活性污泥法废水处理泡沫控制方法及其成功率。

表 3-19 泡沫控制方法及其成功率

控制方法	统计（1）		统计（2）		统计（3）	
	污水厂/个	成功率/%	净水厂/个	成功率/%	污水厂/个	成功率/%
喷洒水	58	88			46	28
降低污泥龄	44	73			46	57
杀菌剂	48	58	9	66	46	20
反泡沫药剂	35	20	7	57		
选择器			11	73		
减少曝气时间	5	60			46	33

上述统计结果表明，各种方法的选择都应慎重研究找出泡沫形成的主要原因，而后再选择符合实际可能解决的方法。

例如杭州某废水处理厂处理量为 $4000m^3/d$。通过 1995~1999 年观察总结出泡沫现象的规律，主要是气候（气温、水温和大气压力）有关。

严重的泡沫现象在温度高的夏季和寒冷的冬季都不会发生，每年都出现在春夏、秋冬换季时。即发生在气温、水温和气压交变的环境。分析 1999 年的统计数据，发生泡沫现象的时期为：a. 由水温高于气温而交变到水温低于气温时（3月下旬到4月中旬）和由水温低于气温而交变到水温高于气温时（10月下旬到11月中旬）。b. 气压和气温交变的时期。显然，由于生态环境的更迭，使微生物的生长、构成等发生变化。从过去的操作运行发现，不改变其他条件，泡沫现象在经历一段时间后（10~20d）会逐渐消失，废水处理系统自动修复。通过镜检，发现春夏交变的泡沫中主要是丝状菌的暴发，丝状菌大量生长，并伸展开来；而秋冬交变时，失去活力的丝状菌包裹在同样失去活力的菌胶团中形成上浮泡沫。一般认为，当季节（温度、气压）交变时，微生物均会受到影响，但丝状菌的适应性要比一些絮成菌强，如 Microthrix parvicella 的生长温度可在 8~35℃ 之间，而且更适宜生长在低温环境。当环境不利于微生物的生长时，丝状菌的菌丝会从菌胶团中伸展出来以增加其摄取营养的表面积，其生长速率高于其他微生物。当春夏交变时，污泥的活性均有下降，生活污水中有大量的合成洗涤剂和油脂类得不到降解，而一些丝状菌仍然活跃，它们喜欢利用这些物质作为食物并快速增长，这是得出现丝状菌的暴发并形成泡沫。

秋冬交变时，主要形成的是上浮污泥（这与前者不同），在上浮污泥和泡沫中很难发现展开的丝状菌，显微镜下可见上浮污泥中包裹有细小气泡。估计这是在环境交变时，菌胶团变得分散细小，结合曝气气泡后密度减小而产生上浮。总结出泡沫形成规律后，对采取控制措施有力，如对于春夏交变时的泡沫采用机械清理、刮除的方法。因为这些泡沫存在大量丝状菌，不宜遗留在混合液中，以免重新造成泡沫现象。另外，投加杀菌剂会有一定的控制效果，但应慎重。而对于秋冬交变时的上浮污泥和泡沫采用高压水枪喷水来缓解，因为上浮污泥中仍然大部分为絮成菌，被打碎后可以回到混合液中。这些方法取得了一定的控制作用。另外，在一些活性污泥系统中投加移动或固定填料，使一些易产生污泥膨胀和泡沫的微生物固着生长，这既能提高处理效果，又能减少或控制泡沫的产生。

（二）焦化废水脱色技术现状与研究进程

焦化废水脱色一直是焦化废水处理中存在的一个难题，这主要是因为，焦化废水中部分有机化合物无法降解，这些化合物中有些含有烯键、竣基、酰胺基、磺酰胺基、羰基和硝基等生色团，并且含有—NH2、—NHR、—NR$_2$、—OR、—OH和—SH等助色团，它们的相互作用造成生化出水色度仍然很高。此外，这些基团都是极性的，因此使出水中有机物易溶于水，并有可能使烷烃化合物发生乳化，在水中发生高度分散作用，从而生成难于脱色的水溶液或胶体。还有一个原因就是长期以来对焦化废水的处理都集中在氨氮、COD、BOD$_5$及有毒有害的物质如氰化物的去处，对色度的去处缺乏针对性的研究。

随着经济的发展和人们环保意识的增强，国家对废水排放标准也愈趋严格。因此．对焦化废水的脱色越来越受到重视。目前工程上对焦化废水色度的去除不很理想，关于焦化废水色度达标排放的报道也较少。下面就焦化废水脱色研究进程和应用情况综述如下。

1．吸附法

吸附法在焦化废水的脱色中占有十分重要的地位。目前焦化废水的脱色等深度处理在工程上大多采用吸附法。

吸附法主要采用交换吸附、物理吸附或化学吸附等方式，将产生色度的污染物吸附到吸附剂上，达到去除的目的。目前常用的吸附剂有活性炭、粉煤灰、硅藻土和树脂等。

（1）活性炭

活性炭微孔多，大中孔不多及亲水性强，适用于相对分子质量低的水溶性分子脱色。活性炭也是目前焦化废水处理中普遍采用的吸附剂，其处理效果也较好，一般作为焦化废水处理系统中的二级或末级处理工艺。

对经生化处理后的焦化废水进行活性炭吸附．搅拌接触1d，色度及有害物达到国家一级排放标准。虽然活性炭吸附脱色效果好，但再生困难、运行费用较高，使其推广应用受到限制。

（2）粉煤灰

利用粉煤灰处理废水是近几年研究的热点之一。粉煤灰中含有大量 SiO_2 和 Al_2O_3，并含少量的 Fe_2O_3、CaO、MgO 及 Na_2O 等化合物。从其理化性质来看，粉煤灰去除废水中的污染物主要是通过吸附作用，并辅以沉淀和过滤。吸附包括物理吸附和化学吸附，物理吸附效果取决于粉煤灰的多孔性及比表面积。化学吸附主要是由于其表面具有大量的 Si、Al 等活性点，能与吸附质通过化学键发生络合。在酸性条件下，阴离子可与粉煤灰中次生的带正电的硅酸铝、硅酸钙和硅酸铁之间形成离子交换或离子对的吸附。

张昌鸣等用粉煤灰净化处理焦化废水生化出水，脱色率为 60.84%。郭清萍等用沸石活化过的粉煤灰处理焦化厂脱酚段废水，脱色率达 90.3%。夏畅斌等用酸对粉煤灰进行改性，改性后的粉煤灰具有吸附和混凝的双重作用，用此粉煤灰联合无机高分子絮凝剂 PSA 处理焦化废水，脱色率达 96.6%。

（3）硅藻土

硅藻土的主要成分为废晶质 SiO_2，其表面有 Si—OH，Si—Si 等基团。硅藻的壁壳有多级、大量有序排列的微孔，比表面积大，吸附能力强，能吸附等于自身质量 1.5～4 倍的液体。

硅藻土或活化改性的硅藻土复合剂在染料废水、造纸废水等脱色报道较多，但关于焦化废水脱色的研究成果很少。邵红灯以硅藻土为主要原料制备出一种新型复合絮凝剂 XG-1，用此絮凝剂来处理焦化废水，脱色率可达 90% 以上。

由于硅藻土在我国分布广泛，且随着对硅藻土研究的深入，将在焦化废水脱色中占有重要作用。

（4）树脂

吸附树脂在分离某些物质时具有较高的选择性和易再生的优点，在食品加工行业、糖浆行业等的脱色中应用广泛。

李学忠等利用炉渣过滤、H-103 大树脂吸附处理某炼焦厂的蒸氨废水，可使废水色度由原来的 220 倍降到 30 倍以下。刘俊峰等采用树脂对某焦化废水进行深度处理，脱色率接近 10.0%。

同活性炭相比，树脂吸附具有用量少，再生能力强等特点，所以研究开发新的树脂来进行焦化废水脱色具有广阔的发展空间。

总之，吸附脱色的发展方向体现在以下两个方面：一是根据吸附机制，研究开发新的吸附剂；二是对现有吸附剂进行改性与活化，提高脱色效果，节约资源，降低成本。

2 絮凝法

近年来，染料、印染等有色废水絮凝脱色技术研究十分活跃，无机高分子絮凝剂及有机高分子絮凝剂不断涌现，脱色效果显著。焦化废水的脱色研究可以借鉴这方面的经验。

（1）无机絮凝剂

无机高分子混凝剂，如聚合硫酸铁、聚合氯化铝，其中的铁铝主要以带正电荷的聚羟阳离子形态存在，具有吸附电中和及压缩双电层的能力，从而实现废水的净化与脱色。

如今无机絮凝剂的开发与应用已致力于提高药剂的相对分子质量、提高电解质的离子电荷数以及利用复合药剂中不同组分共存的"协同效应"作用，从而脱除污染物。$FeSO_4$的混凝机理除了电中和及压缩双电层外，还与络合作用有关。

马英歌等采用聚硅酸盐类絮凝剂对焦化废水进行脱色处理，脱色率可达70%左右；而用高铁酸钠絮凝剂处理，脱色率可达93.75%。卢建杭等研制出无机复合高效混凝剂M180，以铁铝为主要原料，再配以硅、钙等元素，利用特定加工工艺制成特定形态，对上海宝钢A/O/O工艺生化出水进行脱色，脱色率可达95。樊耀亭等研究应用复合高铁酸盐处理焦化废水，利用Fe^{3+}的强氧化分解，进一步被高铁的分解产物Fe$(OH)_3$和Fe^{3+}电中和并絮凝沉淀去除，生化出水色度由80倍降至25倍以下。

（2）有机絮凝剂

有机高分子絮凝剂与无机絮凝剂相比，具有用量少、絮凝速度快、受共存盐类和pH值及温度影响小、生成污泥量少而易处理等特点。合成高分子絮凝剂应用以聚丙烯酰胺及其衍生物为主，天然高分子改性絮凝剂中淀粉衍生物和多聚糖的改性在废水净化中潜力巨大。

有机高分子絮凝剂的脱色机理不仅有电中和、范德华力，而且还有化学作用。可以生成共价键和氢键等，而该作用对于脱色是很关键的。由于有机高分子絮凝剂的制备较复杂并且价格偏高，一般与无机高分子絮凝剂复合使用。

李彦光等把聚合硫酸铁（PFS）、聚合氯化铝（PAC）和阳离子季铵盐在一定条件下先混合，再加以羟基化聚合进行共聚，生成一种JY-202复合混凝剂，对焦化废水生化出水进行处理，色度由280倍降至40倍。郑振晖等以聚二甲基二烯丙基氯化铵（PDMDAAC）和钠基膨润土为原料，制备了PDMDAAC-膨润土，对焦化废水进行处理，脱色率在65%以上。褚衍洋等运用自行合成的丙烯酰胺接枝共聚壳聚糖絮凝剂，处理某焦化厂经A/O处理后的废水，色度去除率75%；丙烯酰胺改性壳聚糖絮凝剂对焦化废水的处理效果优于聚合硫酸铁和聚合氯化铝絮凝剂。

3. 化学氧化法

化学氧化法对生物难降解且引起色度的物质有很好的去处效果，因此，利用化学氧化法尤其是高级氧化技术来脱色也是国内外研究的热点。

（1）二氧化氯氧化

ClO_2具有很强的氧化性，同氯气相比，大大减少了在氧化过程中有机卤代物（如三氯甲烷）等致癌类物质的产生，只产生氧化产物从而有效地减少了二次污染。因此，二氧化氯在造纸、纸浆工业等行业已经广泛使用。同时在有机染料、农药废水、印染废水及农药废水脱色中应用广泛。研究表明，二氧化氯的脱色主要依靠其强氧化性来打断有机分子中的双键等发色团，从而实现脱色。虽然二氧化氯在以上工业废水中脱色效果良好，但在焦化废水的脱色应用中还不多见。

王海凤等利用二氧化氯催化氧化处理宝钢焦化厂的生物处理后的废水，在二氧化氯和废水的体积比为0.2，常温下进行二氧化氯催化氧化试验，出水进入活性炭柱，在进入反渗透系统，最终出水色度由原来的400倍降为0，色度去除率达100%。

（2）臭氧氧化

臭氧具有很强的氧化性，在染料废水、糖厂清汁、柠檬酸废水等的脱色中研究应用很广。臭氧可以破坏—C=C—、苯环等生色基团，把复杂的大分子有色物质氧化降解为简单的有机化合物（如有机酸）；同时可以氧化铁、锰等无机成色离子；从而达到脱色的目的。虽然利用臭氧氧化脱色在这些领域应用较多，但是在焦化废水的脱色中实例较少。

周涛对某焦化废水进行了臭氧辅助混凝的试验研究，结果表明，臭氧预处理可以很好地强化混凝沉淀效果，可明显降低色度。

（3）Fenton 氧化及其联合技术

Fenton 试剂是一种强氧化剂。其作用机理主要是 H_2O_2 在 Fe^{2+} 催化下产生氧化能力很强的 OH 自由基。在处理难生物降解或一般化学氧化难以奏效的废水时，具有反应迅速、反应条件缓和、无二次污染等优点。因此近 30 年来越来越受到国内外环保工作者的广泛重视。

彭贤玉等运用 Fenton 预氧化过程处理焦化废水终冷水，在 pH 为 3、$FeSO_4 \cdot 7H_2O$ 投加量 0.3mg/L，30% 的 H_2O_2 投加量 0.685mol/L，反应时间 30min，色度由原来的 89 倍降为 14 倍。左晨燕等采用 Fenton 氧化-混凝协同处理焦化废水生物处理出水，在一定处理条件下，色度可以由原来的 200～300 倍降为 35 倍。唐玉斌等采用 US/Fenton 氧化-混凝法对高浓度焦化废水进行预处理，色度由原来的 516 倍降为 87 倍。许海燕等采用 Fenton 试剂氧化生化处理后的焦化废水，辅以超声、DSA 电极电解技术，脱色效果显著，废水色度由原来的 1000 倍降到 50 倍以下。

（4）催化湿式氧化

催化湿式氧化（CWO）是一种废水的深度处理技术。该处理工艺是在一定温度（170～300℃）和压力（1.0～10MPa）条件下，以空气（或纯氧气）、臭氧、氯气或次氯酸钠等为氧化剂，在催化剂的作用下，不经稀释一次性对高浓度废水中的 COD、TOC，氨、氰等污染物进行催化氧化分解的深度处理，使之转变为 CO_2、N_2 和水等无害成分，并同时脱臭、脱色及杀菌消毒。

郝玉昆等采用 CWO 技术处理焦化废水，出水无色无臭，可以实现达标排放。

CWO 技术是一种高效的废水处理技术，在处理难生物降解的废水中显示出独特的优势，且进水不需要预处理，降解产物无毒无害，因此是一种很有发展潜力的技术，目前亟待解决的问题就是降低装置的费用和处理技术。

4. 膜法

膜法在焦化废水处理中的应用主要是膜-生物反应器。它是生物处理技术与膜分离技术相结合的一种新型、高效的废水处理技术。它主要由生物反应器和膜组件两单元设备组成。它是利用微生物对反应机制进行生物转化，利用膜组件分离反应产物，并截留生物体。膜生物反应器由保持了反应器中活性污泥浓度和增加了污泥龄，大大提高了有机物的降解能力，对废水中的 COD、BOD 和 NH_3-N 均有很大的去除效果；并且由于膜的高效截留作用，其分离效果远远好于传统的活性污泥法，出水色度、浊度和 SS 均比较低。

目前利用膜法处理焦化废水的研究较多。刘俊新等采用生物膜活性污泥工艺处理焦化废水，经试验和生产试验证明，废水经处理后各项指标均达到了国家排放标准。周霞萍等用自制的膜处理某焦化厂 A/O 工艺后的废水、废水色度由原来 200 倍降为 50 倍以下。毋海燕等利用膜-复合生物反应器处理焦化废水，结果表明，当焦化废水进水 COD 和 NH_3-N 的质量浓度分别小于 850mg/L 和 280mg/L 时，两者的去处率分别可达 95% 和 87% 以上，出水色度明显降低，由原来的棕褐色变为出水的淡黄色。裴亮等采用一体式膜生物反应器进行了焦化废水处理的试验研究。结果表明，在一定操作条件下，出水水质好，稳定，且优于国家一级排放标准。

膜法目前应用上主要存在膜堵塞、膜污染和投资高的问题。因此开发寿命高、强度好、抗污染、价格低的膜材料是一个重要研究方向。同时对膜污染机理进行研究，以便探索有效的、简洁的方法控制和减缓膜污染的发生与发展。

5. 生物法

众所周知，各种微生物对污染物质的降解都有一定的选择性。因此，传统的生物法虽对氨氮及引起 COD 的某些污染物能降解，但对引起色度的某些有机化合物去除很差，所以培养驯化出能专门降解引起色度的这些化合物的生物菌种，才能从根本上解决焦化废水的脱色问题。

李立敏等将 HENGJIE 高效混合菌制剂和粉末活性炭加入 $O_1/A/O_2$ 废水处理系统中，进行焦化废水处理。结果表明，废水色度由原来的 1000 倍以上降为 200 倍以下。谢志建等培养驯化出几株脱色的生物菌，对经 A/O 处理后的焦化废水进行脱色，废水的色度由原来的 500 倍降为 100 倍左右。某焦化厂采用 HSB/A/O 生化处理技术处理焦化废水，该系统投入生产后，脱色效果良好，出水色度为 8 度左右，远远低于排放标准的要求。

陈一萍研究发现，利用海藻酸钙包裹絮凝菌能较长时间保持细菌高活性，且固定群对脱色具有良好效果。

将接种量按 5%、10%、15%、20% 和 25% 分别投加固定化颗粒，以不接种为对照，分别测定脱色率。在最初的时间里，接种量与脱色率明显成正比，7h 后接种量的影响就不再突出，尤其是接种量为 15%、20%、25% 在 7h 后脱色率相近。当在 10h 时，其脱色率几乎相同，均达到 90% 以上，明显高于未接菌的对照。因此，在较短时间内得到好的去除效果，可以加大接种量，同时考虑到成本问题通常采用接种量为 15%。10h 后处理过水的透光率几乎与自来水相近，产污泥量少，固液分离效果好，无须额外添加 Ca^{2+} 等进行分离。

目前利用生物法对焦化废水脱色应用，正处于试验研究阶段，生物脱色机理研究进程尚较短，有待开发与深化研究。

第四节　焦化废水处理中的问题及解决途径

目前焦化废水处理尚存在诸多难题，其中主要有三个：一是高浓度、难降解有机废水的处理。如蒸氨废水、古马隆废水等的处理，以及废水中更具有危险的污染物，诸如 BaP 等致癌性多环芳烃等物质的去除，它在蒸氨废水中就含 70～240pg/L，而一般生化处理难于将它降解，仅仅通过污泥吸附除去一部分。二是废水中氨氮的处理。活性污泥法无法对其降解，仅有少量氨氮从曝气过程中被吹脱。这是活性污泥生化法处理焦化废水时，NH_3-N 和 COD 难以达标排放的主要原因。第三是我国对焦化废水处理要求非常严格。要达到回用不排放的要求，难度极大。

一、生化法处理焦化废水的特征与效果

（一）生化法处理技术现状与分析

1. 处理现状与问题

当今我国焦化废水治理已基本形成较完整的技术，但在实际生产应用中并没有发挥应有作用，原因很多，但大多在于疏于管理、技术和经济等方面。据统计，焦化废水处理装置运行正常的只占 80%，其中生化出水含酚不大于 1mg/L 的企业约占总数的 88%～96%；氰化物含量不大于 0.5mg/L 占总数 80%～96%；COD 含量不大于 150mg/L 的生化设施仅占 20% 左右，NH_3-N 情况更严重。从处理工艺而言，30% 的机焦生产过程产生的废水采用普通生化法处理，处理后废水除 60% 左右用于湿法熄焦补充水外，其余经稀释外排；20% 左右机焦生产（近 10 多年来新建和改扩建焦化厂、煤气厂）焦化废水采用生物脱氮处理技术，处理后废水除 60% 左右用于湿法熄焦补充水外，其余经稀释外排；部分大型钢铁联合企业将剩余的处理后废水用于高炉冲渣补充水，初步实现废水"零排"。

由此可见，当今我国焦化废水生化处理对酚、氰化物去除和回收效果较好，基本能够达到国家规定要求，但 COD 与 NH_3-N 处理后出水含量较高，大部分企业不达标，实现处理回用与"零排"则更少，处理后稀释排放仍是普遍存在的问题。

2. 问题与分析

（1）对众多国内外工程实践和资料比较，我国焦化废水处理的深度、广度与国外相比尚有优势。日本、韩国、美国和加拿大以及欧洲的焦化废水处理，基本采用预处理除油、蒸氨、生物脱氮、再用混凝和活性炭深度处理后回用或排海。宝钢三期引进美国 CHESTER 公司提供 O/A/O 法全达标处理工艺，在美国并无工程实例。国外之所以能用通常的活性污泥法处理就能实现正常排放，而国内则不能，甚至采用 A/O 法、A/A/O 法、A/O/O 法处理工艺也难以实现达标排放，根本原因归功于源头控制。

（2）为什么国内外在焦化废水处理技术与工艺选择如此悬殊，治理效果差别如此之大，归根到底是焦化废水的质与量的区别。首先，国外生产 1t 焦炭产生的废水量为 0.35m³，而国内则为 1.0m³ 以上，高出 3～4 倍；其次国外对原燃料的选用以及采用煤气精制、脱硫脱氨、脱酚除氰等一系列净化与回收措施，致使进入生化系统的水质基本能满足生化装置的水质要求，故其生化系统的功能能够充分发挥作用；第三，对进入生化系统的水质，实行严格自动控制，凡不符合生化要求的水质，自动返回重新进行预处理，直到达到水质要求后方可进入生化处理系统。宝钢三期就是

实例。宝钢焦化废水经过一系列的源头控制、治理与蒸氨后，生化废水中NH_3-N的含量控制在$50\sim100mg/L$，COD为$1000\sim2000mg/L$，并经约40%的稀释，实际进入生化处理系统的NH_3-N为$30\sim60mg/L$，COD为$600\sim1200mg/L$，因此再经生化处理和混凝深度处理后，美国为该公司提供的保证值$NH_3-N<5mg/L$，$COD<100mg/L$是完全可能的。除宝钢外，我国其他焦化企业废水中COD、NH_3-N的浓度都很高，正常的COD浓度为$2000\sim3000mg/L$，有的高达$4000\sim6000mg/L$，NH_3-N浓度正常为$600\sim800mg/L$，有的高达$1500\sim2500mg/L$，可见达标排放难度极大。

（3）我国焦化废水的特点通常为苯酚及其衍生物所占的比例最大，约占总质量的60%以上，喹啉类化合物和苯类衍生物占15%以上，杂环化合物和多环芳烃类占17%左右。难降解的毒性物质占有1/3以上比例。因此焦化废水生化处理系统的好坏，既与预处理系统有关，更重要的是与焦化生产工艺关系极大，即焦化废水量与水质成分的优劣至关重要。因为任何生化处理系统的微生物适应性都是脆弱的，过高的、反复的冲击负荷或过高毒性物质不断冲击，会导致微生物抑制或死亡，处理系统运行就会失败。众多工程运行调试就出现过类似问题。这就是我国焦化废水生化处理系统长期不能正常运用，时好时坏，短期能达标，长期不能达标的根本原因。据调查，我国不少大型焦化企业，虽然有完善的生化处理装置，但外排废水的COD仍然高达$500mg/L$左右，有的高达$1000mg/L$。由于焦化行业的废水特征，生产与废水外排的不稳定性，处理难度极大，且运行费用较高。

（4）据统计，我国焦化废水处理技术与工艺以活性污泥法为主，约占50%～60%，A和O的各种生物处理组合工艺在工程应用中所占的比例，分别约为：A/O工艺占12.5%，A/O/O工艺占12.5%，A/A/O工艺占25%。

焦化废水中氨氮主要以游离氨及固定铵两种形式存在，后者有氯化铵、碳酸铵、硫化铵及多硫化铵。此外，在化学及生化反应过程中，废水中的其他无机含氮化合物如：氰、硫氰化物、硝酸与亚硝酸盐以及有机含氮化合物：吡啶、喹啉、吲哚、咔唑、吖啶等也可能转化为氨氮。

我国普遍采用的焦化废水处理方法是：①首先对高浓度的焦化废水，如剩余氨水等，采用溶剂萃取脱酚和蒸氨；②预处理后出水与其他焦化废水混合，进入废水处理设施，其处理工艺进行产品回收和预处理一般为：调节→隔油沉淀（→气浮）→生物处理→排放。以上处理工艺对酚和氰化物等易降解有机物有较好的处理效果。在早期的焦化废水设计与运行中，主要以酚和氰化物为主要处理目标，活性污泥法曝气池的水力停留时间t_{HRT}一般采用$6\sim8h$。但是，由于常规活性污泥法对焦化废水中的难降解有机物，如多环芳烃和杂环化合物的效果并不理想，出水COD浓度较高，难于满足排放标准对COD的要求，各焦化废水处理厂站纷纷通过延长曝气池水力停留时间来提高处理效果，ZHRT分别延至12h，24h，36h，甚至48h。由于焦化废水中多环芳烃和杂环化合物的结构复杂，其降解过程需要较长时间，延长水力停留时间对焦化废水处理效果起了一定的改善作用，但出水水质仍难以达到废水排放标准对COD和氨氧要求，要满足GB 16171—2012《炼焦化学工业污染物排放标准》和实现废水处理回用规定，仍相差较大。

（5）国家发改委2004年76号公告《焦化行业准入条件》中规定："焦化废水经处理后做到内部循环使用"、"酚氰废水处理后厂内回用"、"熄焦废水实现循环回用，不得外排"。这一重要规定使焦化企业生存受到巨大挑战。面对这一严峻形势，企业必须面对和决策：即焦化废水不仅是一个处理程度问题，而是一个企业生存与发展问题；对焦化废水不仅是追求达标排放而是处理后如何回用的问题；不仅是追求处理技术是否先进，而是要综合研究消纳途径以及污染物转移与危害过程问题。总之，形势迫使企业必须解决《焦化行业准入条件》中焦化废水处理回用与消纳途径的技术问题，其核心问题就是如何提高焦化废水处理效率，特别是废水中有毒有害的有机污染物降解问题。

要解决焦化废水有机物去除效率，可从4条途径入手：

①严格控制污染源，最大限度减少废水量及其有毒有害有机物浓度；

②强化预处理，如脱除固定铵的蒸氨处理以及氮、酚氰等的脱除与回收，最大限度去除焦化废水中有毒有害和难降解有机物；

③改进现有生物处理工艺，研发新工艺与技术集成；

④研究开发深度处理技术，实现焦化废水处理回用与"零排"。

上述①、②项是属化工设计和化产回收部分，③、④项是提高焦化废水处理与回用的关键。

（二）活性污泥法对焦化废水污染物去除效果与问题

1. 活性污泥法对焦化废水污染物去除特性

针对活性污泥法处理焦化废水普遍存在出水 COD 与氨氮浓度较高，难以满足国家新标准排放要求，因此迫切需要对活性污泥法处理焦化废水的技术工艺进行深度研究。

清华大学钱易院士以及何苗、张晓健等采用北京市某钢铁企业焦化厂废水处理车间活性污泥法曝气池进水，该废水已经过溶剂萃取脱酚、蒸氨、隔油、气浮等预处理，其水质情况见表3-20。采用完全混合式曝气器和 A/A/O 试验装置，对 A/A/O 工艺和常规活性污泥法处理焦化废水进行对比试验研究，以期提出对焦化废水处理的有效改进对策。

表3-20　某钢铁企业焦化厂焦化废水的试验用水水质　　单位：mg/L（质量浓度）

项目	COD	BOD$_5$	挥发酚	氰化物	氨氮	油	pH 值
浓度范围	1000～1500	380～450	190～240	30～35	280～400	约 10	7.4～8.1
平均值	1300	410	210	32	350	10	7.8

（1）曝气吹脱对焦化废水有机物去除的影响

为了去除曝气吹脱的影响，通过空曝试验得出了焦化废水活性污泥法处理时曝气吹脱的影响。曝气能够吹脱废水中的一部分有机物，使废水中的 COD、TOC 浓度下降。

根据 GC-MS（色谱-质谱）对各水样中有机物测定结果，焦化废水中乙苯、吡咯、吡啶、萘、联苯等 10 余种有机物比较容易被吹脱，其 12h 空曝的去除率分别在 20%～40%之间。

它们的吹脱速率和各自的亨利常数间具有良好的线性关系，因此，在以活性污泥法进行有机物生物降解性能研究与测定计算时，应考虑曝气吹脱的影响因素。

（2）焦化废水常规活性污泥法处理特性

为了考察常规活性污泥法对焦化废水处理效果，张晓健、何苗等采用完全混合式曝气器，对焦化废水进行了 6 个月的动态试验。

试验期间，通过改变水力停留时间和污泥浓度，详细考察了常规活性污泥法试验系统对焦化废水有机物的去除效果。活性污泥的有机物去除负荷与出水 COD 浓度之间的关系。

改变水力停留时间和污泥浓度两组试验结果的关系相同，说明试验测试时，系统已达到较为稳定状态，试验的规律性较好，可得如下结论：

①采用活性法系统处理焦化废水时，可以通过延长水力停留时间或增大污泥浓度去降低系统污泥负荷，在一定程度上可改善出水水质。

②有机物去除负荷与出水 COD 浓度中可生物降解部分符合线性（一级反应）关系。

③该系统对 NH_3-N 基本无去除作用。

④通过改变现有工艺的运行参数难以达到焦化废水行业排放标准中对 COD 的要求（COD 不大于 80mg/L）。因为该试验用水为 COD=1300mg/L，其中含有难降解有机物含量为 205mg/L（以 COD 计），已超过焦化废水排放标准要求。欲从根本上解决问题，必须深入研究其中含有各类难降解有机物的生物降解特性及降解机理，并以此为基础探讨处理工艺的改进。

2. 焦化废水常规活性污泥法处理效果

试验是在上述试验基础上进行的，采用完全混合式活性污泥法在 t_{HRT}=48h、MLSS=3200mg/L 状态下测出水中有机物组成的 GC-MS 测定结果。该试验可用来代表常规活性污泥法处理废水在较为理想情况下的处理结果。

①经完全混合式活性污泥法水力停留时间达 48h 的处理后出水中，检出 28 种有机物，其中芳香烃和杂环化合物为 19 种。

②焦化废水中主要的难降解的有机物有吡啶、烷基吡啶、吲哚、联苯、咪唑、咔唑、喹啉、异喹啉、甲基喹啉等。几种难降解有机物在该试验条件与状态下的去除率分别为：喹啉 77.8%、吲哚 46.0%、吡啶 38.4%、联苯 49.5%。其中喹啉的去除主要由曝气气体吹脱引起，经 12h 空曝喹啉的去除率已达 45.9%。

③将上述两种方法比较可发现，经好氧 48h 出水中经 GC-MS 测定仅检出 28 种，与原焦化废水中检出 40 种有机物相比，说明好氧法处理焦化废水是有效的。但对难降解有机物的处理是有限的，且出水 COD 浓度为 251.7mg/L。

（三）厌氧状态下难降解有机物的去除特性与效果

焦化废水中的难降解有机物在好氧条件下降解性能较差，是好氧工艺处理焦化废水出水COD浓度较高的主要原因。为考察焦化废水中难降解有机物的几种有代表性物质喹啉、吲哚、吡啶、联苯的厌氧降解特性，清华大学环境工程系采用A/A/O（厌氧/缺氧/好氧）工艺分别进行4种有机物自身的去除特性的研究，其试验结果，归纳如下。

1. 与葡萄糖共基质条件下难降解有机物的厌氧降解特性

试验是在中温条件下进行，整套装置置于35℃培养箱中。以实验室UASB反应器排泥作为接种厌氧污泥。以难降解有机物和葡萄糖共基质配水作为试验用水。选用葡萄糖的原因是：（1）葡萄糖在厌氧条件下降解性能良好；（2）便于用紫外分光光度计法测定水样中难降解有机物浓度，葡萄糖无紫外吸收作用，排除测定干扰。瓶中污泥浓度MLSS为15g/L左右，有机物初始浓度（COD）控制在1000～1500mg/L，与通常曝气池进水COD值比较接近。各试验瓶中只加入一种难降解有机物。各种难降解物质的处理情况，均采用紫外分光光度法测定。

对喹啉、吲哚、吡啶、联苯的厌氧处理浓度变化曲线进行描述。所呈现的降解特性可以看出：

（1）这4种有机物的降解与其浓度呈对数下降曲线，符合一级反应的规律；

（2）在厌氧条件下，这4种有机物降解速度的快慢顺序为：联苯、喹啉、吡啶、吲哚；

（3）与好氧条件相比，吡啶在厌氧条件下降解特性得到很大改善，降解速度是好氧条件下的7倍，联苯和喹啉接近3倍，吲哚仅提高50%左右。

2. 单基质中易降解有机物的影响

在没有葡萄糖营养成分，其他运行条件与上述共基质试验完全相同时，这4种有机物经28h的培养去除效果见表3-21，并与共基质条件的情况进行了比较。

表3-21　共基质与单基质去除效果及污泥性状比较

有机物名称	喹啉		吲哚		吡啶		联苯	
基质条件	共基质	单基质	共基质	单基质	共基质	单基质	共基质	单基质
28h去除率/%	87.8	76.6	73.9	62.0	86.9	73.6	92.4	59.6
污泥性状	良	差	良	差	良	差	良	差

从表3-21中测定的结果可以看出：

（1）单基质条件下，难降解有机物的厌氧降解速度低于共基质条件下的降解速度。

单基质条件下，喹啉、吲哚、吡啶这3种有机物的去除率略低于共基质条件下的去除率。而联苯的降解性明显降低，联苯28h的去除率在共基质条件下为92.4%，单基质时仅为59.6%。其原因可能是：厌氧微生物需要多种有机物作为营养，特别是以易降解葡萄糖作为共营养。单独采用这4种难降解有机物中一种作为唯一碳源营养，会使微生物的活性有所下降。

（2）单基质条件下厌氧污泥性状较差。试验中产生这种现象，说明厌氧微生物需要碳源不足，产生了过量的内源呼吸，使污泥分解所致。实际上，厌氧处理将作为焦化废水的预处理，废水中存在多种营养物，可以满足厌氧的共基质营养条件。

3.A/A/O工艺与A/O工艺处理焦化废水比较

A/A/O系统与A/O系统同属于以硝化-反硝化为基本流程的生物脱氮工艺，所不同的是A/A/O系统是在A/O系统的基础上，增加一级预处理段——厌氧段（A₁）。对于厌氧段的作用，国内不少学者有所研究，但对焦化废水的处理是否一定要增加厌氧预处理段，其结果与效果如何？但由于各种试验的试验用水水质不同，所用的处理反应器结构各异，操作条件差异等因素，严重影响这两种工艺的可比性。本试验是通过同一焦化废水，采用尽可能相同的操作条件进行A/A/O工艺与A/O工艺的对比试验，了解两种工艺的差异，为科学评价两种工艺的性能提供依据，为焦化废水处理改进提供可靠途径。

（1）试验条件与运行参数

①试验用水与水质。试验用水采用经气浮除油、鼓风曝气吹脱后的焦化厂生产废水。其水质情况见表3-22，试验用反应器容积见表3-23。

表3-22　焦化厂废水水质（经气浮、空气吹脱后）

项目	COD	NH_3-N	酚	氰化物
质量浓度/（mg/L）	1000～1400	200～270	80～100	1～5

②pH值为7.0～7.2。采用磷酸调整，形成磷酸盐可作为微生物的营养源。

③两系统均为有机玻璃加工的固定床生物膜法反应器，其内均填有YDT型弹性填料。

④反应器试验容积比。表3-9列出两种工艺的反应器容积。其水力停留时间ZHRT之比分别为：A：A：O=1：1.8：4.8（2.5：4.5：12）；A：O=2.8：4.8（1：1.71）。

表3-23　试验用反应器容积

工艺		$A_1/A_2/O$	A_2/O
反应器容积/L	A_1	2.5	—
	A_2	4.5	7.0
	O	12.0	12.0

⑤混合液回流比为3.45～6.67。

⑥温度。本试验采用自动控温。厌氧段温度控制在35～37℃，缺氧段、好氧段温度控制在25～28℃。

⑦pH值。试验进水pH值控制在7.0～7.2，好氧段通过投加20g/L浓度的$NaHCO_3$溶液，使pH值保持在6.7～7.2。

⑧溶解氧。好氧段溶解氧控制在4.0～8.0mg/L，缺氧段溶解氧控制在0.8～1.2mg/L。

（2）试验结果与比较

在采用传统方法进行启动驯化，两系统均进入稳定运行，在稳定运行阶段，对负荷进行调整，每一负荷稳定7~16d，以达到两系统运行稳定、正常后，分别取样测定，测定结果见表3-24和表3-25。

表3-24 $A_1/A_2/O$工艺与A_2/O工艺出水BOD、COD的试验结果

t_{HRT}/h	项目	进水	$A_1/A_2/O$			A_2/O	
			A_1	A_2	O	A_2	O
42.2	COD/（mg/L）	1270.50	1311.49	311.48	250.00	413.94	278.69
	BOD/（mg/L）	364.2	300.34	36.40	17.63	125.60	20.48
	BOD/COD	0.287	0.229	0.117	0.071	0.303	0.073
36.5	COD/（mg/L）	1007.75	945.73	262.53	232.56	282.94	251.94
	BOD/（mg/L）	302	325	12.4	6.06	32.60	7.49
	BOD/COD	0.300	0.344	0.047	0.026	0.115	0.030
35.2	COD/（mg/L）	1050	1010	260	225	250	245
	BOD/（mg/L）	330	300	23.1	8.5	44.3	13.6
	BOD/COD	0.314	0.297	0.089	0.038	0.178	0.056
32.8	COD/（mg/L）	992.12	960.63	291.34	277.56	303.15	267.72
	BOD/（mg/L）	391.21	326.20	15.15	<2.0	35.01	6.08
	BOD/COD	0.394	0.340	0.053	<0.01	0.115	0.023
平均值	BOD/COD	0.323	0.303	0.077	0.036	0.178	0.046

表3-25 $A_1/A_2/O$工艺与A_2/O工艺对COD和NH_3-N去除负荷差异

指标	进水/（mg/L）	$A_1/A_2/O$					A_2/O			
		A_1	A_2		O		A_2		O	
		出水/（mg/L）	出水/（mg/L）	负荷/[kg/（m³/d）]	出水/（mg/L）	负荷/[kg/（m³/d）]	出水/（mg/L）	负荷/[kg/（m3/d）]	出水/（mg/L）	负荷/[kg/（m³/d）]
COD	1065	1183	206	2.85	190	0.08	286	0.90	192	0.49

指标	进水/（mg/L）	A₁/A₂/O					A₂/O			
		A₁	A₂		O		A₂		O	
		出水/（mg/L）	出水/（mg/L）	负荷/[kg/（m³/d）]	出水/（mg/L）	负荷/[kg/（m³/d）]	出水/（mg/L）	负荷/[kg/（m3/d）]	出水/（mg/L）	负荷/[kg/（m³/d）]
NH₃-N	253.09	270.15	63.47	0.06	9.04	0.28	98.93	0.48	6.25	0.48
TOC	236.51	269.19	33.02	0.63	23.49	0.05	50.23	0.19	23.72	0.14

注：当 t_{HRT} 为 32.8h 时。

试验结果有以下几种：

①A/A/O系统（工艺）处理焦化废水的效果优于A/O系统（工艺）。在相同负荷条件下，出水COD平均低10～30mg/L；NH₃-N平均低25.8mg/L。其主要原因是有厌氧段的结果。

②在抗冲击负荷能力和稳定性上，A/A/O工艺优于A/O工艺。两种工艺受到冲击负荷后，A/A/O工艺平均恢复天数为3.4d，而A/O工艺恢复天数为5d。

③与A/工艺相比，A/A/O工艺的好氧段COD去除负荷只有前者的1/6，NH₃-N去除负荷为前者的3/5，TOC去除负荷为前者1/3。说明A/A/O工艺出水水质优于A/O工艺是必然的。

④当两种工艺进水BOD/COD=0.323时（试验用水平均值），A/A/O工艺出水BOD/COD为0.036，而A/O工艺的BOD/COD为0.046。说明A/A/O工艺由于增加了厌氧段，使得系统处理效果优于A/O工艺。

⑤A/A/O工艺缺氧段内存在大量的活性污泥（约占试验柱容积的2/3），生物膜相对较少，污泥沉淀性能好。试验测定该污泥VSS为6.612mg/L，SS为9.023mg/L，VSS/SS为0.7328。显然，污泥主要成分为有机质，无机质成分相对较少，污泥具有颗粒化现象。A/O工艺运行稳定性较差，其缺氧段污泥生物膜少，肉眼观察该段污泥呈黄褐色，呈絮状，沉淀性差。

近年来由于国家对环保要求的提高，特别是对焦化废水处理排放时的COD和氨氮污染物浓度规定要求严格，很多大型企业，如上海焦化厂、包头焦化厂、华西焦化厂、鞍钢焦化厂、山西汾西矿业集团焦化厂等纷纷建设了焦化废水处理，或对原有处理厂进行改造和扩建，大多采用A/O法，A/O/O法或A/A/O法处理工艺，经处理后其出水水质确有明显改善。但要满足GB 16171—2012《炼焦化学工业污染物排放标准》和HJ 2022—2012《焦化废水治理工程技术规范》的要求，实现废水处理回用和"零排"，仍有较大的差距。为了解决和实现焦化废水处理回用，必须进一步提高和改进现有处理技术，如生物强化技术，生物脱氮技术以及研究开发新型高效处理工艺和进行废水深度处理，进一步去除废水中 COD 和 NH_3-N 和难降解有机物，实现废水处理回用与"零排"的目标。

二、焦化废水脱氮工艺组合与应用分析

（一）焦化废水脱氮工艺及其选择

焦化废水脱氮处理是排放达标的关键，但脱氮技术措施与工艺较多，有化学法、物理法和生物脱氮法等。

1. 化学脱氮法和物化脱氮法

应用化学反应以去除废水中氨氮的方法主要有：催化湿式氧化法和折点氯化法；物理化学脱氮法主要有吹脱法和离子交换法。

（1）催化湿式氧化法主要反应机理

废水在高温、高压且保持在液相状态下，通入空气，通过催化剂作用，对污染物进行较彻底的氧化分解、使之转化为无害物质，从而使污染物得到深度净化。

含氮化合物的反应：氨氮、氰、硫氰化合物、有机氮化物经氧化分解最终生成 N_2、CO_2、SO_4^{2-} 等。

$$NH_3+3/4O_2==2/3H_2O+1/2N_2$$
$$NH_4SCN+7/2O_2==N_2+H_2O+H_2SO_4+CO_2$$

酚类、烃类以及一般构成 BOD_5、COD 的组分，其经催化湿式氧化后也生成 CO_2、H_2O 等，如酚的分解：

$$C_6H_5OH+7O_2==6CO_2+3H_2O$$

（2）工艺过程及条件

高浓度废水不经稀释，按反应要求加入 NaOH 调节 pH 值在 10 左右，并用栗加压至一 7.0MPa，再导入空气。气液混合物经换热及管式炉加热至 250～280℃后入催化反应器。反应器中装有贵金属催化剂，水中污染物与空气中氧进行催化氧化分解反应，反应时间保持在 1～3h，反应产物经换热、冷却、气液分离。净化后废水可供回用或直接外排，尾气中不含有害成分，可直接排向大气。

（3）处理效果与应用范围

废水经催化湿式氧化处理后水中溶解性及悬浮状污染物得到较彻底的氧化分解，达到深度净化的要求。同时，又可使废水达到脱色、除臭、杀菌的目的。国内外试验表明，焦化剩余氨水及古马隆废水，经一次催化湿式氧化，其出水各项指标均可达到排放标准，符合回用要求。

催化湿式氧化工艺不仅可去除酚氰等污染物，且也可去除水中氨氮，故对剩余氨水、高浓度古马隆有机废水处理也十分有效。从经济及节能角度看，此工艺尤适用于高浓度（COD＞10000，NH_3-N＞5000）废水。

2. 生物脱氮法

该法是通过生物作用，将废水中含氮物质去除。通常是利用微生物的生化作用，将废水中含氮物质经硝化和反硝化脱氮过程，逐步转化为氮气排出而达到脱氮的

目的。

目前，生物脱氮工艺的发展已相当完善，如 A/O 法、A/A/O 法、A/O/O 法、SBR 法以及 SBR/A/O/O 法等都是利用厌氧、缺氧、好氧等操作单元的不同组合，达到脱氮除磷的目的。

影响硝化、反硝化脱氮的主要工艺条件为：废水中溶解氧、温度、pH 值、碱度、碳氮比、污泥龄、回流比等。

（1）溶解氧：硝化反应中的硝化及亚硝化菌系高度好氧菌，故要求反应池中溶解氧大于 2mg/L，而反硝化系兼性菌，它要求在缺氧状态下，故其溶解氧要求小于 0.5mg/L。

（2）温度：两类反应要求最适温度为 30～35℃。尤其反硝化反应，试验表明当温度小于 15℃后反应明显减慢。

（3）pH 值及碱度：硝化反应要求 pH 值为 6.5～8.0。由于硝化反应是一个产酸、耗碱过程，按计算可知每硝化 $1kgNH_3-N$，耗 Na_2CO_3 约 7.49kg，故应外加碱，使出水碱度保持在 70～150mg/L。反硝化过程系一产碱过程，要求水中 pH 值保持中性，一般在 7～8。

（4）碳氮比：硝化过程所需碳源可来自 CO_3^{2-}、HCO_3^- 等无机碳，一般焦化废水中所含 HCO_3^-、CO_3^{2-} 已足够供硝化用。反硝化要求有丰富有机物提供碳源和能源，其碳氮比（COD/NH_3-N）要求大于 6 才得到较好的反硝化率。焦化废水在采用 A/O 工艺脱氮时一般不需要在反硝化过程中外加诸如 CH_3OH 等的碳源。

（5）泥龄：普通活性污泥中大多细菌的增殖速度要比硝化菌大一个数量级。即普通活性污泥的细菌的世代时间约 2.31～8.69h，而硝化菌则要求 31h。为保证其正常繁殖，生物脱氮过程中硝化的泥龄要比普通活性污泥细菌长，一般要求大于 50d。

（6）回流比：回流比取决于总氮去除率、出水硝态氮浓度、进水 NH_3-N 浓度、反硝化效率等。当总氮去除率要求大于 80% 时，其硝化出水循环液回流比一般采用 4～6 为宜。

3. 焦化废水脱氮工艺选择

（1）催化湿式氧化直接从工艺的高浓度原废水一步深度净化，故它与传统的从蒸氨开始经脱酚、预处理、生物脱氮、混凝、活性炭等一系列处理相比，其处理操作费用大致相当。但催化湿式氧化法处理总水量小、回收价值大，故仍有其竞争力。只是其需要耐高温、高压设备，给普遍推广造成一定困难。对于含高 COD（如 10000～15000mg/L）及高 NH_3-N（如 4000～6000mg/L）的高浓度废水以及难以用生物降解的废水，宜采用催化湿式氧化法，一步处理达到深度净化，同时，对水中的高浓度 BaP 也可彻底氧化分解。但因其工艺设备要求过严、投资及操作费用相对提高，故对一般含氮废水尚宜采用生物法脱氮，其设备简单、脱氮效率高、不产生二次污染、运行稳定、操作方便、易于推广。

（2）折点氯化法因耗氯量很大，且经氯化处理后废水残留余氯需经活性炭吸附去除，并应防止废水中有机氯存在而导致二次污染。因此，在废水量较小和周围环境许可条件下方可采用，且应有保护措施。

（3）离子交换法在吸附焦化废水 NH_3-N 时，吸附剂需频繁再生，稀氨液不易回收，不仅成本高，再生过程中产生的废液还可能造成二次污染，选用时应有相应保护措施。

（4）吹脱法是脱氨较好的方法，目前已普遍用于焦化废水生物脱氮工艺的预处理。由于蒸气（或曝气）脱氮时消耗蒸汽较大，工艺也比较复杂，完全依靠吹脱法使焦化废水中氨氮达标排放，既不经济，且技术上也难做到。

（5）根据国内外生物脱氮的工程与实践，认为选择生物脱氮技术较为合适，因它具有如下特点：

①处理效率高，在正常情况下能保持较高的去除率；

②工艺流程比较简单，投资省，操作费用较低；

③技术比较成熟，与其他方法相比具有负荷较高的特点，处理废水量较大；

④无二次污染，外排废水可达标排放也可经适当处理后回用。综上所述，生物脱氮法对我国焦化废水脱氮具有较广泛的适应性和应用可靠性，是当今焦化废水处理最具发展前景的技术工艺之一。

（二）焦化废水生物脱氮工艺组合与应用分析

生物硝化反应是由两组自养型好氧微生物亚硝酸菌和硝酸菌将氨氮（NH_3-N）氧化成亚硝酸盐和硝酸盐的生物反应过程。其特点是：首先由亚硝酸菌将 NH_3-N 氧化成 NO_2^-，尔后，再由硝酸菌将 NO_2^- 氧化为 NO_3^-。其反应是在同一构筑物中进行，控制反应器中的温度和 pH 值，即可控制亚硝酸菌和硝酸菌的增长率，从而达到控制反应是亚硝化为主还是完全硝化过程。

生物反硝化反应是由一群异养型兼性菌，在缺氧（不含分子氧）条件下将 NO_3^- 和 NO_2^- 还原成气态氮（N_2）或 NO_2、NO 的过程。

反硝化菌的特点是：在有分子氧的状态下，反硝化菌氧化分解有机物，利用分子氧作最终电子受体。在无分子氧状态下，反硝化菌利用硝酸盐或亚硝酸盐中 N^{5+} 和 N^{3+} 作为能量代谢中的电子受体，O^{2-} 作为受氢体生成 H_2O 和 OH^-。有机物作为碳源和电子供体提供能量并被氧化。也就是说反硝化过程是在一群异养型兼性菌作用下，将硝酸盐氮还原转为氮气的过程。与此同时有机物氧化为 CO_2 和 H_2O。这种异养型兼性菌，它在有氧的条件下可氧化有机物，在无氧时以硝酸盐中的氧为氧源（电子受体）以完成对有机物（碳源）的氧化。

1.A/O 法与 A/A/O 法脱氮工艺组合与分析

最初生物脱氮方法是 Barth 等提出的三步活性污泥法。Wuhrmann 提出在通用二级处理

厂的曝气池和二沉淀池中间增设一厌氧池，构成好氧/厌氧脱氮系统，脱氮可达90%左右。

该工艺的优点在于好氧菌、硝化菌和反硝化菌分别生长在不同构筑物中，均可在各自的较适宜的环境中生长繁殖，因此反应速率快，BOD 和脱氮效果较好。另外对于悬浮生长微生物系统，因各自有单独污泥回流系统，因此操作灵活、适应性好。

缺点是流程长、构筑物多、设备多、第二级需投加碳源，基建费用、运行费用较高。

近10多年来，人们研究利用原废水中BOD成分，将BOD去除与脱氮在同一池中完成，并将脱氮池设置在去碳硝化过程的前面，一方面，使脱氮过程能直接利用进水中有机碳源而省去外加碳源；另一方面，通过硝化池混合液的回流而使其中的NO_3^-在脱氮池中进行反硝化。该工艺称为缺氧/好氧生物脱氮工艺，亦称为A/O活性污泥生物脱氮工艺。

该工艺的特点是前置反硝化在缺氧条件下利用废水中的有机碳源作电子供体将好氧池回流液中的NO_3^--N还原为N_2，同时反硝化后的混合液进入好氧池后，对残存的BOD_5能进一步降解，并对NH_3-N进行硝化。

该工艺优点：（1）流程简单，基建费低；（2）因在前置反硝化过程中充分利用污水中的碳源，本流程无需外加碳源，同时降低了好氧段的有机负荷，降低了碳氧化的需氧量，也消除了多级生物脱氮工艺中，反硝化段BOD_5残存问题；（3）缺氧池在好氧池之前，可起到生物选择器的作用，可改善污泥的沉降性能，有利于污泥膨胀的控制；（4）由于反硝化的前置，反硝化过程中产碱得到充分利用，降低了生物脱氮过程的碱耗。

A/O工艺是生物脱氮最基本流程。该流程已基本能满足焦化废水脱氮的要求。现已广泛用于生产运行中的流程组合多改为缺氧段采用生物膜，硝化段采用活性污泥法。

由于焦化废水的可生化性较差，A/O法由于蒸氨投碱量波动、除油效率的波动、回流液含溶解氧的波动等都将造成脱氮效率下降。为提高焦化废水的可生化性，人们利用厌氧处理的水解酸化作用，将废水中颗粒性或溶解性有机物水解酸化，以提高碳氧化和反硝化效率。因而在A/O工艺流程的缺氧段前增加一个厌氧处理单元，组合成A/A/O生物脱氮工艺。

厌氧段、缺氧段一般采用生物膜，硝化段常采用活性污泥法。

A/A/O工艺具有A/O法流程的一切优点。由于在缺氧段前增加了厌氧段，提高了本工艺对碳源的氧化分解能力，同时由于缺氧段的生物选择性，能更好地控制丝状菌的增长，避免污泥膨胀，使运行更稳定、管理更方便。缺点是由于增加了厌氧段，基建投资相对增加。

2. A/O/O生物脱氮工艺组合与分析

人们长期以来在生物脱氮的理论上和工程实践中，都认为NH_3-N的氧化还原，必须经历亚硝化、硝化、反硝化整个过程，才能安全地被去除，即所谓全程硝化-反硝化生物脱氮或硝酸盐型反硝化。但实际上从氨氮微生物转化过程来看，氨氮被氧化为硝酸盐是由两类独立的细菌催化完成的两个不同反应，该反应是可以分开的。

在传统的硝化-反硝化脱氮过程中，硝酸盐（NO_3^-）或亚硝酸盐（NO_2^-）都可以进行反硝化，而硝化过程中由NO_2^-转化为NO_3^-要消耗一定的溶解氧，然而在反硝化过程中由NO_3^-再转化为NO_2^-的重复转化要消耗更多的有机碳源。如果由NO_2^-直接进行反硝化，控制这一转化过程，使NO_2^-不转化成NO_3^-，就形成了所谓的短程硝化-反硝化工艺或亚硝酸型反硝化生物脱氮工艺，又称作节能型生物脱氮工艺，简称A/O/O工艺。其中A段为缺氧反硝化段，通常采用生物膜法。第一个O段为亚硝化段，通常采用活性污泥法。第二个O段为硝化段，宜采用生物膜法。

该工艺具有下述优点：

（1）可节省反硝化过程需要的碳源，和A/O工艺相比，反硝化时可节省碳源40%，在碳氮比一定的情况下可提高总氮的去除率；

（2）需氧量可减少25%左右，动力消耗低；

（3）碱耗可降低20%左右，处理成本降低；

（4）水力停留时间可缩短，反应器容积也可相应减少；

（5）污泥量可减少50%左右。

近几年，宝钢化工公司将原有的A/O生物脱氮工艺改为A/O/O工艺运行，从几年来的运行效果来看，不但废水处理效果好于A/O工艺，而且其运行成本也由原来的6元/m³废水，降低到目前的4元/m³废水，其效果是明显的。

上述A/O工艺、A/A/O工艺和A/O/O工艺都是利用厌氧、缺氧、好氧操作单元的不同组合，达到通过碳氧化、硝化、反硝化降解氨氮和有机碳的目的。

三、生物强化技术应用效果与作用分析

焦化废水生物脱氮工艺是行之有效的工艺技术，这些工艺的有效组合与运行克服了常规活性污泥法诸多弊病。但仍存在着诸如总停留时间长、占地大、投资高，特别是微生物生存环境要求高，以致影响处理出水效果。生物处理的本质就是利用微生物来分解有毒有害等有机物；只有分解能力高，适应环境能力强的菌群才能发挥其优势。生物强化技术应用于焦化废水脱氮的重点在于通过细菌种属、种群及生物链的作用来强化处理系统功能，形成高效菌群生物处理降解技术，实现硝化菌、亚硝化菌、反硝化菌群的动态平衡和选择。由庞大的、多元组合的脱氮菌群构成的微生物群体，以实现脱氮生化过程改善生化环境，提高处理效率。

（一）HSB高效菌脱氮功能作用与特征

为了考察HSB高分解菌群对焦化废水处理与脱氮能力，特进行以下三组中试。

1. 蒸氨废水试验。考察HSB技术对蒸氨废水中的氰、酚、COD和NH_3-N的去除效果；

2. 验证HSB高效菌的恢复能力。在完全停产情况下，观察该菌群在恢复运行后的状况与净化能力；

3. 观察该菌群对浮选废水、精苯废水、混合废水的适应能力与处理效果。

中试流程是针对现有处理工艺进行适当改造，因此中试流程选用现有焦化废水处理流程的基础上增加一段兼氧处理池，采用好氧-好氧-兼氧流程。好氧池内采用微孔曝气，兼氧池采用氮气搅拌。

试验各监测项目的分析方法见表3-26。

表 3-26 监测项目分析方法

监测项目	分析方法	采用标准
pH 值	玻璃电极法	GB/T 69201986
悬浮物	重量法	GB/T 11901-1989
化学好氧堡:	承铬酸钾回流法	GB/T 11914—1989
挥发酚	4-氨基安替比林分光光度法	HJ 503—2009
氰化物	异烟酸-吡唑啉酮比色法	GB/T 7486-2006
氨氮	纳氏试剂比色法	HJ 535-2009

1. 蒸氨焦化废水试验

（1）蒸氨焦化废水进水水质蒸氨废水水质见表3-27。

表 3-27 蒸氨废水水质 单位：mg/L

废水名称	酚	氰	COD_{cr}	NH_3-N	油	HCN	HCNS	pH 值
蒸氨废水	600~1000	<30	2000~3000	500~600	<100	<10	300~400	8~9

（2）试验与结果

将3t直接从中国台湾引进的HSB菌群、1.5t活性炭、3t清水加入B池，通过24h的搅拌，混合均匀后取出1/3的混合菌群加到A池，在各池内补加90%清水，10%废水，开始间隙曝气；一周后完成菌种驯化，开始间隙进废水，根据水质情况进行不断调整。1个月左右，中试系统开始连续进水，并取样进行酚、氰、COD和NH_3^--N去除效果分析。

表 3-28 蒸氨废水处理前后水质状况

项目名称	pH 值	悬浮物	COD	氨氮	挥发酚	总氰化物
进水水质/（mg/L）	8.87	69.97	3485	879.3	695.7	7.3
出水水质/（mg/L）	8.2	33.2	60.96	6.70	0.07	0.42
去除率/%		52.6	98.3	99.2	99.99	94.2

试验结果说明：酚、氰、COD、NH_3-N的去除率分别为99.9%、90%、98.5%和96%。出水COD<100mg/L，NH_3-N<15mg/L。

结果显示：利用HSB技术采用O/O/A流程直接处理未经稀释的焦化废水，经处理后出水：酚0.2mg/L、氰0.42mg/L、COD60.96mg/L、NH_3-N6.7mg/L、SS32.2mg/L。去除率分别为99.99%、94.2%、98.3%，99.2%和52.6%。各项污染因子全部达标，出水表观很好，效果非常显著。

2. HSB菌群恢复性能的验证

为了验证该菌群的恢复性能，将中试系统完全停止，放置35d后再重新启动，经8d的恢复运行，系统SVI达到了15%，表明污泥具有快速恢复性能。该期间向A、B池投加一定量糖、磷盐并间隙补加少量废水。

在完成中试系统恢复试验后，为了验证HSB菌群对焦化废水的生物降解性能，进行如下试验。

（1）Ⅰ、Ⅱ系剩余氨水降解试验

在完成中试系统HSB菌群恢复试验后，分别将Ⅰ系、Ⅱ系剩余氨水直接通入中试系统进行试验。其中：Ⅰ系试验时，处理流量为1t/h，加碱量为5kg/d，磷酸为1.1kg/d；Ⅱ系试验时，处理流量为1t/h，加碱量为8kg/d，未加磷酸盐。Ⅰ系、Ⅱ系试验时进出水质与处理结果见表3-29和表3-30。

表3-29　Ⅰ系剩余氨水HSB菌群处理结果

时间/d	1	2	3	4	5	6	7	8	9	10	11	12	13	14	15
入水氨氮的质量浓度/（mg/L）	245	—	240	230	215	215	375	550	300	325	330	185	320	330	160
出水氨氮的质量浓度/（mg/L）	11	—	5.5	8.5	21	8.5	10	16.5	15.5	8.5	10	8.5	10	11.5	8.5
处理效率/%	95.5	—	97.7	96.3	90.2	96.0	97.3	97.0	94.8	97.4	96.9	95.4	96.8	96.5	94.7
入水COD的质量浓度/（mg/L）	1050	—	980	960	980	800	100	1550	240	2100	190	3300	200	3300	155
出水COD的质量浓度/（mg/L）	97	—	78	95	100	39	40	58	54	57	3	89	31	45	44
处理效率/%	90.8	—	92.0	90.1	89.8	95.1	0.60	96.3	77.5	97.3	98.4	97.3	84.5	98.6	71.6

表3-30　Ⅱ系剩余氨水HSB菌群处理结果

时间/d	1	2	3	4	5	6	7	8	9	10	11	12
入水氨氮的质量浓度/（mg/L）	210	600	310	330	580	580	570	580	550	515	480	500

时间/d	1	2	3	4	5	6	7	8	9	10	11	12
出水氨氮的质量浓度/（mg/L）	34	23	13	12.5	4.5	5.5	2.5	7.5	6	7	0	6
处理效率/%	83.8	96.2	95.8	96.2	99.2	99.0	99.6	98.7	98.9	98.6	100	100
入水COD的质量浓度/（mg/L）	800	1500	1900	1100	1600	1650	1050	2100	2750	1650	2450	2750
出水COD的质量浓度/（mg/L）	60	20	110	40	22	62	35	45	22	20	10	50
处理效率/%	92.5	98.7	94.2	96.4	98.6	96.2	96.7	97.9	99.2	98.8	99.6	98.2

从表 3-29、表 3-30 可以看出，HSB 菌群对蒸氨剩余氨水处理结果非常显著，在氨氮高达 500～600mg/L，COD 高达 2000～3300mg/L 时，仍可达到出水氨氮 15mg/L 左右，COD 小于 100mg/L。

（2）浮选水试验

浮选废水的水质为：氨氮为 500～600mg/L，COD 为 1000～1500mg/L，油约 200mg/L，且 C/N 失调的废水直接进入，中试系统进行连续 7d 试验，试验结果表明，HSB 菌群对 COD 和氨氮降解效果仍很显著，见表 3-31。

表 3-31　HSB 菌群对浮选水处理情况　　　　单位：tng/L

时间/d	1	2	3	4	5	6	7
入水氨氮的质量浓度	220	300	110	610	560	710	600
出水氨氮的质量浓度	14	8	13	28	24	16	34.5
入水COD的质量浓度	790	760	785	750	810	610	600
出水COD的质量浓度	36	24	25.5	75	5	21	15

（3）混合废水试验

将 II 系剩余氨水和浮选废水按 2=1 混合后直接进入中试系统进行连续处理试验。混合后水质为氨氮 480～660mg/L，COD2300～3800mg/L。并用粗酚生产过程中产生的废碱液替代工业纯碱。试验水量为 1t/h。试验结果见表 3-32。从表 3-32 可以看出，出水氨氮小于 15mg/L，COD 小于 100mg/L，处理效果十分显著。

表 3-32　II 系剩余氨水与浮选水 2：1 混合后的处理结果　　　单位：mg/L

时间/d	1	2	3	4	5	6	7	8	9	10	11
入水氨氮的质量浓度	490	480	600	585	660	595	600	590	595	650	600
出水氨氮的质量浓度	0	0	11.5	0	0	0	5.8	5.8	9	5.8	13.5
入水COD的质量浓度	3500	2500	2600	2300	4000	2300	2500	3050	3000	2400	3800
出水COD的质量浓度	74	58.5	77.5	29	38	32	15	40	12	0	55

3. 分析与讨论

本试验与有关资料表明，HSB菌群具有如下特征与效果。

（1）HSB耐受废水中有毒有害物质的浓度较高

常规焦化废水硝化-反硝化技术要求进水 $NH_3-N<250mg/L$，而HSB微生物菌群采用了生物筛选、驯化技术处理，提高了抑制物浓度。系统在抑制物浓度远高于常规生化系统抑制物浓度的条件下，仍能保持正常的运行和去除，充分体现了其高分解力以及抗冲击性强的优点。

（2）剩余污泥产生量少，出水脱色效果好

特有的纯生物分解链构成，使系统剩余污泥产生量很少。在为期7个月的试验过程中，没有排过一次污泥，且出水悬浮物含量低，脱色效果好，远超出活性污泥法的出水脱色效果。初步分析认为主要与以下两个因素相关：a.废水色度除了与SS有关外，还与苯环有关。一般生化法及硝化-反硝化生物脱氮法虽然对两环以下芳烃，尤其是两环以下杂环化合物如吡啶等有机物具有一定的降解能力，但对两环以上，尤其是多环芳烃（PAH）基本上无降解及开环效果。所以，处理后出水色度不好。b.HSB中具有絮凝能力的微生物。这种微生物有很强的絮凝性，能将废水中的微生物残骸、难降解的有机物（如BaP等）及一些固态悬浮物絮凝沉淀下来，而且作为微生物絮凝剂的物质，其相对分子质量在10万以上，具有可生化性，又被微生物所分解利用，从而实现了剩余污泥量少、脱色好的目的。

（3）脱氮无需补加碳源

该中试采用的是O/O/A流程，且在好氧B池后没有设置沉淀池，泥水一起自流入兼氧C池，在C池完成缺氧脱氮。该流程与通常生物脱氮流程有所不同，因为在前两级硝化过程中，COD已大幅度降低，在C池已不能提供充足碳源，但试验结果仍取得好的脱氮效果。其原因可能是：a.微生物在缺氧脱氮段充分利用了在好氧情况下合成的降解酶；b.HSB微生物的适应性强，具有独特降解特性。该特性有待进一步研究。

（4）运行成本与估算

根据资料介绍生物流化床应用于焦化废水处理加碱量为1.60kg/t，常规硝化-反硝化工艺加碱量为2.5kg/t，HSB技术处理焦化混合废水加碱量0.5kg/t，该技术比较适合于在焦化厂原有废水处理工艺上进行改造，基建投资少、加上高效率及低的运行成本，所以有较好的推广应用前景。

4. 试验总结

（1）经HSB技术处理后的焦化废水各项污染因子完全达到有关要求，且其总氮去除率高，出水 NO_3^- 及 NO_2^- 较低，明显优于传统的生物脱氮工艺。

（2）HSB菌种固化、驯化期短，系统启动快，出水达标的时间短；菌群抗冲击能力强，受到冲击后恢复较快。经过验证系统长期停车后能够完全恢复，达到原有的功能。

（3）现有中试处理系统能有效处理煤化工公司主要废水，包括蒸氨废水、浓酚水、精苯废水等。该工艺系统抗冲击性强，停车后恢复时间短，水质在一定范围内的变化对处理效果无明显影响，出水水质稳定，出水色度低，可实现废水资源化利用，具有工程应用价值的生化处理技术。

（4）由于该试验流程立足于在现有焦化行业普遍采用的两段曝气运行工艺进行改造，最大限度地利用了原有设施，改造费用低；试验时没有剩余污泥和未加水稀释，故可大大降低预处理费用和投资。

（5）与常规硝化-反硝化菌一样，HSB微生物仍然需要适宜的条件。硝化-反硝化温度：25～35℃，DO：好氧2～4mg/L、兼氧小于0.5mg/L，pH值：6～9。

（6）由于试验与工程应用之间尚有一定距离，本试验仅为中试过程，对于具有一定特殊性的其他焦化废水的情况以及该技术应用于焦化废水处理的工程化应用等问题，尚需在实践中进一步工程化与完善研究。

（二）高效微生物强化技术应用效果与作用分析

高效微生物的生物强化技术就是为了提高废水处理系统的处理能力而向该系统中投加从自然界中筛选、培育、驯化或通过基因组合技术形成优势高效菌群。通过高效微生物菌。群以改善处理系统提高废水处理净化能力。该技术已公认为焦化废水处理中最经济、有效的方法。

1. 废水水质与污泥培养和驯化

（1）废水水质与工艺流程

浙江某焦化厂是以炼焦为主的焦化企业，年产焦炭 55×10^4 t，废水产生量为 $25 \sim 40 \mathrm{m}^3/\mathrm{h}$，经蒸氨和除油处理后，废水水质见表3-33。

表3-33　焦化废水水质

污染物	水质	污染物	水质
COD/（mg/L）	1500～3500	SS/（mg/L）	500
氨氮/（mg/L）	800	油/（mg/L）	30
挥发酚/（mg/L）	600	pH值	9～10
SCN⁻/（mg/L）	300		

废水处理工艺采用O/A/O法，总体分为两段，为初曝系统和二段生化系统，从功能上，初曝气系统是对焦化废水进行预处理，为生物脱氮提供一个稳定适宜环境；二段生化系统主要是生物脱氮和去除其他剩余污染物。又分为兼氧反硝化、好氧硝化和COD去除两个部分。

（2）高效微生物的添加

添加的高效微生物菌种是一种新型高效微生物制剂，由40多个属的100多种微生物组成，其中的微生物都是经过分离和驯化处理的，对各种污染物有很强的忍耐和降解作用。高效微生物对主要污染物的耐受范围见表3-34，添加的位置是初曝池和好氧池。在系统中添加活性炭作为微生物的载体，为菌种提供一个良好的生长条件，使微生物尽快形成菌体胶团。

表 3-34　高效微生物对主要污染物的耐受范围　　　单位：mg/L

有毒物质	常规生化抑制质量浓度	高效微生物抑制质量浓度	有毒物质	常规生化抑制质量浓度	高效微生物抑制质量浓度
CN⁻	<20	<300	酚	<100	<1000
SCN⁻	<36	<400	甲醇	<150	<2000
NH₃	<200	<5000	甲醛	<6000	<20000
NO₃⁻	<5000	<15000	油脂	<50	<200
NO₂⁻	<36	<400	氰酚	<0.1	<100
S²⁻	<150	<5000	硫	<30	<200

（3）污泥培养和驯化

针对焦化废水的毒性物质较多且碳氮比严重失调的特点，在污泥形成初期，每两天补加 40m3 废水，另外投加一定量的白糖和磷酸二氢钾以提高废水的碳氮比和补充营养物质，给微生物提供一个良好的生活和繁殖环境，培养时间为 3 周。

污泥培养结束后，逐步提高污染物浓度对污泥进行驯化。控制进水水量为 40m³/h，开始废水流量控制在 6m³/h，根据各段水质变化，逐步提高废水流量，降低配水量，总进水量始终控制在 40m³/h。

2. 运行效果

（1）酚的去除

挥发酚对多数微生物具有毒害作用，但在低浓度下又可以很快地被微生物分解利用，是一种速效碳源。由于挥发酚对硝化反应有很强的抑制作用，因此挥发醇的去除设定在初曝系统中完成。进水中挥发酚的质量浓度要控制在 600mg/L 以下，最高不应超过 800mg/L，否则要做稀释处理。实验证明，在初曝系统中，当溶解氧在 1mg/L 以上时，通过 4～6h 的曝气，挥发酚基本可以完全去除。表 3-35 给出了工程调试过程中酚的去除效果。在整个运行过程中，没有出现酚超标的情况。可见设定在初曝系统去除酚在工艺上是可行的，只要控制好进水中酚的浓度，去除效果是可以保证的。

表 3-35　高效微生物对酚的去除效果　　　单位：mg/L

时间/d	1	2	3	4	5	6	7	8	9
进水	579	568.6	597.6	576	502	502	569	504	625.6
初曝出水	0.7	2.3	0	0	5.2	0	2.2	1.7	7.78

（2）硫氰酸根的去除

氰化物的存在将抑制菌种的正常代谢反应，特别是生物硝化和反硝化脱氮作用。但在实验和实际运行中都证明通过较短时间的曝气就可以将硫氰酸盐降低到足够低的程度，因此硫氰酸盐的去除也设计在初曝系统。工程运行中证实：经过4～6h的曝气，基本可以完全去除硫氰酸根，消除了硫氰酸根对好氧脱氮的影响。

（3）氨氮的去除

焦化废水处理中比较重要的是氨氮的脱除，国家一级排放标准明确规定氨氮间接排放不得超过15mg/L，直接排放不得超过10mg/L。在该工艺中氨氮的去除主要设计在二段生化系统，由好氧硝化和兼氧（厌氧）反硝化及污泥回流系统组成。为了降低处理成本，充分利用废水中的碳源，将厌氧反硝化进行了前置处理。通过初曝预处理和前置反硝化处理，进入好氧阶段的COD质量浓度一般在200～300mg/L，有利于硝化作用的进行。在硝化作用阶段，通过添加氢氧化钠来调节系统pH值，使其维持在7.5～8.0之间。另外好氧硝化对进入系统的碳源反应比较敏感，一旦进入系统的COD超过300mg/L，硝化作用就会受到限制，系统出水氨氮明显上升。但是控制反硝化阶段COD降解难度比较大，只有控制初曝系统，合理地调控系统COD降解效率是控制硝化和反硝化的关键。

通过调试和运行证明，氨氮的去除率可以达到98%以上。当进水氨氮低于600mg/L时，出水氨氮甚至可以控制在接近0。

（4）COD的去除

焦化废水含有大量有机污染物，其中很大一部分对生物有抑制作用，很难被生物降解，但高效微生物菌种对各种有机污染物的耐受性能及降解效能都比普通微生物的性能好，通过系统运行发现，经过两段好氧和厌氧的生化处理后，COD基本可以控制在100mg/L范围内。运行过程中发现，约有40～70mg/L的COD无法彻底去除。出水中的COD除不可降解的部分外，主要是悬浮颗粒，包括老化淘汰的菌体、死亡菌体的细胞碎片、系统中脱落的活性炭颗粒等。要使出水COD稳定合格，必须保证二沉池处理系统稳定，避免大的波动。

（5）系统运行中出水水质

系统经近2年的调试运行，出水水质都能达到设计要求，系统运行中出水水质见表3-36。

表3-36　出水水质

COD$_{cr}$	NH$_3$-N/（mg/L）	挥发酚/（mg/L）	氰化物/（mg/L）	SS/（mg/L）	pH值
<100	<15	<0.5	<0.5	50	9～10

3. 效果与分析

（1）在系统中添加高效微生物菌群，培养形成高效活性污泥，在系统中形成高效污染物降解链，可有效对废水中有害物质进行降解。培养形成的高效活性污泥沉降性能佳、紧密度高、稳定性好、污泥产量少，说明高效微生物作用显著。

（2）采用好氧预曝处理，可有效去除废水中对生物脱氮影响较大的酚、氰等物质，同时可以适当控制进入生物脱氮系统的COD的量，使硝化作用顺利进行，减少废水水质对生物脱氮的影响。

（3）反硝化前置，可以很好地利用系统中的碳源，不必外加碳源进行反硝化，降低了脱氮成本；还可以充分利用反硝化产生的碱度。微生物在好氧硝化过程中需要大量的碱度中和硝化产生的 H^+。从理论上讲，1g 氨氮需要 7.57g 碳酸钙碱度，而在反硝化过程中，微生物又会释放出大量 OH^-，在反硝化前置的情况下，反硝化产生的碱度会直接进入后面的好氧硝化系统，这样就减少了好氧对碱度的需求。理论和实践都证明，反硝化前置可以明显减少碱的用量，最高可以减少 30%～45%；系统中可利用碳源被反硝化利用后，可以为好氧硝化提供一个良好的低碳环境。研究证明当系统中存在可利用碳源时硝化作用会受到抑制，当 BOD 质量浓度在 50mg/L 时，硝化作用就明显被抑制，严重时硝化作用还可以被完全停止。经过兼氧反硝化后，系统中可利用碳源被大量消耗掉，就为好氧硝化菌提供了一个很好的低碳环境，促进了硝化进行。前置反硝化可以充分利用系统中的碳源和产生的碱度，但好氧产生的硝酸盐和亚硝酸盐需要从好氧段返回兼氧段，因此脱氮效率就受到了回流比的影响。理论上说，回流比越高，从后段返回的硝酸盐和亚硝酸盐越高，脱氮效率也就越高。但实际操作中，回流比一般不会超过 1：6，理论脱氮率也就受到了限制，但综合考虑，前置反硝化不论在理论上还是在实践中都具有很高的运行效率。

（4）好氧硝化是生物脱氮的关键，由于硝化菌对环境因子反应比较敏感，特别是对废水中的一些污染因子，因此在设计中应充分考虑硝化系统的稳定性，经过前面初曝处理，消除了大部分对硝化有害和有抑制作用的污染因子，经过兼氧后，又为硝化提供了一个很好的低碳环境，硝化作用运行良好，氨氮转化率最高达 99% 以上。

经过驯化的高效微生物菌群对焦化废水中主要污染物有很好的去除效果。采用 O/A/O 工艺，合理地控制条件，出水水质可达到国家一级排放标准。从运行费用上来看，该工艺主要费用在电力消耗和硝化作用加碱费用上，对于焦化废水处理来说，是经济的。

（三）自固定化高效菌强化工艺应用效果与作用分析

众多研究证明 HSB 法对提高焦化废水净化效率确有实效，投加高效菌种可有效地增强生物反应器对难降解有机物的降解能力，但由于高效菌种具有优先降解易降解基质，投加后环境条件的改变使菌种降解活性退化。微生物固定化技术可以选择性地提高泥龄，具有对高效菌种保持活性的作用。

1. 试验过程与检测

（1）处理用水

① 焦化废水处理水样取自首都钢铁公司焦化厂回收车间曝气池进水口，测得 COD 为 1532mg/L，喹啉为 112mg/L，TOC 为 372mg/L。

② 喹啉配水以喹啉为唯一碳源，加入适量硫酸铵和磷酸二氢钾作为氮和磷源，以自来水配制而成。实测喹啉为 411mg/L，COD 为 1060mg/L，TOC 为 381mg/L。

（2）高效菌种驯化方法

取处理焦化废水厌氧酸化-缺氧-好氧工艺好氧段污泥（简称菌 J），以喹啉配水进行间歇驯化4个月。此时接种污泥经自生异化形成能够高效降解喹啉类物质的混合菌种（简称菌Q）。

（3）高效菌种自固定方法

以间歇式生物流化床处理喹啉配水来固定菌种，载体为0.28～0.6mm陶粒。流化床运转1个月，单元陶粒上附着相菌种量以VSS计达到20.4mg/g。悬浮相高效菌种简称菌Q_S，附着相高效菌种简称Q_A。

（4）反应器及运行条件

采用4个500mL锥形瓶作为间歇反应器处理焦化废水。摇床保持28℃和200r/min。每天换水1次，先排泥10mL，然后将混合液离心弃上清液，加入待处理水样。阶段A（1～5d）混合液体积为100mL，污泥龄为10d；阶段B（26～50d）混合液体积为50mL，污泥龄为5d。反应器Ⅰ为空白反应器，只接种菌反应器Ⅱ、Ⅲ、Ⅳ除接种菌J外，以3种方式一次性投加菌Q。以期强化处理焦化废水中喹啉类物质。反应器Ⅲ、Ⅳ由于投加陶粒填料，构成复合反应器。

2. 效果与分析

（1）悬浮相与附着相菌Q活性比较

分别做瓦呼仪（瓦勃氏呼吸仪）实验测定悬浮相菌Q和附着相菌Q对喹啉及焦化废水的降解活性，结果表明，菌Q对喹啉和焦化废水都有较好的降解活性。当喹啉浓度为100mg/L时，其降解速率初始即达到最大值，3h内已接近最大降解量。当喹啉浓度为500mg/L时，其最大降解速率出现在3～7h，在10h内接近最大降解量。而当喹啉浓度为1000mg/L时，延滞期较长，7h后才达到最大降解速率，23h时仍在继续降解。但其对喹啉的最大降解量约为75%。

（2）投加方式对菌种活性保持的影响

①进、出水的COD变化 运行过程中各反应器总体运行效果相当，这主要是因为反应时间较长，各反应器都能达到最大降解程度的结果。接种污泥经运转驯化很快适应了反应器内的基质浓度，去除率达60%左右。

②污染物降解历程 进一步考察污染物的降解历程。在阶段A，泥龄为10d，反应器Ⅰ同Ⅱ、Ⅲ、Ⅳ相比，TOC和喹啉的降解都比较慢，而Ⅱ、Ⅲ、Ⅳ的降解历程相近，这说明在泥龄长时，所投加菌种在反应器中起一定的作用。在阶段B，泥龄为5d，反应器Ⅲ和Ⅳ的TOC和喹啉的降解明显快于Ⅰ和Ⅱ，而Ⅰ和Ⅱ的降解历程相近，这表明在泥龄短时，所投加的悬浮相菌Q已不起作用，而固定化菌种仍在起一定的作用。反应器Ⅲ中喹啉降解菌在A阶段可附着在陶粒上，从而在B阶段反应器Ⅲ的喹啉降解菌活性高于反应器Ⅱ。

③污泥浓度的变化 阶段A反应器总污泥浓度基本相同，而在阶段B反应器Ⅳ总污泥浓度明显高于其他3个反应器。由于反应器内水流紊动较剧烈，菌种脱落量大，反应器Ⅲ附着相菌种增加较慢。反应器Ⅳ附着相菌种量则降到14.3mg/L后稳定下来。反应器负荷不变，泥龄降低后，反应器Ⅲ附着相菌种浓度继续增大，反应器Ⅳ附着相菌种浓度则近乎不变，而悬浮相菌种浓度则随泥龄的降低大幅度降低。

因此，吸附自固定化使高效菌种定向保持在反应器中，克服了高效菌种增殖较慢的缺点，提高有效菌种活性能力。

上述试验结果表明：

①降解喹啉高效菌种投加于处理焦化废水的好氧污泥中可强化其对喹啉和焦化废水的降解能力。

②降解喹啉高效菌强化活性污泥法处理焦化废水时，如投加附着有高效菌种的陶粒或同时投加悬浮相高效菌种和空白陶粒，比只投加悬浮相菌种时净化效果明显改善，前者因构成复合反应器形式，而与泥龄变化无关。因此在泥龄较低时，仍能保持一定的高效降解活性。

四、组合工艺应用效果与作用分析

组合工艺对提高焦化废水中难降解有机物的降解能力和净化效果，已被众多工程实践所证实。目前，组合工艺技术研究非常活跃，已形成众多技术组合和工艺集成，现择其主要予以研究分析。

（一）SBR/A/O/O生物脱氮工艺组合与应用分析

在稳态情况下硝酸菌和亚硝酸菌是同时存在的，对于连续流A/O/O生物脱氮工艺来说，由于亚硝化过程受诸多因素的影响，要使硝化过程只进行到亚硝酸盐阶段而不再进入到硝酸盐阶段，并达到较高的亚硝化率，其要求的控制条件较高，若控制不当则难以实现亚硝化脱氮。

试验结果发现，在间歇曝气反应器中，亚硝化反应过程和硝化反应过程是先后进行的，即只有当大部分氨氮被转化为亚硝酸后，硝化反应才开始进行。因此，为控制亚硝化率，使A/O/O工艺中的亚硝化段改作以SBR的操作方式运行，称为SBR/A/O/O工艺。试验结果表明，当亚硝化阶段以SBR方式运行时可有效控制亚硝化率，并且可使控制过程简单化。此外，由于SBR工艺还具有运行比较灵活，亚硝化过程和反硝化过程可在同一个反应池内进行，工艺流程缩短，处理构筑物的数量减少，设备少，可降低基建投资等特点。

1. 基本工艺流程与特点

（1）基本工艺流程

反硝化过程（A段）和亚硝化过程（O_1段）均按间歇（SBR）方式运行，并且亚硝化过程（O_1段）和反硝化过程（A段）在同一个反应池中按照时间顺序分别完成；硝化过程（O_2段）按连续流程运行。其中A/O_1反应段通常采用活性污泥法，O_2段宜采用生物膜法。

（2）工艺特点

采用SBR/A/O/O生物脱氮工艺处理焦化废水，既经济可靠，又可达到良好的亚硝化及脱氮效果，此外，还具有如下特点。

①直接利用原废水中的有机物作为反硝化时的碳源，可节省能源；

②在亚硝化段可不设置污泥、废水回流设备及沉淀池等，占地少，基建投资省，动力消耗少；

③操作简单灵活，可任意调整反应运行时间来控制处理负荷；

④可实现高污泥浓度运行，耐冲击负荷强，处理效果好；

⑤可完全实现计算机的自动化程序控制。

2. 工艺运行过程与结果

SBR/A/O/O生物脱氮工艺的反应机理以及污染物的去除机理和连续流A/O/O生物脱氮工艺完全相同，而仅仅是操作运行方式不同。

反硝化脱氮过程（A段）和亚硝化过程（O_1段）是在同一'个反应器内完成，称为A/O_1段，A/O_1段的基本运行模式。硝化过程（O_2段）是在另外一个反应器内完成，称为O_2段。

A/O_1，段的工艺过程是由进水阶段、脱氮（反硝化）阶段、亚硝化阶段、沉淀阶段、排水阶段和闲置阶段6个基本过程组成。从废水流入反应装置开始到排水结束止为一个处理周期，这种操作周期周而复始地反复进行以达到不断进行亚硝化和脱氮之目的。以下对这6个过程的功能与特征分别介绍。

（1）进水过程

进水过程是反应池接纳废水的过程。反应池内剩余的活性污泥混合液起着连续流工艺中的回流污泥和回流水的作用。

（2）脱氮（反硝化）过程

在缺氧搅拌的条件下，异养型兼性菌利用原水中的碳源将剩余混合液中的$NO2—-N$还原成氮气而去除，同时也将降解掉一部分有机物。反应过程可用下式表示：

$$NO_2^- + 3H（氢供给体-有机物）\rightarrow 0.5N_2 + H_2O + OH^-$$

（3）亚硝化过程

在亚硝化过程中，不断向反应池中充氧，使自养型硝化细菌在好氧的条件下将氨氮氧化为亚硝酸盐，同时也将降解部分有机物。反应过程可用下式表示：

$$NH_4^+ + 1.5O_2 \rightarrow NO_2^- + H_2O + 2H^+$$

$$有机物 + O_2 \rightarrow 新细胞 + CO_2 + H_2O$$

（4）沉淀过程

沉淀过程主要是进行泥水分离。通常在活性污泥状态良好的情况下，静态沉淀要比动态沉淀效果好，而且需要的沉淀时间也短。SBR工艺的沉淀过程正是一种静态沉淀。

（5）排水过程

排出沉淀后的上清液，恢复到处理周期开始前的状态。对于A/O_1反应装置来说，其中的大部分污泥和上澄液可作为下一个处理周期的回流污泥和回流水。

（6）闲置过程

闲置是排水后到下一个周期开始进水期间的一个时间过程。闲置时间可有可无，可长可短，它是根据整个过程的具体情况而定。

由于从A/O_1段排出废水中还含有较高浓度的NO_2^--N和一部分未被降解的有机物，因此还需经过O_2段的进一步氧化和降解，使NO_2^--N转化为NO_3^--N，有机物被彻底降解后排放。O_2段常按连续流工艺方法运行。

通过上述生物脱氮组合工艺分析说明，生物脱氮工艺组合的合理性是非常重要的，但最终的工艺选择是与废水特性、氨氮浓度、经济状况、现场条件以及管理水平为依据，宝钢焦化厂的焦化废水处理过程的实践，就是由最初从日本引进的萃取（蒸氨）脱酚-生化处理-活性炭吸附工艺，逐步演变为A/O工艺、A/A/O工艺、A/O/O工艺，其运行费用由最初的大于8元/m³废水，下降到6元/m³左右废水。且最初外排废水中COD有时不达标，NH_3-N全部不达标，自改成A/O/O工艺后，COD与氨氮外排达标问题有明显改善。

（二）三相流化床与A/O²工艺组合与应用分析

1. 废水来源与水质

韶钢焦化厂焦炭生产规模为$1.00×10^6$t/a，工业废水来源主要包括硫氨废水和浓氨废水，原焦化废水水量为50m³/h左右，该系统还接纳了煤气水封水、冷却水等其他4股废水，废水总量约为70m³/h。为防止废水中高浓度NH_4^+-N对微生物的毒害和抑制，采取了加碱蒸氨方法，使处理站进水基本达到设计要求。

2. 工艺流程与设计参数

根据废水特点和环保要求，设计预处理、A/O₂生化处理、过滤沉淀的组合工艺，其工艺主要流程如图3-21所示。

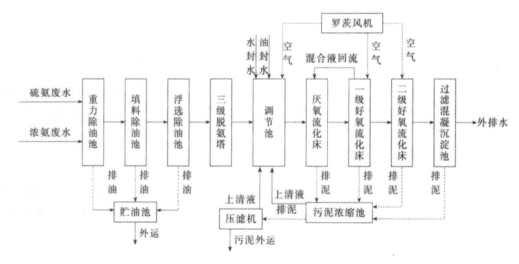

图3-15　废水处理工艺流程

从图3-15可以看出，废水经除油、脱氨预处理后进入调节池，然后进入生物处理系统，依次经过厌氧流化床、一级好氧流化床和二级好氧流化床除去COD、酚、NH_4^+-N、氰等污染物，生物处理阶段出水经陶粒滤料除去较大颗粒的污泥絮团后，投加少量药剂，经混凝反应与沉淀分离，使出水稳定达标排放。

3. 处理过程主要污染物降解状况

处理过程中各工艺阶段的COD、挥发酚、氨氮及氰化物检测值、平均去除率见表3-37。

表 3-37　各工艺段主要污染物平均去除率

工艺段名称	COD		挥发酚		氨氮		氰化物	
	平均值 /（mg/L）	平均去除率	平均值 /（mg/L）	平均去除率	平均值 /（mg/L）	平均去除率	平均值 /（mg/L）	平均去除率
进水	3557.40	—	805.27	—	281.24	—	16.00	—
A 进水	1968.34	—	423.43	—	101.31	—	3.69	—
A 出水	1732.93	12.0%	368.68	12.9%	138.75	-37.0%	1.14	69.1%
O_1 出水	519.87	70.0%	3.05	99.2%	55.76	59.8%	0.36	68.4%
O_2 出水	258.64	50.2%	0.27	9.1%	19.64	64.8%	0.21	41.7%
滤池出水	128.64	50.3%	0.26	3.7%	13.41	31.7%	0.14	33.3%
外排水	86.10	33.1%	0.23	11.5%	11.65	13.1%	0.08	42.9%

4. 运行状况与结果

分析检测数据表明，采用三相流化床与 A/O^2 工艺组合处理后出水酚、氰、氨氮、油、硫化物、COD 等污染物指标均能达到直接排放或回用要求。其运行实测数据见表 3-38。

表 3-38　运行实测数据

污染物指标	焦化废水原水		生物系统进水		生物系统出水		外排水	
	4 月	5 月	4 月	5 月	4 月	5 月	4 月	5 月
COD	3565	3618	2252	2111	149	136	92.8	89.7
酚	748	802	503	465	0.23	0.21	0.21	0.20
氰	46.8	51.3	33.4	32.8	0.03	0.02	0.03	0.02
NH_4^+-N	216	231	96.4	101	7.87	8.05	7.65	7.98
硫化物	53.4	62.4	38.6	40.3	0.14	0.15	0.12	0.12
油	116	125	35.8	30.2	0.05	0.05	—	—
SS	95.4	85.6	96.7	88.5	28.6	27.9	5.23	5.01

试验结果表明：

（1）采用生物三相流化床 A/O^2 组合工艺处理韶钢焦化废水，可以在设计负荷条件下稳定运行，生物处理系统出水平均 COD、酚、氰、NH_3-N、硫化物、油、SS 分别为 142mg/L、0.22mg/L、0.03mg/L、7.96mg/L、0.14mg/L、0.05mg/L、28.3mg/L。

（2）厌氧流化床能有效提高废水的可生化性能，经厌氧流化床处理的焦化废水B/C平均值由0.30提高到0.45，一级好氧流化床能高效降解有机污染物，对COD、酚的平均去除率分别达到86.5%、99.9%，平均处理负荷分别为3.97kg/（$m^3 \cdot d$）和1.01kg/（$m^3 \cdot d$）；二级好氧流化床能培养出高效的硝化菌，出水NH_4^+-N浓度稳定在15mg/L以下，平均去除率为89.9%。

（3）由于好氧流化床三相分离器的成功组合，实现了反应器中的HRT与SRT的完全分离，使整个系统没有污泥回流，与目前常见工艺相比，工程体积可减小50%～60%，降低运行费用30%以上。实践证明，采用生物三相流化床A/O^{2}组合新工艺，在提高焦化废水生物可降解性、高负荷去除有机物、培养高效脱氮硝化菌的耦合协调方面体现出显著的优势。

（三）A/O/MBR工艺组合与应用分析

MBR（膜生物反应器）应用于焦化废水处理是近几年研究与开发的高新技术。是实现焦化废水处理回用与"零排"的最有效技术之一。

1. 膜生物反应器的种类和特征

膜生物反应器有膜-曝气生物反应器、萃取膜生物反应器、膜分离生物反应器3类。在废水处理中用的多为与活性污泥过程结合的膜生物反应器（MBR）。在这里膜组件相当于传统活性污泥处理中的二沉池，进行固液分离。截流的污泥和未降解的大分子物质将回流（或留）至生物反应器中，透过水离开体系。

按膜组件和生物反应器的相对位置，MBR可分为分置式（或旁流式，Side-stream）和一体式（或浸没式，Submerged）2种。

在分置式MBR中生物反应器内的混合液由栗增压后进入膜组件。透过侧通常为常压。滤液在压力差作用下透过膜。为了控制浓差极化和膜污染，料液需以错流高速流经膜面，能耗较高。

在一体式MBR中，膜组件直接浸在曝气反应池中，通过透过侧的抽吸形成膜两侧的压力差，为减少膜孔堵塞，常采用间歇抽吸法。抽吸过滤8min后，停2min，释放污堵物。利用曝气形成向上流动的气-液混合物，使截留组分不易沉积在膜面上，为此反应池内的曝气量比普通活性污泥池大得多。

根据与膜相耦合的反应器是好氧还是厌氧过程，又有好氧膜生物反应器（Aer-obic MBR）及厌氧膜生物反应器（Anaerobic MBR）。根据进、出物料是连续还是分批式又有连续式和分批式MBR之分。建立在传统的硝化（好氧）、反硝化（厌氧）工艺上进行脱氮的膜生物反应器，可以采用好氧、厌氧分别在两只反应槽中进行的两级过程。当脱氮要求高时，还可以采用两段操作。好氧和厌氧过程也可以在同一反应槽中分时进行：进水按先厌氧后好氧（需要时可再循环）程序分批进行，称为序批式反应器（Sequencing Batch Reactor，SBR）。

在MBR中污泥龄（SRT）和水力停留时间（HRT）是完全独立的，可以在短HRT和长SRT下操作。由于膜的截留作用，反应器内可保持高生物质浓度。在城市废水处理中，污泥浓度可高至25000mg/L，在某些工业废水处理中甚至可高达80000mg/L，

从而可大大减少反应器的体积并有很高的处理效率

目前MBR技术的最大缺点是膜的费用较高。但由于净化效能优势显著，因此目前MBR技术已大规模应用于工程实践中。

2.A/O/MBR工艺组合应用与分析

焦化废水的氨氮、COD处理达标排放是长期存在的技术难题，膜生物反应器（MBR）处理高氨氮废水具有很大的优越性：首先MBR内高浓度活性污泥可以加快氨氮和有机物的降解速率提高处理效率；其次MBR有利于增殖世代时间长，减少硝化菌的流失，加快硝化速率。兰州交大环境与市政工程学院高宇学曾对高氨氮NH_3-N为1635.9mg/L的人工配水在A/O/MBR处理系统中，其容积负荷为1.5kgNH_3-N/（$m^3 \cdot d$）时，出水氨氮平均值为0.58mg/L，硝化率长期稳定在99%以上。天津大学环境科学与工程学院刘静文等人曾对某工业废水含氨氮2000mg/L时进行试验，当工艺运行稳定时，出水氨氮平均浓度值为3mg/L以下，氨氮容积负荷可达1.11kgNH_4^+-N/（$m^3 \cdot d$）。冶建总院刘玉敏、许雷在宣钢焦化厂进行工程中试试验表明，在不加稀释的条件下，采用物化预处理-生化-MBR工艺，可取得满意的效果。

（1）试验废水水质与处理工艺流程

现场中试用水采用某焦化厂的焦化原水，其成分复杂，水质波动大，并含有大量有毒有害物质，特别是在中试试验期间正是该厂新建焦炉的投产调试阶段，水质很不正常，波动特别大。试验期间的原水水质见表3-39。废水pH值为6.5～10.0，均值为8.0，废水温度为25～35℃，均值为30℃。

表3-39　焦化厂原水水质

时 段	COD/（mg/L）		NH_3-N/（mg/L）	
	范围	均值	范围	均值
新焦炉投产前正常运行阶段	2700～3500	3200	205～360	270
新焦炉投产后调试阶段	4400～5800	4700	160～2000	680

物化预处理是物化技术的组合，包含化学反应、氧化还原反应、过滤、混凝沉淀等处理。其关键设备是物化反应器，内装有复合填料，并根据水质不同进行单元组合，加入复合药剂。废水中的污染物在物化反应器中发生一系列的化学反应和氧化还原反应，从而使污染物降解。

中试装置生物处理部分的工艺设计完全模拟焦化厂现有处理系统A/O工艺的设计参数。经物化预处理后的废水依次进入厌氧池和好氧池，在此废水中的大部分有机物被降解。NH_3-N在好氧池内硝化，在厌氧池内反硝化。好氧池出水混合液回流到厌氧池。

生化出水从好氧池流入膜生物反应器（MBR）进行固液分离，清水从膜内抽出。膜组件采用抗污染的聚偏氟乙烯（PVDF）中空纤维膜，帘式结构。膜的截留作用延长微生物在系统中的停留时间，提高污泥浓度，增强系统对水力负荷和污染物负荷变化的适应性。大部分污泥回流到好氧池，剩余污泥排出。

（2）试验结果与比较

①COD的去除效果新焦炉投产前稳定运行期间中试处理系统的进、出水COD有变化，其中，COD最高为3842mg/L，最低为2217mg/L，平均浓度为3206mg/L，而出水COD稳定在150mg/L以下，平均浓度为98mg/L，平均去除率达96.9%。

新焦炉投产后的调试阶段，系统进水COD在3549～8217mg/L剧烈波动，平均值到了4710mg/L，该阶段中试系统出水的COD平均为256mg/L，去除率保持在94.6%左右，虽然进水中极高的NH_3-N浓度干扰了生物系统的运行，但中试处理仍然保持了较高的COD去除率。

②NH3-N的去除效果新焦炉投产前中试系统对氨氮的处理效果为：

进水氨氮质量浓度为202～367mg/L，平均281mg/L，出水氨氮平均质量浓度为13mg/L，平均去除率达95.2%。

新焦炉投产后的调试期间进水氨氮波动剧烈，最高值为2010mg/L，最低为524mg/L，平均达到了855mg/L。

在NH_3-N高负荷冲击下，中试系统出水氨氮平均浓度为181mg/L，平均去除率78.8%，这说明该系统对氨氮的去除效果较稳定，抗冲击能力较强。

③处理效果比较该处理工艺与该厂已有的处理工艺（A/O法+物化深度处理）相比，有明显效果，比较结果见表3-40。

表3-40　处理效果比较

项目		新焦炉投产前（正常生产阶段）		新焦炉投产后（调试阶段）		
		A/O工艺	A/O/MBR工艺	A/O工艺		A/O/MBR工艺
COD/ (mg/L)	平均进水	3197	3206	4724		4710
	平均出水	148	98	689		256
	去除率/%	95.3	96.9	85.4		94.6
NH_3-N/ (mg/L)	平均进水	276	281	637		855
	平均出水	33	13	268		181
	去除率/%	88.0	95.2	60.2		78.8

五、深度处理技术应用效果与作用分析

由于目前焦化厂生化处理后出水的COD、氨氮含量仍然较高，回用于湿熄焦或作为其他回用冲渣时必然会使废水中的氨氮及部分有机物散发到空气中，感官刺激强烈，形成较大的二次污染；一些焦化厂对焦化废水引入烧结混料用水，焦化废水中的污染物在高温煅烧中可以得到部分炭化分解，可减少部分二次污染。运行中反馈

的主要问题是焦化废水的气味使得工作环境恶化，同时废水的含油量不稳定对烧结配料添加水喷头有影响。

太钢焦化厂将传统A/O处理系统改造强化深度处理后出水达到一级排放标准，废水全部回用，其中部分废水回用于高炉冲渣，现场基本闻不到刺激气味。因此，进行深度处理非常必要，降低废水COD及氨氮浓度，可大大改善在废水回用中对用水设备的保护和对操作环境的不良影响。

焦化废水深度处理既要去除生化后排水中剩余的有机物、油、悬浮物，同时还要去除废水中的Cl^-、SO_4^{2-}，降低硬度与Fe^{3+}等阴阳离子，以满足废水回用水质要求，否则会引起设备结垢、腐蚀、堵塞等现象，形成生产安全隐患。

根据HJ 2022-2012《焦化废水治理工程技术规程》规定：1.生化处理后送熄焦、洗煤和炼铁冲渣等的废水，可不进行深度处理；2.用作循环冷却水系统的补充水，必须进行深度净化处理，"应脱除焦化废水中所含的残留的有机污染物、无机盐，包括其中富含的氯离子"，目前深度净化技术研究非常活跃，现选择其中较为成熟的和有显著效益的予以研讨。

（一）有机物去除技术与作用分析

焦化废水深度去除有机物技术主要有：臭氧氧化法、电化学氧化法、Fenton试剂氧化法、吸附法、生物化学法、膜法。

1. 臭氧氧化法

O_3可以通过直接和间接2种方式与物质反应：直接反应是一个反应速率常数很低的选择性反应；而间接反应是指利用臭氧在水中产生的强氧化物质—OH氧化水中有机物等污染物质，该反应是一个非选择性的即时反应。臭氧氧化法可以降低废水色度、脱除臭味，而且臭氧反应后生成氧气，无二次污染。雷霆等采用混凝联合O_3、O_3/UV深度处理焦化废水生化出水，接触时间80min，臭氧投加量2.8g/L、UV照射强度为30W，对TOC、COD、色度和UV_{254}的去除率分别达到91.8%、73.1%、96.1%和97.6%，相应的出水值分别为5.9mg/L、60mg/L、40倍和$0.081cm^{-1}$，并且O_3和紫外线协同作用效果更加明显。用臭氧氧化法处理焦化废水效果显著。

2. 电化学氧化法

电化学氧化处理技术的基本原理是使污染物在电极上发生直接电化学反应，或利用电极表面产生的强氧化性活性物质使污染物发生氧化还原转变。这种方法设备占地小，易自动控制，不产生二次污染。张垒等利用电化学氧化耦合絮凝技术深度处理焦化废水，研究了电流密度、pH值、水力停留时间（HRT）和絮凝剂投加量对COD去除效果的影响，研究结果表明，电化学氧化耦合絮凝技术处理焦化废水有较好的协同效应。当进水中COD为99mg/L，在电流密度为30mA/cm，HRT为30min，pH=6.5，PAM投加量600mg/L时，COD去除率达到80%以上

近年来，有很多学者利用三维电极概念处理焦化废水。三维电极又称离子电极，就是在二维电极上充填粒状电极材料并使之带电，这些粒状材料构成了无数个微电解池，有效地增加了电极面积，使反应速率加快，提高了电流效率。吴丁财等用炭

气凝胶做三维电极的粒子电极并处理苯酚模拟废水，去除率可达97.5%，循环50次后，COD去除率仍在80%以上。此外，常用的粒子还有活性炭颗粒、金属碳复合电极等。目前，国内已有学者利用廉价的焦化厂自产的焦粒做填充粒子，利用三维电极降解焦化废水的研究。据介绍，三维电极法能有效去除焦化废水二级生化出水中大部分难降解有机物，效果显著，有待进一步研究。

3. Fenton试剂氧化法

Femon试剂氧化是利用H_2O_2、Fe^{2+}（Fenton试剂）在酸性条件下产生具有很强氧化能力的—OH，能有效氧化废水中有机物，可降低废水的COD和色度。H_2O_2和$FeSO_4$按照一定的比例混合得到氧化性极强的药剂，处理废水时不仅有氧化作用而且有混凝作用。Fenton试剂在处理难降解度水时，反应迅速，反应条件缓和，其缺点是在废水中会引入Fe^{2+}等其他物质。刘卫平等在焦化废水生化出水中投加Fenton试剂，之后又分别投加PAM、PAC和PFS混凝剂强化处理，在一定的pH值下，废水COD去除率分别可达45%、49.4%和51.1%。于庆满等采用Femon试剂氧化、混凝联用技术对生化后废水进行深度处理，确定了合适Femon试剂氧化混凝工艺条件，结果表明，经联合工艺处理后的焦化废水COD去除率达到88%，色度、浊度去除率达到90%以上。刘红采用TiO_2光催化氧化深度处理焦化废水外排水，研究表明，用多相光催化氧化法处理焦化厂二沉池废水是一种有效的处理方法。但光催化氧化法目前还处于实验室研究阶段。

4. 吸附法

吸附法是物理化学法的一种，是利用吸附剂的多孔性和大的比表面积，将废水中的溶解性有机物吸附在表面从而达到分离。活性炭吸附技术被广泛用于废水处理领域，但是由于活性炭吸附需要再生，处理成本较高。针对活性炭吸附法操作成本高的问题，开发高效、低廉的吸附剂势在必行。刘尚超等以改性焦炭作为吸附剂对焦化废水进行深度处理，结果表明，不需其他工艺辅助，不调节pH值及水体温度，吸附时间60min，每200mL废水改性焦炭投加量为13g的条件下，可将废水中COD从93mg/L降低至48mg/L左右，吸附饱和后的改性焦炭可再生或作烧结配矿。石秀旺等利用钢渣过滤生化后出水，结果表明钢渣能够吸附废水中的部分难生化降解的大分子有机物，能明显降低废水COD及色度[148]。郭海霞等开发了一种无机-有机复合膨润土用于焦化废水深度处理，结果表明，经过改性的膨润土在一定的试验条件下对焦化废水出水中氨氮和COD的去除率可达75%和47%。

除上述几种吸附剂之外，还有研究使用粉煤灰结合石灰、树脂、改性沸石等深度处理焦化废水的方法。

5. 生物化学法

目前用于焦化废水深度处理的生物化学方法主要有曝气生物滤池法（BAF）和膜生物反应器法（MBR）。BAF是在普通生物滤池、高负荷生物滤池、生物接触氧化法等生物膜法的基础上发展而来的。BAF中介质表面有一层生物膜，废水流过滤床时，污染物首先被过滤和吸附，作为专性降解菌的营养基质，加速降解形成生物膜，生物膜又进一步"俘获"基质，将其同化、代谢、降解。针对焦化废水难处理的特点，还可在载体上接种专用高效微生物菌种。

MBR法是生物处理与膜技术相结合的一种工艺，主要是先通过活污泥法来去除水中的可生物降解的有机污染物，然后再通过膜将净化后的水和污泥进行分离。其占地面积小，运行费用也较低，处理效果较好，能去除大部分有机物和部分盐类。山东焦化公司建设的1套日处理量7200t的焦化废水深度处理工程，采用了固定化高效微生物滤池（BAF）+膜生物反应器（MBR）+反渗透（RO）的处理工艺，达到回用水质要求，效果显著。

6. 膜法

膜技术是一种具有巨大潜力和实用性的技术。通常有反渗透（RO）、纳滤（NF）、超滤（UF）、微滤（MF）等技术。近年来，有些学者根据超滤膜、纳滤膜等的应用原理及特点，提出双膜法对焦化废水进行深度处理，以超滤作为预处理，将经过生化处理COD值在150mg/L左右的废水，经过超滤去除悬浮物、胶体以及一些大分子有机物，纳滤单元可去除90%左右的有机物。闻晓今等采用超滤-纳滤工艺处理焦化废水生化出水，结果表明，将A/O生物处理法结合混凝沉淀处理后的焦化废水先经砂滤，再经超滤-纳滤组合工艺处理，其中，超滤和纳滤对COD平均去除率为30.6%和50.8%，出水COD在60mg/L以下、浊度在1NTU以下，总硬度在20mg/L以下。

河北唐山中润煤化工公司于2009年10月建成1套超滤→纳滤焦化废水深度处理中心，设计进水量为280m³/h，纳滤出水266m³/h，出水COD20～30mg/L，回收率稳定在90%以上，多数能达到93%左右。膜的清洗周期基本为5个月1次。

7. 微波法

微波技术是一种新型的废水处理技术。昆明钢铁公司在2009年建成了1套200m³/h焦化废水生化处理出水的微波氧化-混凝的深度处理工艺，系统运行状况良好，出水水质指标优于焦化企业执行的GB/T 8979—2008一级标准。

（二）盐的去除技术与作用分析

如将焦化废水处理后回用于净循环用水系统的补充水时，必须进行脱盐深度处理，否则将使该用水系统盐类富集，造成冷却设备结垢、腐蚀，缩短水设备使用寿命。严重时会出现安全事故。有效的脱盐方法有膜法、吸附法和电吸附法等。

1. 膜法

（1）超滤-纳滤法

膜处理技术具有无相变、组件化、流程简单、操作方便、占地少、投资省、耗电低等优势，是当今焦化废水脱盐方法的首选技术。

①超滤膜和纳滤膜的特点　超滤是以压力为推动力，利用超滤膜不同孔径对液体进行分离的物理筛分过程。超滤与所有常规过滤及微孔过滤（均为静态过滤）不同：超滤分离孔径小，几乎能截留溶液中所有细菌、病毒及胶体微粒，蛋白质、大分子有机物；整个过滤过程在动态下进行，溶剂仅获得部分的分离。进人超滤组件的原料液，在膜两侧压力差的推动下，部分透过膜成为超滤液，其余则成为浓缩液不断流出，使膜表面不能透过物质仅为有限的积聚。过滤速率在稳定状态下可达到一平衡值而不致连续衰减，整个过程可长期持续。

纳滤膜主要去除直径为1nm左右的溶质粒子，截留物相对分子质量为200～1000。纳滤膜的一个很大特性是膜本体带有电荷，这是它在很低压力下具有较高除盐性能和截留相对分子质量仅为数百的物质，也可脱除无机盐的重要原因。

②处理效果以A²/O法生化处理后的出水为原水，经采用超滤-纳滤组合工艺进行深度处理后，其水质明显优于污水再利用工程设计规范（GB 50335—2002）的水质标准，见水质对比表表3-41。

表3-41　水质对比表　　　　　　　　　　单位：mg/L

项目名称	COD	NH₃-N	浊度	总硬度
原水	200～380	≤20	≤150	200～300
超滤-纳滤出水	≤60	≤10	＜1	≤20
GB 50355—2002	≤60	≤10	—	≤450

（2）反渗透法

反渗透用于脱盐是目前应用最为广泛的技术之一。在焦化废水深度处理过程中，反渗透膜由于耐污染性强而被广泛应用。在实际应用中，在其之前常以MBR、超滤等工艺作为其前处理。周红等人采用MBR+RO的工艺对焦化废水生化出水进行了深度处理，结果显示产水COD小于10mg/L，脱盐率达90%以上。在实际运行时，因受来水水质影响，膜系统污堵较快，所以膜系统的稳定运行的关键在于预处理的稳定有效，在实际操作中就要尤其重视来水水量及水质的管理。膜技术只是对水中的污染物进行了截留浓缩，对污染物并没有净化去除的能力，所以在膜法过程中会产生一定量的浓盐水，浓盐水排放将会对环境产生污染，在设计膜法深度处理回用工程时必须考虑浓盐水的处理问题。

2. 吸附法

该法用于焦化废水深度处理的应用实践表明：具有广阔的应用前景，应用范围较广。处理效率最佳的是将2种或2种以上的方法按不同的方式进行组合的处理技术。如：氧化-吸附法、吸附-微波辐射法，混凝沉淀-吸附法，吸附剂固定法和活性污泥-吸附法等。

（1）氧化-吸附法

利用Fenton试剂的催化氧化性对焦化废水进行初步的处理，再用活性炭进行深度处理，使其总去除率达到净化要求。例如：王春敏等对Fenton试剂-活性炭吸附联用技术处理焦化废水进行了研究。在其最佳操作条件下，处理后焦化废水COD去除率达97.5%，出水COD为48.8mg/L，符合国家一级排放标准。

刘祥等用活性炭吸附-Fenton试剂催化氧化处理焦化废水，经处理的焦化废水COD从1173mg/L降至43.2mg/L，去除率达96.3%。

李茂等采用树脂吸附-Fenton试剂氧化组合工艺对高浓度焦化废水进行吸附处理，酚类污染物去除率接近100%，COD去除率为74.82%。

（2）吸附-微波辐射法

活性炭和很多具有磁性的过渡金属及其化合物对微波有很强的吸收能力，当微波辐射时，这些物质表面的金属点位能与微波发生强烈的相互作用而产生许多"热点"，这些"热点"的温度和能量要比其他部位高很多，故常被用作诱导化学反应的催化物。

曲晓萍等采用微波辐射对焦化废水生化处理系统的外排水进行深度处理，结果表明，采用3g颗粒活性炭与50mL焦化废水混合，在微波辐射功率为700W，辐射处理6min的条件下，废水的COD去除率达77%。

（3）混凝沉淀-吸附法

该法采用混凝沉淀+活性吸附工艺，充分发挥适合去除大分子污染物的混凝沉淀与适宜去除小分子污染物的活性炭吸附技术两者的协同增效作用，吸附单元采用的煤质炭，使出水水质达到生产用水回用标准，并且降低深度处理成本。长期使用混凝强化活性炭吸附塔工艺时，活性炭塔提供了微生物生长的良好环境，大部分已吸附的POPs及其他有机物有可能被降解，达到生物活性炭的功能，大幅度降低活性炭消耗量，进一步降低处理费用。

（4）吸附剂固定法

该作用原理就是利用活性炭的吸附作用固定高效菌，使其被活性炭吸附形成大的絮体，减少高效菌的流失，增强污泥絮体的沉降性。活性炭既能吸附有机物（尤其对于芳香族化合物），又能吸附大量酶，延长了有机物在处理系统的停留时间，有利于强化微生物对难降解物质的处理。

王晨等采用筛选、驯化的脱酚菌，对活性炭进行固定，使之形成固定化生物活性炭。当该工艺进水COD<800mg/L时，出水COD在100mg/L以下，平均去除率在80%左右；当进水总酚在200mg/L以下时，出水的总酚含量基本在20mg/L以下。焦化废水中各污染物指标经该工艺深度处理后可达污水综合排放标准（GB 8978-1996）的二级标准。

张洪起等投加高效混合菌制剂和作为载体的粉末活性炭于$O_1/A/O_2$工艺中，进行中试试验。试验结果表明：此法可以很好地固定高效菌，对未经稀释的高浓度焦化废水进行直接处理，在水中停留时间为84h，进水COD浓度平均值为5435.7mg/L时，出水COD浓度为369.3mg/L，NH_3-N去除率为98.18%，色度为100~200倍。除COD与色度外，其他检测项目均可达到一级排放标准。

（5）电吸附法

电吸附技术具有良好的除盐效率。盐类在水中大多是以离子（带正电或负电）的状态存在，电吸附技术是利用通电电极表面带电的特性对水中盐离子进行静电吸附，达到脱盐目的。

国内首套万吨级大型废水处理电吸附装置已于2007年7月在太原化学工业集团有限公司建成投产，经过电吸附处理后的回用水含盐量达到了化工生产工艺用水标准，可用作工艺用水、锅炉补充水等。

第五节　焦化废水回用

　　总结国内外焦化废水回收与"零排"的成功经验，一要从焦化生产源头着手，直至生产每个环节，推行节水减排、实现生产用水少量化、废水外排减量化和资源化；二要改进生产工艺回收有用资源，减少废水中有毒、有害有机物浓度，提高废水水质，减少废水处理负荷；三要充分发挥预处理功能与作用，确保进入生化（或物化）处理系统之前的水质，适应的满足处理系统对水质的要求；四要选择好废水处理与深度处理的组合集成技术及其废水的消纳途径，最终实现废水处理回用与"零排放"的目标。上述四点是相互关联、相互补充、密不可分的。前者是后者的条件与保障，后者是前者的目标与要求。

　　本节主要围绕实现焦化废水处理回用与"零排"的技术组合和工艺集成及其工程应用相关内容进行介绍与研讨。

一、实现焦化废水处理回用与"零排"的技术条件与控制要求

（一）焦化废水处理回用现状与控制要求

　　据文献检索和有代表性焦化企业的废水处理工程的水质状况和工艺运行情况归纳于表3-42～表3-44中。根据统计结果表明：1. 国内各焦化厂废水处理工艺主要为不同形式的A/O法，废水回流比在2～5倍，生物系统HRT普遍大于60h，COD、氨氮、色度3个指标稳定达标排放存在较大距离。2. 工程投资和运行费用为每处理1m³焦化废水的工程造价大于12000元人民币，其中技术与设计占10%～15%，土建部分占45%～50%，设备与材料部分占25%～30%；在不计折旧的运行成本构成中，动力消耗、药剂消耗、人工费用分别占总成本的60%、30%和10%左右。3. A/O、A^2/O、A/O^2、O/A/O工艺的运行成本之间存在明显差异，即按A/O、A^2/O、A/O^2顺序运行成本下降（O/A/O工艺尚无工程评估对比），现有可供参考的焦化废水处理工程运行费用普遍超过5元/m³，不少企业已超过10元/m³，个别企业超过15元/m³。4. 焦化废水水质水量是与焦化生产规模、生产工序以及对化工产品加工程度不同而异，但其水质水量的变化基本如表3-44所示的范围。表3-44表明，焦化废水中COD、NH_3-N和酚的浓度变化较高，有机物成分复杂，大多以芳香族及杂环化合物的形式存在，且含有一些有毒有害物质，是一种处理难度很大的工业废水。

表3-42　焦化废水处理工程出水水质

项目编号	HRT/h	COD/（mg/L）	NH_3-N/（mg/L）	挥发酚/（mg/L）	氰化物/（mg/L）	石油类/（mg/L）	色度/倍
No. 1	100	90～150	<15	<0.5	0.1～0.4	—	150～200
No. 2	96	<150	<25	<0.5	<0.5	<10	<50
No. 3	60	<200	25～80	<0.5	<0.5	<10	—

项目编号	HRT/h	COD/（mg/L）	NH₃-N/（mg/L）	挥发酚/（mg/L）	氰化物/（mg/L）	石油类/（mg/L）	色度/倍
No.4	54	<150	<15	<0.5	<0.5	<8	50～80
No.5	160	<150	<10	<0.5	<0.5	<8	50～80
No.6	120	200～300	50～80	<2.5	<1.5	<8	50～80
No.7	42	75～110	<10	<0.3	<0.3	<3	<50

表3-43　焦化处理工程投资与部分设计参数

项目编号	工艺类型	一次性投资/万元	运行费用/（元/m）	回流比	厌氧进水负荷/[kg/（m³·d）]	好氧进水负荷/[kg/（m³·d）]
No.1	A²/O	3600	6～7	4.0～5.0	1.1	0.65
No.2	HSB+A/O	658（改造）	5～7	2.0～3.0	1.4	0.84
No.3	活性污泥	2500（改造）	8～9	2.0～3.0	—	0.50
No.4	A/O	750（改造）	11～14	3.0～5.0	1.2	0.58
No.5	A²/O	1570	8～10	2.5～3.0	0.96	0.50
No.6	A/O	2000	5～6	2.0～3.0	—	0.50
No.7	A/O²+流化床	1280	4.0～4.6	1.2～1.5	1.8	2.0

表3-44　焦化生产废水水质水量概况

废水名称		挥发酚/（mg/L）	BOD/（mg/L）	COD_Cr/（mg/L）	焦油类/（mg/L）	氰化物/（mg/L）	苯/（mg/L）	硫化物/（mg/L）	挥发氨/（mg/L）	萘/（mg/L）	水温/℃	水量/[m³/t（焦炭）]
蒸氨废水	已脱酚	150～200	1500	4000～6000	200～500	10～25	—	50～70	120～350	—	98	0.34～1.05
	未脱酚	200～12000	1500	5000～8000		—						0.34～1.05
粗苯分离水		300～600	—	1000～2500	微量200～350	100～250	100～500	1～2	100～200		46～65	0.05～0.08
终冷水排水		100～300	—	700～1000		100～200	—	20～50	50～100	10（水洗）	30	0.5
精苯车间废水		350	—	350～2500		50～750	200～400	5～30	35～85	—		0.012～0.022
古马隆废水		30	—	—		5～10						0.015
水封槽废水		10	200～300	5～10		1		0.7～6	20～30	—		0.01～0.04
沥青池排污		10	—	20～40		1～5		5～10	20～40	—		—

目前我国有1300多家焦化企业，其废水处理工艺多种多样，但以应用生化处理法最为广泛。要确保焦化废水无害化处理回用，实现"零排"，必须充分认识并做到：1.对焦化厂的生产工艺流程及每段所产生的废水的水质特点，有针对性地进行

废水的预处理；2. 预处理后的废水在进入生化处理系统前，要保证其浓度不得对微生物有抑制作用；3. 要通过蒸氨法将蒸氨废水中氨氮浓度控制在300mg/L以内；萃取脱酚后将酚的浓度控制在300mg/L以下，含油量控制20mg/L以下为佳；4. 必要的脱酚除氰处理。要实现上述要求，首先要完善煤气净化系统，进行脱氨脱氰，终冷水洗萘改为"水油水"工艺，可减少终冷排污量80%；蒸氨塔应增设检修时备用塔或设氨水储槽和监控措施，以防蒸氨系统事故时废水直接进入生物处理设施而影响处理效果；剩余氨水应进行脱除固定铵处理；除尘废水应单独处理以减少焦化废水处理量。

对古马隆含油废水应破乳除油；对粗苯、精苯、焦油加工分离水，因酚、氰、氨、油等物质含量高，应送往氨水澄清槽，同剩余氨水一道经蒸氨后送往废水生物处理系统；对生产装置排出的净废水与酚氰废水要严格实行清污分流；对含油、酸碱废水应收集分类排人各自废水处理系统，以减少废水量。

为保证生化处理系统的正常运行，需要控制水质条件，对于焦化废水，主要调节水质水量，除油和控制酚、氰、氨等有害物质在限定范围之内。一般正常生化处理系统，挥发酚不高于300mg/L，氰化物不高于40mg/L，硫化物不高于30mg/L，苯不高于50mg/L。根据以上要求，焦化废水在进入生化处理系统之前，应对酚、氰、氨等有用物质采取回收利用措施。

（二）酚、氰、氨等物质的脱除与回收利用

1. 酚的脱除与回收

回收废水中的酚的方法很多，有溶剂萃取法、蒸汽脱酚法和吸附脱酚法等。新建焦化厂大都采用溶剂萃取法。对于高浓度含酚废水的处理技术趋势是液膜技术、离子交换法等。

（1）蒸汽脱酚　蒸汽脱酚是将含酚废水与蒸汽在脱酚塔内逆向接触，废水中挥发酚转入气相被蒸汽带走，达到脱酚的目的。含酚蒸汽在再生塔中与碱液作用生成酚盐而回收。该方法操作简单，不影响环境。但脱酚效率仅约为80%，效率偏低，而且耗用蒸汽量较大。

（2）吸附脱酚　吸附脱酚是采用一种液固吸附与解吸相结合的脱酚方法，将废水与吸附剂接触，发生吸附作用达到脱酚的目的。吸附饱和的吸附剂再与碱液或有机溶剂作用达到解吸的目的。

2. 氰的脱除与回收

若煤气净化工艺采用饱和器生产硫酸铵，在脱苯前无脱硫脱氰工序时，煤气的最终直接冷却水中的氰化物可达200mg/L。其处理方法是将终冷废水送至脱氰装置，吹脱的氰与铁刨花和碱反应，生产亚铁氰化钠（又称黄血盐钠），再予回收。但黄血盐工艺蒸汽耗量高，质量符合要求的铁刨花不易获得，设备易腐蚀。因此，最恰当的解决终冷水排污、消除氰的污染途径是增设煤气终冷前的脱硫脱氰工序。

HPF湿式氧化法焦炉煤气脱硫脱氰技术是设置在终冷和洗苯前的、有效脱除硫和氰的工艺。具体做法是以氨为碱源，以对苯二酚、酞菁钴磺酸铵（PDS）、硫酸亚铁

为复合催化剂的湿式液相催化氧化脱硫脱氰工艺。此法脱硫脱氰效率高，脱硫效率为98%左右，脱氰效率为80%左右。

此技术已成功应用于无锡焦化厂和重庆钢铁公司焦化厂等多家国内焦化企业。据无锡焦化厂的生产实践，煤气入口温度宜保持在25～30℃，脱硫液温度应控制在35～40℃，再生塔的鼓风强度一般控制在100m³/m²·h。此外，像鞍山热能研究院与苏州钢铁厂焦化分厂联合研究的以氨为碱源、OP型复合催化剂、脱硫废液提盐的湿式氧化脱硫脱氰工艺（简称OPT工艺）和东北师范大学研究的酞菁钴磺酸铵（PDS）脱硫工艺都具有国际先进水平。

3. 氨的脱除与回收

通常所谓氨氮是指以离子存在的铵（NH_4^+）和以非离子形式存在的游离氨（NH_3）的总和。焦化废水中的氨氮是以游离氨（NH_3）和固定铵（NH_4^+）两种形式存在。固定铵有氯化铵、碳酸铵、硫化铵及多硫化铵等。氨氮问题是我国焦化废水难以达标的重要问题之一。目前，我国焦化废水排放现状的氨氮质量浓度大都在1500～2000mg/L，不少企业高达3000～4000mg/L。实践证明，现在使用的活性污泥法对焦化废水中氨氮的降解，除吹脱外几乎没有明显效果，因此，氨的脱除与回收利用对焦化废水达标排放至关重要。

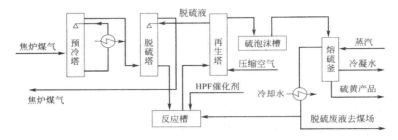

图3-16 脱硫脱氰预处理工艺流程

焦化废水中的氨氮主要来自剩余氨水，去除剩余氨水中的氨氮主要采用蒸氨塔。实际操作中，碱液加入量、蒸汽消耗量及用于控制氨水蒸气温度的冷却水量均随入口剩余氨水流量及氨氮浓度的变化而不断调整，并通过自动化仪表动态监控各指标，关键是pH及塔顶蒸汽温度。pH由碱液加入量控制，要求换热器去蒸馏的废水 pH=10±0.5，或蒸馏后废水 pH=8～9；塔顶蒸汽温度90～103℃，以满足蒸出的氨水蒸气达到回收要求（20%NH_3）；蒸馏后的废水中 NH_3-N 浓度控制在280mg/L以内，以满足生化处理时对进水 NH_3-N 的要求。其处理流程如图3-17所示。

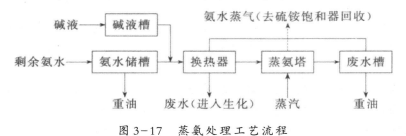

图3-17 蒸氨处理工艺流程

蒸氨塔的主要设计参数见表3-45，塔直径根据塔顶蒸汽量和气速确定。

表3-45 蒸氨塔设计参数

泡罩塔			栅板塔		
项目	单位	推荐值	项目	单位	推荐值
板数	块	20～28	板数	块	34～37
板间距	mm	300～400	板间距	mm	34～400
空塔气速	m/s	0.6～0.8	空塔气速	m/s	1～1.5
每吨氨水所需蒸汽	kg	160～200			

（三）水质调节与影响因素的控制

1. 做好水质调节确保水质均衡

焦化厂在焦油分离、苯的精制和古马隆的生产中，产生的废水水质水量往往很不稳定。此外，由于管理、设备等原因，焦化厂生产车间（尤其蒸氨系统）经常会出现故障性废水排放，这会对生物处理工艺造成冲击负荷，因此采用调节池进行水质调节是非常必要的，并且设计足够容积的调节池容量。调节池容积一般按8～24h计算，有的更高，如美国阿麦科公司汉密尔顿焦化厂采用60h。

2. 生化条件与影响因素的控制

废水的厌氧和好氧生物处理受到众多因素的影响，常分为环境因素和工艺条件两大类。环境因素主要是指温度、pH值及酸碱度等。工艺条件方面主要有废水水质、微生物浓度、有机负荷和污泥负荷以及主要营养元素和有无有毒有害物质与抑制剂等。上述的因素与条件是生化系统是否处于最佳和优化状态的控制要求。对于焦化废水的处理通常是通过硝化菌和反硝化菌的生化作用而实现。因此，无论采用何种处理工艺，一方面不同环境因素都将对处理过程和处理效果产生影响；另一方面这些因素对工艺运行中硝化菌和反硝化菌作用的影响又是不尽相同的。因此，在焦化废水的生物处理工艺的设计和运行过程中必须加以充分的注意。以A/O法工艺为例。

（1）反硝化（A段）反应影响因素和控制要求

①对反硝化反应最适宜的pH值是6.5～7。pH值高于8低于6，反硝化速度将大为下降。

②反硝化反应最适宜的温度是20～40℃，低于15℃反硝化反应速率降低，为了保持一定的反应速率，在冬季时采用降低处理负荷、提高生物固体平均停留时间以及水力停留时间等。

③反硝化菌属异养兼性厌氧菌，在无分子氧同时存在硝酸和亚硝酸离子的条件下，一方面，它们能够利用这些离子中的氧进行呼吸，使硝酸盐还原。另一方面，因为反硝化菌体内的某些酶系统组分，只有在有氧条件下，才能够合成。所以反硝

化反应宜于在厌氧、好氧条件交替下进行，故溶解氧应控制住 0.5mg/L 以下。

④碳源（C/N）的控制。生物脱氮的反硝化过程中，需要一定数量的碳源以保证一定的碳氮比而使反硝化反应能顺利地进行。碳源的控制包括碳源种类的选择、碳源需求量及供给方式等。

反硝化菌碳源的供给可用外加碳源的方法（如传统脱氮工艺），或利用原废（污）水中的有机碳（如前置反硝化工艺等）的方法实现。反硝化的碳源可分为3类：第一类为外加碳源，如甲醇、乙醇、葡萄糖、淀粉、蛋白质等，但以甲醇为主；第二类为原废（污）水中的有机碳；第三类为细胞物质，细菌利用细胞成分进行内源反硝化，但反硝化速度最慢。

当原废（污）水中的 BOD_5 与 TKN（总凯氏氮）之比在 5～8 时，BOD_5 与 TN（总氮）之比大于 5 时，可认为碳源充足。如需外加碳源，多采用甲醇（CH_3OH），因甲醇被分解后的产物为 CO_2、H_2O，不产生任何难降解的产物。

（2）硝化反应主要影响因素与控制要求

①好氧条件，并保持一定的碱度，氧是硝化反应电子受体，反应器溶解氧的高低，必将影响硝化反应的进程，溶解氧含量一般维持在 2～3mg/L，不得低于 1mg/L，当溶解氧低于 0.5mg/L 时，氨的硝态反应将受到抑制。

硝化菌对 pH 值的变化十分敏感，为保持适宜 pH 值，应在废水中保持足够的碱度，以调节 pH 值的变化，对硝化菌的适宜 pH 值为 8.0～8.4。

②硝化菌在反应器停留时间，即生物固体平均停留时间，必须大于最小的世代时间，否则将使硝化菌从系统中流失殆尽。

③混合液中有机物含量不宜过高，否则硝化菌难成为占有优势的菌种。

④硝化反应的适宜温度是 20～35℃。当温度由 5～35℃之间由低向高逐渐升高时，硝化反应的速度将随温度的增高而加快，而当低至 5℃时，硝化反应完全停止。对于去碳和硝化在同一个反应器中完成的脱氮工艺而言，温度对硝化细菌有很强的抑制作用，如温度为 12～15℃时，反应器出水会出现亚硝酸盐积累现象。因此，温度的控制是很重要的。

⑤有害物质的控制。除重金属外，对硝化反应抑制作用物质有高浓度 NH_3-N、高浓度有机基质以及络合阳离子等。应采取预处理措施予以消除。

（四）焦化废水回用与"零排"的消纳途径

焦化废水的处理达标排放是废水处理的基本要求，而废水回用与"零排"，是实现废水资源再利用的最终目标。但实现焦化废水"零排放"，要根据企业性质、用水要求、用户条件、使用途径、经济状况采取相应的处理工艺。焦化废水处理后回用途径的不同，其处理程度和工艺也有所不同。应该注意的，若焦化废水回用于循环水系统的冷却水或其补充水等水质要求较高时，则必须进行深度处理。

对有洗煤厂的独立焦化厂，处理后废水可送往洗煤厂，用作洗煤用水或补充水。

对用湿法熄焦的独立焦化厂，处理后废水可用作焦化厂湿法熄焦补充水、除尘补充水和煤场洒水等。

对采用干法熄焦的焦化厂，应采取深度处理工艺将处理后废水回用于循环用水系统，实现废水"零排放"。

对钢铁联合企业，经后处理后的废水送炼铁厂用作高炉冲渣水、泡渣水；炼钢厂转炉烟气水除尘用水系统补充水；原料厂洒水、烧结厂配料用水以及用作浊循环用水系统补充水。由于因其对水质要求不高，后处理后焦化废水完全可满足其对水质的要求，可完全消纳掉而不外排。如济钢焦化厂、沙钢焦化厂、邯钢焦化厂等众多厂家都已建设了废水回用系统，实现废水处理回用与"零排放"。

根据当今焦化废水研究成果和成功应用的工程实践，其处理工艺的技术组合与工艺集成，可归纳如下几种形式：

1. 生化法+物化法的技术组合与应用；

2. 生化法+生化法+物化法的技术组合与工艺集成及其应用；

3. 物化法+生化法+物化法的技术组合与工艺集成及其应用；

4. 以废治废处理技术的组合与应用；

5. 高新物化处理技术在焦化废水处理中的应用；

6. 膜法深度处理焦化废水的技术与应用；

7. 药剂法深度处理焦化废水的技术与应用。

第四章　焦化固体污染物治理技术

第一节　焦化固体污染物的类型

焦化厂在生产过程中产生的固体废弃物主要有焦油渣、酸焦油、再生酸、脱硫液残渣以及各种槽废渣等废液。

一、焦粉

焦粉就是指小粒度的，粉末状的焦炭。是红焦熄焦后进入筛焦楼，经过筛焦所得粒度很小的焦末，焦粉具有焦炭的一切物理、化学性质，因其粒度小，容易扬尘，对环境破坏作用很大。

二、焦油渣

从焦炉送出的荒煤气在集气管和初冷管冷却的条件下，高沸点的有机化合物被冷凝形成煤焦油，与此同时煤气中夹带的煤粉、半焦、石墨和灰分也混入煤焦油中，形成大小不等的团块，这些物质就是焦油渣。

三、酸焦油

酸焦油是煤化工、石油化学制品加工过程中产生的有毒、有害废料，其中焦化酸焦油是一种成分复杂的混合物，包含树脂质的流动性在变化的黏稠固体。焦化酸焦油又分为精苯酸焦油和硫铵酸焦油，轻苯酸洗产生的酸焦油是焦化酸焦油的主要来源，主要含有15%～30%的硫酸、磺酸、筑基乙酸等酸类，含40%～60%的乙酰甲醛树脂等聚合物，其余为苯、甲苯、二甲苯、萘、蒽、酚、苯乙烯、茚、噻吩等芳烃物质。它溶于水，含大量亚甲基蓝活性物质，呈黑褐色，温度在35℃以上其流动性较好，温度低于25℃时，易呈融溶状，相对密度大于油类。

四、再生酸

在粗苯进行酸洗时产生的酸性复杂混合物，主要由未反应的硫酸、盐类组成，浓度一般为45%～50%，常用于萃取法净化再生酸。

再生酸为黑褐色，20℃时密度为$1.350～1.405g/cm^3$，一般含硫酸45%～50%；有机杂质主要为磺化物，含量为1.5%～5%（换算为碳）；有苯属烃的气味，苯属烃的含量一般为0.1%；灼烧后的残留物为0.10%～0.25%，铁为0.02%～0.05%；有时有机物的含量可能达到约15%；此时苯属烃的含量也相应提高。

五、脱硫废液

主要是由副反应生成的各种盐，如$NH_2S_2O_3$、$NaSCN$、Na_2SO_4等组成，由于提取副盐成本高，产品无销路，故多数厂家未进行提取。

第二节　焦化固体污染物治理技术

一、焦粉的利用

焦粉的性质与焦炭类似，故常作为瘦化剂回配炼焦、生产型煤、制取活性炭以及处理生化废水等。

（一）焦粉捣固生产冶金焦

捣固炼焦在许多国家大量采用，这些国家大都缺乏强黏结性煤炭资源，或为降低焦炭生产成本尽量少用或不用强黏结性煤，如德国、波兰等国家采用薄层连续给料，多锤捣固，操作效率大幅提高，捣固炼焦装备和技术有了很大进步。

为减少裂纹的形成和提高焦炭的机械性能，在使用一种高挥发分煤时，要求按配煤的挥发分至少降低到32%以下。挥发分极低的沥青煤、半无烟煤、石油焦和焦粉，都是可用的贫化物。焦粉可发挥一种独持的作用，因为它具有特殊的反应特性。降低焦炭裂纹的有效的方法是加配混合贫化物，其中配有焦粉和低挥发分煤和石油焦。

配入低挥发分煤或石油焦，都会抑制配合煤的脱挥发分过程，特别是在高挥发分煤再固化之后，因此，减少了裂纹的形成。配入焦粉将会增强上述各配入料的这种作用。除此之外，焦粉还会减少在高温范围内的物质逸损，因而还会使这一炭化阶段内焦炭结构中的应力源之形成受到限制。此外，在减少裂纹方面的这一伴生特性，只有在加入"混合"贫化物时才能得到。因为这些混合贫化物对焦炭强度M_{10}具有一种特别的改进效果，在它们的配入量保持较低的情况下，就可使用较大量的高挥发分煤。

（二）生产工业型煤技术

我国众多氮肥、燃气和冶金行业由于当前煤炭价格大幅上涨，导致了生产成本加大，尤其是焦炭价格从 700 元/t 上涨至 1000 元/t 以上。而我国每年焦炭破碎的焦粉在 4000×10^4 t 以上，由于没有较好的成型技术，大量的粉煤、焦粉只能作低级燃料处理。在工业燃煤方面我国大部分省、市已采取禁烧散煤等措施推广应用工业燃料型煤。利用焦粉、粉煤成型，选择符合要求的黏合剂配方和生产工艺条件，成为业内人士探索的课题。目前多数型煤企业在型煤生产中，因为冷、热强度低，热稳定性差，灰熔点低，固定碳下降严重，易粉化，带出物多，燃烧活性差，防水性差，吸水潮解，增加烘干设备投资大等问题而无法正常生产应用。据了解，开封市洁净煤化工研究所根据我国不同地区煤炭资源的特性和众多型煤企业生产中出现的种种难题，研制成功的工业型煤系列高强快干复合黏合剂及工艺技术，利用粉煤（焦粉、无烟煤、烟煤、煤泥）可生产不同行业、不同用途的型煤。采用该技术生产的黏合剂高的成本是 350 元/t 左右，低的成本是 200 元/t 左右，可加工 8～12t 型煤，干燥后冷强度约 80kg/球，耐高温 1000℃不散不粉，防水防潮，免烘干，24h 自然固化，固定碳降低量少，添加的黏合剂中不含镁、磷、铝、铁等化学成分，化学活性好。适用于焦粉、无烟煤、烟煤、劣煤、煤泥生产气化型煤（棒）和工业燃料型煤。原有炭化煤球生产线的氮肥厂，设备略加改造即可。

（三）焦粉成型添加剂及成型工艺

焦粉是一种自身成型性能极差的物质，若在常温下使其成型，必须选择黏结性能良好的黏结剂，改变焦粉的成型性能，否则仅靠加压是不可能实现焦粉成型的。焦粉成型添加剂是通过对百余种黏结剂、润湿剂、填料、溶剂反复试验，对比筛选出的一种黏结性能优良的复合物，称为 GL-518 型复合添加剂。GL-518 型复合添加剂中既含有能耐高温的无机化合物，又有黏结性能很好的有机高分子化合物，它从根本上改变了单一黏结剂的很多缺陷。经反复试验，GL-518 型复合添加剂具有互溶性能好，黏结力强，溶剂易挥发，焦粒烘干后抗压强度高，能耐高温，化学反应活性好，原材料来源丰富，成型工艺简单，成型综合成本低等优点。

焦粉是一种成型性能极差的物质，为改善焦粉成型性能，除了加入一定量的添加剂外，还必须正确掌握焦粉成型工艺。焦粉成型工艺是根据焦粉特有属性而定的，首先将焦粉按照不同粒度计量配料，然后把添加剂的各组分计量加入复配釜中进行混合复配，复配好的添加剂储存在容器中供焦粉成型时用。将焦粉成型的各种原料按照一定的配比加入到高速混合机内，经过 8～15min 混合，再将混合好的原料送入成型挤压机，成型挤压机压出的焦粒经过烘干就得到成品。

（四）焦粉制造活性炭

活性炭是一种微孔结构极为发达的碳素材料。它的比表面积、微孔容积、孔径分布等微孔结构与化学构成对活性炭的特性起着决定性的作用。而活性炭所具有的不同特性，又受生产原料的制约及制备方法的影响。为使预制的活性炭具备适应用途的良好性能。原料不同，制备方法也相应各异。当前，据资料报道，已用作活性炭原料的有煤炭、本材、壳核等，而以焦粉为原料制造活性炭，目前尚未见报道。

制备活性炭的较成熟的方法有药品活化法和气体活化法。用焦粉制活性炭，也是从常规方法入手，用药品氯化锌、氢氧化钠和水蒸气为活化剂，依据均匀设计方法制定不同的工艺条件（药品配比、活化时间、活化温度、活化过程）进行探索，活化后制成的活性炭，作苯吸附量测定（测定方法：装有一定量活性炭的坩埚，在充满苯蒸汽的干燥器中，静态吸附24h，以吸附前后质量之差与活性炭净重之比设计，单位为mg/g），以吸附量大小评价活性炭性能。

（五）处理生化废水

针对焦化厂生化脱酚废水的化学需氧量（COD）普遍超标现象，黑龙江科技大学张劲勇等进行了焦粉处理废水的试验。对鸡西矿务局煤气厂熄焦塔废水中的焦粉（熄焦粉）、晒焦台上的焦粉（晒焦粉）以及焦化厂焦仓的焦粉（焦粉）经活化或酸化处理后，分别加入等量的生化废水中进行2h的吸附处理，然后澄清分离得到吸附处理后的废水（称为净水），用高锰酸钾法分别测定生化废水和净水的COD值，结果表明：焦粉处理生化废水效果很好，完全可能取代废水的三级处理，且熄焦粉同活性炭一样可以循环再生使用；加上其自产、不用粉碎、廉价的特点，可以大幅度降低废水处理费用；吸附处理后又可以作配煤炼焦的瘦化剂，不会产生二次污染。

二、焦油渣的利用

焦油渣是煤气净化过程中产生的有害废料，不能采用填埋、焚烧和生物分解等一般废渣的处理方法，有效的处理方法是将废渣作为塑性添加剂直接加入炼焦配煤中或用作型煤的黏结剂，进行废渣配入炼焦配煤中炼制冶金焦的研究等。

（一）在配煤炼焦中的应用

焦化厂的废渣主要由焦油氨水澄清槽分离出的焦油渣和粗苯工序再生器中产生的沥青类残渣（简称再生残渣）组成。焦油渣可以做成型煤黏结剂，并把型煤配入配煤中炼焦。其目的是：1.评价废渣对改善煤塑性和提高焦炭性能的能力；2.探讨在配型煤炼焦工艺中，使用废渣型煤的可行性。研究表明，焦油渣配入炼焦配煤后，不仅可提高焦炭的质量，而且有助于解决环保问题。

此外，焦油渣还可以与焦粉配合炼焦，研究表明，焦粉与焦油渣混配按3：1的比例配合炼焦，炼制的焦炭块大、抗碎强度和耐磨强度好，同时彻底解决了污染问题，提高了焦炭质量，达到优质冶金焦的标准，实现了固、液废弃物再资源化和零排放的效果。

（二）焦油渣在制造水泥中的应用

考虑到焦油渣中含有大量的可燃物质，而多环芳烃在高温（＞2000℃）和氧气充足的条件下进行充分燃烧，可以全部被破坏，分解为二氧化碳和水。因此，只要能保证高温与完全燃烧的条件，即能将焦油渣作为一种宝贵的能源使用，达到化害为利的目的。利用粉状的焦油渣作能源在高温的回转窑中喷烧以烧制水泥熟料，便是一种简便易行和经济合理的利用办法。

（三）　焦油渣改制燃料油

通过降低焦油渣黏度，降低其中焦粉、煤粉等固体物的粒度，溶解其中的沥青质，避免油水分离及油泥沉淀等，达到泵应用要求，使之具有良好的燃烧性能。一般对焦油渣进行改质处理：

1. 添加降黏剂，以降低焦油渣的黏度，溶解其中的沥青质；
2. 添加稳定分散剂，使之均质乳化，防止油泥沉淀和油水分离等；
3. 采用研磨设备对焦油渣进行机械改质。

对沥青质具有优良溶解性能的有机溶剂，稳定分散剂选择两种高效表面活性剂。这两种稳定分散剂均具有较强的扩散、渗透能力，既能溶解于油中，又能吸附胶质、沥青质、油泥及水分子，具有均质乳化、防止油泥沉淀和油水分离的作用。用焦油渣改制燃料油燃烧稳定、完全，燃烧温度高，雾化效果好，无断流及烧嘴堵塞现象。

三、酸焦油的利用

酸焦油是焦化行业难以处理且污染严重的废弃物之一，其所含的多环芳烃对环境及人畜的健康危害要比一般废弃物严重，且这种破坏具有长期性和潜伏性，这就迫使必须处理和利用酸焦油，以降低对环境的损害。

酸焦油的主要利用途径如下：

（一）　配煤炼焦

酸焦油经脱油调制后，加入聚合物引发剂，在50℃左右反应2h后，升温至85℃左右反应，制得酸焦油聚合物用来配煤炼焦，但酸焦油中含硫，会使焦炭硫分增加。在煤粉中加入酸焦油使配煤灰分有所增加，黏结指数有所下降，当焦油渣掺量超过10%时，焦炭M_{40}下降。这是因为酸焦油中的酸性物质可促进炼焦煤氧化分解，使炼焦煤结焦性和黏结性下降，在炼焦煤中不宜过多加入酸焦油。

（二）　生产混合燃料油

酸焦油因黏度大，流动性差不宜单独作燃料。将酸焦油水洗脱水2～3次，再加稀氢氧化钠溶液中和成微酸性（可用酚加工和精苯加工产生的废碱液），用30%～50%的酸焦油与煤焦油混溶（试验可在任何比例）而增加部分轻油或杂油（8%～10%）进去，酸焦油的混溶比例可进一步增大，如适当加热，互溶性增强。混合油经静止放置观察不易分层，不会变稠，完全可以满足用户雾化燃烧的工艺技术要求。与蒽油调合，则互溶比例要少得多，且易于分层，主要是因为蒽油容易结晶的缘故。王涛等将酸焦油与电石渣以一定比例混合进行中和后加入焚烧炉中燃烧，控制好工况，排出的烟气符合环保标准。

（三）　回收粗苯及废酸

粗苯精制酸焦油含有一定量的苯、甲苯、二甲苯等（又称混合分）可以通过水蒸气蒸吹的工艺进行回收利用。酸焦油在低于112℃的温度下，通入800kPa的水蒸气，其中的混合分将沸腾并随着水蒸气一道蒸出，然后经空气冷凝、油水分离，分离出的混合分可送入轻苯槽。

酸焦油遇盐析剂后分离成焦油（浮在液体上面）和废酸，分离后的废酸经过吸附剂吸附后，加入萃取剂，可萃取出废酸中的聚合物、沥青质等。

（四）制取表面活性剂

酸焦油中含有大量的表面活性物质，多以磺化物形式存在，可经过处理后作为水泥减剂。也可利用酸焦油中的大量磺酸盐，加入甲醛，发生缩合反应，制取高效减水剂。酸焦油中的磺酸盐表面活性物质还可作为水煤浆添加剂，降低水的表面张力，使原本互不相溶的水和煤均匀混合并稳定存在。酸焦油中虽含有部分磺酸基，但由于硫酸和苯属烃的存在，故与水的互溶性较差，采取加入甲醛和二甲胺的方法使其发生Mannish反应，在高温、高压下使其中的硫酸部分磺化，然后用碱法草浆造纸黑液中和，使酸焦油中的磺酸基含量明显增加，可有效地改善其与水的混溶性能。添加剂量为煤粉量的0.8%～1.2%，制得的水煤浆稳定性好，在常温下放置3个月不会产生沉淀和分层。

总之，酸焦油不仅是一种化工生产中污染环境的废弃物，它还是一种资源，若能合理处理利用便可以实现变废为宝。可根据焦化企业实际条件，选取合适的方法处理、利用酸焦油，可以把各种回收加工方法综合使用，达到利润最大化。另外，随着粗苯加氢精制技术的推广，酸洗法苯精制产生的酸焦油会逐步实现减量化排放。

四、再生酸的利用

再生酸中含有大量的有机物，又具有强烈的酸性，使其得到净化与利用难度较大，截至目前，还没能找出一条经济上合理、技术上可行和不产生二次污染的净化与利用途径；国外多送往硫铵工段用来生产硫铵，但由于再生酸中含有大量杂质，破坏饱和器的正常工作，引起母液起泡，酸焦油的澄清条件恶化等，同时也使所生产的硫铵质量下降，颗粒较细和颜色较黑。

由于我国农业上硫铵的需求量小，多数焦化厂无硫铵生产工段，故不可能照搬国外的模式将再生酸用来生产硫铵。多年来，再生酸的问题一直困扰着焦化厂。我们对再生酸的利用途径是经过净化后使用。

（一）酸洗

钢铁联合企业每年需耗用大量的硫酸来清洗钢材表面的氧化物，所用硫酸的浓度约为10%～30%，而再生酸净化后的浓度仍可保持45%～50%。因此，对一个综合性的企业完全可以在企业内部进行调节，用净化后的再生酸代替新鲜的硫酸用于钢材的酸洗，使再生酸这一资源在企业内部进行消化，既减轻了钢材加工厂酸的运输、储存问题，又可降低生产成本。

（二）制浓 H_2SO_4

蒸发浓 H_2SO_4 的沸点较高，可采用减压蒸馏的方法，使其中的水分挥发，从而得到浓缩的硫酸。

作为焦化厂来说，可将其浓缩至浓度为93%左右，重新用于粗苯的精制，既可减少硫酸的储存和运输问题，又可降低生产成本。

（三）其他用途

通过进行详细的分析、测试和对比，净化后再生酸的各种性能指标同工业生产的硫酸无明显区别，故可直接代替新鲜硫酸用于工业生产，若离硫酸生产厂家较近，亦可直接送硫酸厂重新吸收 SO_3 生产浓硫酸。

五、脱硫废液的利用

当前国内的焦化企业多采用湿式氨法脱硫工艺，在脱除煤气中硫化氢和氰化氢的同时，也不可避免地会发生副盐反应。当副盐浓度达到一定数值后，就会影响脱硫效率，甚至造成脱硫塔的堵塞。目前，通行的做法是将母液中的一部分脱硫液排出，倾倒至煤场，以降低副盐浓度。

排出系统的脱硫废液往往与入炉煤混合后用于炼焦，但由于脱硫废液中含有大量的含硫副盐，其在煤、煤气、焦炭、脱硫液中形成反复循环，这样既增加了脱硫系统的处理负荷，又加剧了设备腐蚀，甚至影响焦炭质量。

因此，脱硫液提盐既解决了脱硫液排放问题，又变废为宝、创造一定的经济价值，是值得推广的一项技术。

（一）产品

通过提盐可以提取硫氰酸铵（NH_4SCN）和硫代硫酸铵（$(NH_4)_2S_2O_3$）。

硫氰酸铵外观与性状：无色、有光泽、单斜晶体，在空气中易潮解。熔点为149.6℃，密度为 $1.31g/cm^3$，沸点为170℃（分解）。在无机工业中用于制造氰化物、硫氰酸盐、亚铁氰化物、硫脲和用作生产双氧水的辅助材料；在有机工业中用作聚合的催化剂；在医药工业中用于抗生素生产中的合成和分离工艺；在电镀工业中用于镀锌；在印染工业中用作印染扩散剂；在农药工业中用于制造叶青爽等；在钢铁工业中用于配置浸酸剂；在分析化学中用作银、汞、微量铁测定，农药含氮量分析，水质分析，配置硫氰酸根的标准溶液等。

硫代硫酸铵为白色晶体，晶体密度 $1.679g/cm^3$，在感光工业中用作照相定影剂，较钠盐更易溶解、卤化银的乳膜，还用作镀银电镀浴的主要组分、金属表面的清净剂、铝镁合金浇铸保护剂。在医药上用作杀菌剂、分析试剂。

（二）工艺概述

硫氰酸铵提取的过程主要是一个物理过程，通过脱色、过滤、浓缩、过滤、结晶、过滤等过程分离出合格品——硫氰酸铵和混盐硫代硫酸俊。然后通过溶解、氧化、过滤、脱色、过滤、浓缩、结晶、过滤等过程分离出合格品——硫酸铵和硫磺。

（三）工艺流程

硫氰酸铵提取：

1. 将脱硫车间排出的脱硫废液进行预处理，通过静置沉淀，去掉其中的悬浮硫、硫泥、煤灰等杂质。

2. 向预处理液中加入一定量的活性炭，通过加温、搅拌、过滤等措施进行处理，得到合格清液，并分离出废活性炭，废活性炭由活性炭生产企业回收再生或加入到配煤中焚烧，清液进入清液储槽供下一工序使用。

3. 对脱硫清液进行减压浓缩。浓缩时，根据工艺要求慢慢补入脱硫清液或甩后母液，逐步提高脱硫清液中副盐的浓度，当浓缩到一定温度和浓度时，对浓缩液进行热过滤，分离出其中的硫代硫酸铵和硫酸铵等混合盐。

4. 对过滤后的浓缩液进行冷却结晶，达到一定温度时析出硫氰酸铵晶体，再通过离心机进行固液分离，得到硫氰酸铵作为主导产品外卖；甩后母液补入到浓缩釜中，与脱硫清液一起继续进行浓缩，循环使用。

混盐硫代硫酸铵处理：

1. 将硫代粗盐在溶解槽中溶解完全，然后打入氧化釜，加入氧化剂反应一定时间后进行过滤，得滤饼产品硫磺。

2. 把滤液打入脱色釜，加入一定量的活性炭通过加温、搅拌一定时间后进行过滤，分离出废活性炭，废活性炭由活性炭生产企业回收再生或加入到焦煤中焚烧，清液进入清液储槽供下一工序使用。

3. 对脱硫清液进行减压浓缩。浓缩时，根据工艺要求慢慢补入清液，当浓缩到一定温度和浓度时，把浓缩液打入结晶釜。

4. 对浓缩液进行冷却结晶，达到一定温度时析出硫酸铵晶体，再通过离心机进行固液分离，得到硫酸铵产品外卖；甩后母液合并到硫氰酸铵提取工段。

工艺流程如图4-1所示。

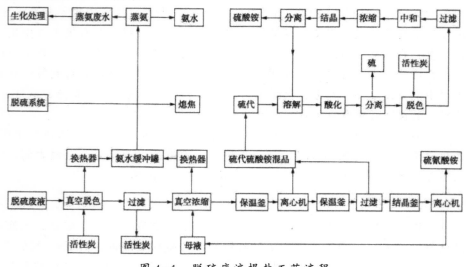

图4-1　脱硫废液提盐工艺流程

因此，脱硫液提盐在很好地解决了脱硫液排放问题的同时，还把副盐变废为宝，带来了一定的经济效益，并且在环保领域开辟了一条解决企业环保投入困扰与经济创效的新路。

第三节　焦化固体废弃物高效利用研究

一、利用除尘灰配煤炼焦

（一）除尘灰的配煤炼焦机理

配合煤中起骨架作用的惰性组分与起黏结作用的活性组分只有在最合适的比例下，才可以炼制出质量更高的焦炭。如果配合煤中挥发分偏高时，容易导致胶质体固化收缩梯度增大、焦炭裂纹变多，而且焦炭强度也随之降低。

因此，通过相应添加固化温度高的石油焦、焦粉或无烟煤等一系列的惰性物，可以提高焦炭的强度，减少焦炭裂纹的产生，并提高焦炭强度。惰性物质其自身具有相对低的收缩性和较好的导热性。因此，将其添加到配合煤中后，在炼焦过程中，可以减少在焦炭的层间的应力、邻近半焦层之间的收缩差以及相对的收缩系数，也会减少焦炭裂纹，也可以提升焦炭的块度，进而提高焦炭的质量。

从胶质体的流动性来分析，由于惰性物质自身没有黏结性，因此惰性物质在成焦过程中可以减少产生胶质体，并吸附多余的液相，可以使奥亚膨胀度和流动度达到一个比较适当的范围。与此同时，也降低了挥发分析出量，进而也可以使煤的热稳定性得到提高。通过以上论述分析，通过该方式进行配煤，可以使胶质体气孔率降低、气孔壁增厚。

从煤的塑性成焦机理上可以推断出以下结论：煤粒会在热解过程中产生很多液相，这些液相在煤粒表面会不断扩散和黏结。惰性组分在液相中的特性为接触结合型，并决定了焦炭质量的优劣。

设想假如惰性组分容易被破碎，那么便可降低焦炭初始裂痕的发生，并且可以将惰性组分相对平均的分散到活性组分之中，从而可以构成焦炭的气孔壁骨架。同时粒度小的煤颗粒有助于加强惰性物传递热能力，利于焦炭质量的提升。但是，如果粉碎不合理，而导致煤粒过细，那么很有可能会因为比表面积过大而导致胶质体的消耗量大大增加，则会大大降低配合煤的黏结性。

如果使用比较多的高挥发分性的煤料当做黏结剂进行炼焦，那么会增大胶质体固化后的半焦收缩梯度，同时也可能会增多焦炭裂纹。为此，在大量使用低变质程度的高挥发分煤时，添加固化温度高的煤、焦粉或石油焦等惰性添加物，以降低煤料的收缩速度，同时增加焦炭块度。为了降低焦炭产生裂纹，可以选择添加适量510℃下不收缩的惰性物质。在610℃时，惰性组分的收缩最快，到660℃时收缩会完全结束。

使用不同的惰性物进行添加后，必然会导致煤料不同程度的降低收缩系数。为了减少焦炭的裂纹率，可以添加惰性物质进行炼焦，但是通常情况下，这样做对焦炭的耐磨性产生不良的后果。只有当胶质体产生较多的液相时，才适合将瘦化剂配入到挥发分偏大的煤料中，即惰性添加剂。只有配入惰性添加剂量在合适的范围内的时候，焦炭质量才不会下降，而且会符合特定的要求。

随着炼焦过程中温度的不断升高，在煤结焦过程的初始阶段，伴随着挥发分的不断产生，固态半焦也随之产生收缩，在510℃和760℃左右，存在两个收缩系数 α 较大的收缩峰，这就是通常所说的第一收缩峰、第二收缩峰。收缩系数也会同时随着温度的变化而变化的曲线称为半焦收缩曲线，随着煤挥发分增加，α 值也会随之增大，并且也会随升温速度的不同而存在变化。

当收缩产生的收缩应力远远大于焦炭材料的强度时，焦炭中将会产生裂纹；同理可以看到，收缩系数越大，收缩的变化越剧烈，产生的裂纹就会越多并且越宽。为了减小收缩系数，可以配加瘦化剂，并且同时也会随温度的变化，导致收缩系数收缩速率也减缓。

此外，在整个结焦过程中，若邻近的半焦层之间存在收缩差时，会导致焦层之间有应力产生，当这种应力大于半焦层的强度时，会在半焦层内产生裂痕。因此，加入瘦化剂后，在一定程度上还能降低层之间的收缩差，减小半焦层之间的应力。

配煤炼焦过程中，瘦化剂的作用主要体现在以下三个方面：

1. 对于高流动度的煤，它所起到的作用主要体现在：可以使胶质体的膨胀度和流动度降低，从而可以吸附比较多数量煤热解而产出的液相产物，并且可以从一定程度上降低气孔率，并且有利于析出气体产物，而期还有利于增厚气孔壁。但是，胶体的膨胀程度和流动性只能在允许的范围内减少，不然一味的减少会造成附着性减少，并且还导致焦炭的耐磨性降低。

2. 针对高挥发分的煤，它所起到的作用主要体现在：可以使收缩系数降低，并使配合煤的挥发分降低。然而由于它本身的挥发分比较低，因此它的收缩系数很小，会增大瘦化剂和煤料之间的收缩差异，进而从一定程度上增多瘦化剂与煤粒界面上的裂纹。

3. 然而铁屑、半焦煤粉以及焦煤粉等此类的瘦化剂都拥有出色的传递热的性能，所以能够通过减小邻近炭化室内层间的温度梯度，来实现降低邻近层之间收缩应力的目的。

通常使用的瘦化剂包括无烟煤粉、半焦粉和焦粉等含碳惰性物，其中无烟煤粉和半焦粉的挥发分较高，约为9%，它可以降低第一收缩峰，但是基本上对第二收缩峰没有太大的影响焦粉的挥发分很低，通常在1.2%~3.2%之间，属于惰性颗粒。为了同时提高焦炭的光学组织性能，还可以通过使用石油焦粉作瘦化剂。业内还曾以金属废渣、铁矿粉、高炉灰和转炉烟尘等含铁物料做为瘦化剂，同尚挥发分、尚流动度的煤配合炼焦后生成铁焦，用于尚炉和化铁炉。

在炼焦的持续过程中，会将一些煤中的氧化铁会被还原成为单质铁，因此可以在炼焦煤中掺入一定比例的氧化铁物料，这样可以达到降低产生炼焦裂纹的目的，同时还可以提高焦炭的 M_{40} 和焦炭的块度，而且还能冶炼过程的能耗大大的降低。然而在炼制铁焦的时候，炭化室炉墙硅砖中的SiO_2会与含铁物料发生化学反应，从而会损坏炉墙；而且还会使结焦时间延长，假如通过湿法熄焦，还会出现生锈和焦炭碎裂等弊端，因而现在配煤中已经不使用铁氧化物作为瘦化剂。

惰性物的选择应根据配合煤性质的不同而采用不同的惰性添加剂，一般可从以下三方面来考虑。

1. 当装炉煤粉的挥发分和流动程度均特别大的时候，增添瘦化剂的目的主要是减少配合煤粉挥发分，降低气体的渗透大小，达到减小焦炭的气孔率和提高块度以及抗破碎能力的目的，这时可选用焦粉。

2. 若加入炉内的煤粉其流动能力比较优良的时候，同时也对焦炭的耐磨性能有所期待时，一般会挑选无烟煤粉以及半焦粉。

3. 如果需要减少焦炭的孔隙程度，增加结块性和抗破碎能力时，并且还期待焦炭的灰分以及CRI有所减小时，则可以使用延迟性焦炭粉。

研究表明，可以将多种瘦化剂混合配用，并且可以适量配加黏结剂来调整装炉煤的黏结性。但是不论哪种瘦化剂均与煤料充分混匀，并用单独细粉碎（＜0.5mm），以防止瘦化剂颗粒上形成裂纹中心。

（二）焦粉配煤炼焦技术进展

焦粉配煤炼焦工艺主要是以焦粉作为瘦化剂配入炼焦煤中，这在二十世纪八十年代国外一家钢铁厂大量的使用，当该技术稳定后，逐步被国内的焦化厂引进和推广利用。但是国内普通的焦炉进行了焦粉回配的焦炭生产，但得到的效果都不是特别好。

因为焦粉配入炼焦煤中所起到的瘦化作用与配合煤的黏结性有着紧密的关系，配合煤中的活性组分足够多，其黏结性足够强时配入焦粉的量才能提高，而各焦化企业所用的单种煤的性质不同，与顶装焦炉相比，捣固焦炉所用的单种煤黏结性较差，因此如何根据企业自身的工艺特点和煤质情况配焦粉炼焦，是各焦化企业需研究的课题。

宝钢焦化厂和石家庄焦化集团均采用20kg顶装煤小焦炉进行焦粉配煤炼焦的实验，这两家企业的肥煤配比都达到了28%，实验结果表明，在这个基础上配加焦粉的量不宜超过3%，焦粉的粒度应控制小于1.1mm，数据分析还表明，当焦粉的粒度＜0.2mm时，生产出来的成品焦炭的各项指标有了很大的变化（其中抗破碎强度提高1.6%，耐磨强度降低1.4%，CSR提高1.5%，CRI降低3.0%）。研究指出，虽然小粒度焦粉有利于保证焦炭质量，但是焦粉的过细粉碎，将造成生产成本的大幅增加，并首次提出配入焦粉时，应考虑配合煤的容惰能力，应保证肥煤和焦煤的质量和配入量。

2002年，湖南某合成化工厂以实验焦炉的数据为指导，进行了工业化的焦粉配煤的炼焦生产实验，所得焦炭的块焦率明显增加。实验的结果还表明，添加4%～6%的焦粉代替瘦煤，该配入比例可以很好的应用在顶装焦炉中进行焦粉配煤炼焦。

2006年，武钢集团一焦化厂在经过小焦炉实验，利用数据分析和统计，将除尘焦粉回配工艺应用于工业化生产，在焦肥煤配入量为 46% 和用煤结构变化不大的条件下，添加 1.8% 的除尘焦粉。该焦粉比例不仅没有对焦炭的各项质量指标造成不良的影响，反而有一定的改善（投产前 M_{10} 为 7.8%，M_{40} 为 83.5%，投产后 M_{10} 为 7.1%，M_{40} 为 85.9%）。该公司年产焦炭 110 万 t，这样计算下来，每年用于配煤炼焦即可消耗焦粉 3.6 万 t，实现了很好的经济效益。

为了进一步深探索焦粉配煤炼焦对焦炭强度的影响，2009 年太原气化公司应用光度计系统对焦粉配煤炼焦进行了系统的研究，实验研究了焦粉的配入量对配合煤的其显微组分的影响以及对镜质组最大反射率的影响，通过 40kg 小焦炉实验得出该厂焦粉的最佳配入比例为 1.1%～1.6%，最佳粒度范围为 <3mm 占 97%～100%、<1mm 占 77%～80%、<0.2mm 占 42%～50%，并从煤岩学的角度初步给出了配加焦粉后对结焦过程的影响机理。

单纯配加焦粉炼焦时配合煤的黏结性会下降，为了改善配入焦粉后配合煤的黏结性，山西焦化公司焦化二厂和武钢焦化公司将焦化厂分别在配焦粉的同时添加了一定比例的焦油渣进行实验研究。

山西焦化公司二厂以顶装煤小焦炉实验结果为指导，焦粉和焦油渣按照 3：1 的比例进行混合，然后按一定比例配入煤中，在该厂的 JN60-89 型焦炉进行试生产实验，结果 1/3 焦煤可降到 37%，粉尘和焦油渣混合后配入 3%，生成的焦炭工业指标基本变化不大，M_{40} 略有下降，基本上不影响焦炭质量。

2006 年，武钢将焦化厂将焦炉产生的除尘灰在 5kg 顶装小焦炉上进行配煤炼焦实验，分别用 2.0% 的焦油渣、焦粉、活性污泥替代肥煤、瘦煤、肥煤炼焦，通过正交实验，按照 1.2% 焦粉、1.8% 焦油渣和 0.8% 活性污泥的掺入比例进行配煤炼焦，该比例下得到的焦炭质量最高。

除尘灰是炼焦时大块焦炭在熄焦、皮带转运、筛分过程中从表面脱落下来的焦炭颗粒。因为除尘灰的粒径很小，在加入到高炉之中时会造成堵塞气流、铁水、液渣的情况，故而难以成为工业炼铁焦煤在高炉中大规模的运用。以往，除尘灰会被看为是炼焦的废弃物，或者作为低级燃料廉价处理，这样会造成环境的污染和对资源的浪费。

（三）除尘灰配煤炼焦的效果

配加除尘灰炼焦工艺相对简单，早在 20 世纪 50 年代就应用与炼焦工业生产。除尘灰的添加主要用于捣固炼制铸造焦的生产。因为除尘灰多孔隙的表面和较大的比表面积，使其在炼焦过程中呈现出惰性特征，并且与活性成分的液体产物具有大的接触面积，结合固体颗粒在液相上的简单吸附，因此混合量不应太多。

除尘灰不仅降低了半焦煤缩小和固态转变过程中的挥发物含量，减少了此过程的缩小率；还会因为多孔结构的刚性低，让焦炭在缩小的过程中产生的应力缩减，降低了焦炭的孔隙度。两种结果都导致焦炭体积和抗破碎性变大，故而粉尘在工业方面通常被当作稀释剂来使用。

利用除尘灰进行配煤时，首先要保证配合煤有较好的黏结性；其次，要保证除尘灰的配入百分比不超过2%；最后，还要保证好焦粉的粒度，≤1mm的量不得低于85%。

从上述研究看，以京唐炼焦煤强黏结性煤配比较高的特点以及焦粉粒度小于0.2mm占70%估计，在保证焦炭质量的前提下，焦粉配比或许可以达到1%以上，因此公司进行添加焦粉配煤炼焦是可行的。而不同公司的配煤结构不同，需要开展试验验证，拟安排300kg小焦炉进行试验。为配入焦粉进行炼焦的生产实践提供前期技术支撑。

二、除尘灰回配炼焦的300kg焦炉实验

此次实验是利用300kg试验用焦炉来进行的炼焦试验。300kg试验焦炉为首钢技术研究院于2013年6月建成的一套高效环保试验焦炉，主要用于首钢当前一业多地焦化专业炼焦配煤试验研究。

小焦炉的主要组成部分有：焦炉本体、上升管、放散装置、煤气导出装置、装煤部分、推焦部分、接焦部分、熄焦部分、加热部分、地下室、蓄热室等。地下室加热并不是传统的煤气加热方式，而是采用更简便方便的电加热方式。电加热使用的加热元件为热电偶，热电偶的加热功率高达150kw，热电偶式炭棒分别置于焦炉两侧，每侧6根，共12根，可以稳定的为焦炉提供热量，而且最大的优点就是更利于根据焦炉耗热需要进行供热调节。

实验小焦炉的炭化室宽度445mm，有效容积1100mm×1100mm×405mm。该小焦炉为顶装装煤，而生产出来的焦炭主要采用干熄方式，湿熄方式为备用辅助。

生产出来的焦炭，直接送内部化验室进行分析化验，对焦炭各项指标进行分析测验，主要包括焦炭的水分、灰分、挥发分、硫分以及反应性和反应后强度，然后将数据与大焦炉数据进行对比分析。再根据实际情况对配煤比例进行调整，进而找到更优化的配煤方式。

小焦炉生产节奏比较快，采用四班三倒的工作方式，每班三名操作人员维持生产。同时有点检和维护单位协同维护小焦炉的运行。操作人员主要负责设备操作和设备巡检，发现设备问题及时联系点检和维护人员，一同进行处理，保证小焦炉生产稳定进行。

该试验小焦炉通过全程自动化控制，包括炉体温度控制、焦炭顶部的气体压力监控、气体温度测量、炉体内部温度监控、炭化室压力调节及耐火材料的温度监控等均实现了自动化数据采集。

小焦炉生产过程中产生的荒煤气，由荒煤气压力调节系统导出，燃烧系统的操作温度控制在在710～910℃。上升管煤气压力调节系统有一个调节水封，可以根据煤气产量和系统压力实现自动调节，进而达到自动控制焦炉煤气均匀平稳流出的目的，最后可以实现气体完全燃烧，最大限度的节约煤气用量，并达到环保的要求。

（一）除尘灰配煤方案

取公司生产煤和除尘灰，按比例和要求进行配煤炼焦试验，装煤粉（干基）

335kg，具体数据方案见下表。A0为标准对比试验方案，A1、A2和A3分别代表配焦粉0.5%、1.0%和1.5%试验方案。

表4-1　试验方案

方案	A0	A1	A2	A3
生产煤/wt%	100	99.5	99	98.5
除尘灰/wt%	0	0.5	1	1.5

（二）除尘灰的质量分析

1. 除尘灰粒度

除尘灰是炼焦过程中大块焦炭在焦炉出焦、健谈倒运、干熄焦生产、皮带运输以及筛分过程中从焦炭表面脱硫下来的焦炭颗粒。由于除尘灰粒度相对比较小，因此在高炉内容易堵塞气流，对高炉生产造成很多不利。但是在配煤生产过程中，为了保证良好的焦炭质量，掺入一定量的除尘灰，对焦炭质量是有好处的。而且，在配煤过程中，除尘灰的粒度应尽量小一些。为了满足这个要求，使用的是焦化内部的地面除尘站布袋所收集的除尘灰。焦粉的粒径大小见表4-2以及图8。

表4-2　除尘灰粒度

除尘灰粒度/mm	＞30目	30-55目	55-90目	90-110目	110-130目	130-200目	＞200目
粒级分布/wt%	1.05	1.52	7.70	2.85	3.76	12.78	70.34

2. 除尘灰的灰分及硫分

由表4-3中数据可知，与生产配合煤相对比，除尘灰灰分和硫分含量明显较高，灰分含量高6.23%，硫分含量高0.26%。因此，如果不做比例分析和控制随意将除尘灰作为原料进行配煤，那么配合煤的各项指标情况必然发生变化，最明显的就是灰分和硫分将明显升高，同样也会影响焦炭的灰分和硫分，对高炉用焦炭将造成严重影响。

因此，为了确保掺入除尘灰后，配合煤的质量保持稳定，也能同时保证焦炭质量的稳定甚至提升，必须严格的控制除尘灰配入比例。通过数据分析得知，除尘灰配入比例应不高于1.5%。

表4-3　除尘灰和生产煤灰分和硫分含量

成分	灰分/wt%	挥发分/wt%	硫分/wt%
生产煤	9.64	25.4	0.9
除尘灰（煤焦粉）	15.87	1.98	1.16

（三）生产用煤及试验煤质分析

取用标准粉碎后的配合煤进行试验，其中装炉煤细度为78%左右，并将其水份维持在 10.2% 左右，干基装煤量控制为 300kg。生产配合煤及各试验方案按标准取样，然后进行缩分，以 4 公斤标准样作为煤质检测。煤质分析具体数据见表 4-4。

表 4-4 煤质研究结果

方案	A_d/wt%	V_{daf}/wt%	S_{td}/wt%	G	b	X/mm	Y/mm
A0	9.67	25.65	0.88	74	-5	30.5	15.5
A1	9.49	25.30	0.89	76	-5	24.8	16.2
A2	9.61	25.42	0.90	69	-6	34.7	15.4
A3	9.62	25.17	0.85	72	-4	25.5	13.8

表 4-4 中 A0 为生产煤，A1、A2 以及 A3 为试验方案，以下相同。可以看出：采取三组不同的试验配比方案（A1-A3）得到不同的三组结果，用着三组结果和标准无掺入除尘灰的方案（A0）进行详细对比。

很明显，煤质的结焦性和黏结性都在一定程度上出现了下降。这就除尘灰的掺入，配合煤的结焦性和黏结性都会在一定的程度上出现不同程度的劣化。

通过上述数据综合分析：当除尘灰的比例为 0.5% 时，配合煤的煤质最好；当除尘灰的配入比例为 1.0% 和 1.5% 时，配合煤的煤质基本没有明显差异，但煤质会有一定程度的劣化。

因此，除尘灰的配入比例可以控制在 1.5% 以内。

（四）除尘灰回配试验结果与分析讨论

通过采用生产配煤方案和配加除尘灰试验方案进行 300kg 半工业焦炉炼焦试验，所得焦炭机械强度和高温 CRI 及 CSR 结果列于表 4-5 中，焦炭筛分结果列于表 4-6 中。

表 4-5 300kg 焦炉炼焦试验焦炭强度

方案	A0	A1	A2	A3
CRI/wt%	20.1	22.1	21.4	20.3
CSR/wt%	71.5	70.4	70.2	71.5
M_{40}/wt%	81.8	85.3	84.1	85.9
M_{10}/wt%	6.43	6.85	7.12	7.05

1. 焦炭筛分组成分析

将利用不同的配煤方案进行炼焦所得到的焦炭进行机械筛分，并进一步将焦炭按照块度进行分类：>80mm、80~60mm、60~40mm、40~25mm 以及 <25mm 五大类，由下表可以清晰的看到，试验方案生产出来的焦炭，块度 >60mm 的占比，明显比普通焦炭的比例高，与此同时，块度 >60mm 的占比随着除尘灰配加比例的提高而增加。

除尘灰占比等于0.5%时，块度>60mm的占比为32.1%；当除尘灰占比等于1.0%时，块度>60mm的占比为33.2%；当除尘灰占比等于1.5%时，块度>60mm的占比为35.1%。

由此，可以得出结论：在现有配煤比例状况下，选择适当的除尘灰占比（小于1.5%），焦炭块度得到明显提高。

表4-6　不同配煤方案下焦炭筛分组成

方案	>80mm/wt%	>60mm/wt%	>40mm/wt%	>25mm/wt%	<25mm/wt%
A0	8.2	32.1	39.6	11.6	8.5
A1	16.8	32.1	32.3	8.9	9.9
A2	18.3	33.2	29.7	10.2	8.6
A3	16.3	35.1	32.6	7.3	8.7

2.焦炭机械强度分析

焦炭的机械强度包括焦炭耐磨强度（M_{10}）和焦炭抗碎强度（M_{40}），由表4-6中300kg小焦炉各个实验方案所得的数据统计结果可见，在配合煤中掺入一定比例的除尘灰，这样生产出来的焦炭的抗破碎强度普通会得到一定程度的提高。

进一步分析，得出结论：除尘灰是充当一种惰性物质被掺入煤粉中的，这增强了煤粉在焦化过程中的骨架效应，并增大了抗结焦性；而工业煤炼制焦炭的耐磨强度（M_{10}）通常会大于掺和了除尘灰的试验方案焦炭的耐磨强度，则便是在生产焦煤时添加0.5%～1.5%的除尘灰。而如果在当前的情况下，工业煤的焦化不能够合理利用除尘灰，那么在很大概率情况下会发生，当增加焦炭强度时，会提高焦炭灰分并同时降低焦炭的耐磨性。

焦化公司每天生产焦炭约11000余吨，炼焦区域和干熄焦区域所有除尘灰累计日产量约为110吨。如果想完全消耗这部分除尘灰，那么在配合煤中掺入除尘灰的比例大概是0.8%。虽然除尘灰灰分和硫分含量与生产煤相比，相差不是很多，而且除尘灰配加比例一般控制在1.5%以内，因此焦炭灰分和硫分含量也不会明显的提高。

不过，除尘灰的配入，会大幅降低焦炭的耐磨强度，这样对焦炭质量影响比较大。因此要想办法降低这方面的影响，可以通过降低生产煤中瘦煤的配比来实现这一目的。简单来说，也就是用除尘灰代替瘦煤。根据本次试验数据综合分析可知，焦炭的各项强度指标均稳定乃至有一定程度的提高。因此，该方案可行。

3.焦炭高温CRI及CSR分析

除尘灰掺入量<1.5%时试验所得，焦炭的高温CRI和CSR与普通炼焦煤生产的焦炭的各项指标进行对比，数据波动。有力的说明了配合煤中掺入<1.5%的除尘灰时，生产出来的焦炭质量波动不大。

（五）小结

1.在现有的配煤情况下，配煤过程中添加0.5%～1.5%除尘灰（煤焦粉），可以提高焦炭>60mm产率，并随着除尘灰配比的提高而增加。

2. 添加除尘灰（煤焦粉）配煤炼焦，会增加焦炭灰分和硫分含量，每提高除尘灰 1%，焦炭灰分提高 0.085%，硫分提高 0.0023%，因此需要合理控制除尘灰的添加量。

3. 在现有配煤条件下，配 1.5% 以内除尘灰（煤焦粉）炼焦时，可提高焦炭抗碎强度，但焦炭耐磨强度有一定降低。若稳定焦炭耐磨强度可考虑除尘灰（煤焦粉）替代同比例瘦煤炼焦。

4. 依据目前京唐焦化煤质，1.5% 以内除尘灰（煤焦粉）配煤炼焦，对焦炭 CRI 与 CSR 基本无影响。

5. 考虑半工业试验所得到的焦炭数据无没明显异常，因此采取除尘灰（煤焦粉）配入配合煤的工业实验。采取的方案是：除尘灰的配比不超过 0.5%；如果可以实现使用瘦煤替代除尘灰的情况下，那么除尘灰的比例可以适当提高，但是最高不能超过 1.5%。

三、除尘灰混配生化污泥降尘

由于除尘灰本身是干燥的粉尘，如果将它直接与配合煤混合，在皮带输送和焦炉装入的各个环节，都极易造成扬尘的情况发生，进而造成粉尘污染，严重影响了环保以及职工的操作环境。

经过综合考虑，选择采用加湿剂对除尘灰进行加湿，而后在按照比例与配合煤进行混合。目前除尘灰回配过程中是采用工业水对其进行加湿，不仅浪费水资源，而且还大大提高了回配成本。

如果选择污泥浆作为加湿剂，由于污泥浆本身流动性好，并且有杂物少的优点。那么采用污泥浆对除尘灰进行加湿，不仅可以将污泥处理成本在较大程度上进行降低，而且还可以提高资源利用率，并产生环保效益。

选中除尘灰的基准量为 50g，污泥浆由 0% 增加至 45%，每次调整增加污泥浆比例为 5%。分别按照 0%、5%、10%、15%、20%、25%、30%、35%、40%、45% 该 10 种特定比例混合均匀后，对比并观察该 10 种混合污泥浆的状态。如下图所示为 10 种不同比例下实验数据对比。

通过详细的数据分析和对比，得出以下结论：当污泥浆配比<15% 时，除尘灰混合物料偏干，在输送过程中易扬尘；当污泥浆配比>30% 时，除尘灰与污泥浆混合物料水分多，在输送过程中四处溢，影响现场操作环境，同样也不利于输送。

只有当污泥浆量控制在 15% 至 30% 之间时，除尘灰与污泥浆的混合物料水分适宜，即不出现扬尘现象，且运输过程中不存在到处溢出的现象。进而得出的结论：污泥浆配入的最佳比例应控制在 15%～25%。

第五章　焦化清洁生产展望

第一节　清洁生产

一、清洁生产概述

清洁生产是一种新的创造性的思想，该思想将整体预防的环境战略持续应用于生产过程、产品和服务中，以增加生态效率和减少对人类及环境的风险。对生产过程，要求节约原材料与能源，淘汰有毒原材料，减降所有废弃物的数量与毒性；对产品，要求减少从原材料提炼到产品最终处置的全生命周期的不利影响；对服务，要求将环境因素纳入设计与所提供的服务中。

清洁生产的定义包含了两个全过程控制：生产全过程控制和产品整个生命周期全过程控制。对生产过程而言，清洁生产包括节约原材料与能源，尽可能不用有毒原材料并在生产过程中就减少它们的数量和毒性；对产品而言，则是从原材料获取到产品最终处置过程中，尽可能将对环境的影响减少到最低。

清洁生产又称清洁技术、废物最小化、源控制和污染预防等，1989 年 5 月，联合国环境署关于清洁生产定义如下：清洁生产是一种新的创造性思想，该思想将整体预防的环境战略持续应用于生产过程、产品和服务中，以增加效率和减少对人类及环境的风险。

——对生产过程，要求节约原材料和能源，淘汰有毒原材料，削减所有废物的数量和毒性。

——对产品，要求将环境因素纳入设计和所提供的服务中。清洁生产既是一种战略，它体现在宏观层次上的总体污染预防，又可以从微观上体现于企业争取的预防污染措施。宏观上，清洁生产的提出和实施使环境进入决策过程；微观上，清洁生产通过具体的手段、措施达到全过程的污染预防。

二、清洁生产的内涵

清洁生产从本质上来说，就是对生产过程与产品采取整体预防的环境策略，减少或者消除它们对人类及环境的可能危害，同时充分满足人类需要，使社会经济效益最大化的一种生产模式。具体措施包括：不断改进设计；使用清洁的能源和原料；采用先进的工艺技术与设备；改善管理；综合利用；从源头削减污染，提高资源利用效率；减少或者避免生产、服务和产品使用过程中污染物的产生和排放。清洁生产是实施可持续发展的重要手段。

清洁生产观念上主要强调三个重点：

（一）清洁能源

包括开发节能技术，尽可能开发利用再生能源以及合理利用常规能源。

（二）清洁生产过程

包括尽可能不用或少用有毒、有害原料和中间产品。对原材料和中间产品进行回收，改善管理、提高效率。

（三）清洁产品

包括以不危害人体健康和生态环境为主导因素来考虑产品的制造过程，甚至使用之后的回收利用，减少原材料和能源使用。

三、清洁生产的历史必然性

清洁生产的出现是人类工业生产迅速发展的历史必然，是一项迅速发展中的新生事物，是人类对工业化大生产所导致的有损于自然生态和人类自身污染的这种负面作用逐渐认识所作出的反应和行动。

发达国家在20世纪60年代和70年代初，由于经济快速发展，忽视对工业污染的防治，致使环境污染问题日益严重。公害事件不断发生，如日本的水俣病事件，对人体健康造成极大危害，生态环境受到严重破坏，社会反映非常强烈。环境问题逐渐引起各国政府的极大关注，并采取了相应的环保措施和对策。例如增大环保投资、建设污染控制和处理设施、制定污染物排放标准、实行环境立法等，以控制和改善环境污染问题，取得了一定的成绩。

但是经过10多年的实践发现：这种仅着眼于控制排污口（末端），使排放的污染物通过治理达标排放的办法，虽在一定时期内或在局部地区起到一定的作用，但并未从根本上解决工业污染问题。其原因在于：

（一）随着生产的发展和产品品种的不断增加

以及人们环境意识的提高，对工业生产所排污染物的种类检测越来越多，规定控制的污染物（特别是有毒、有害污染物）的排放标准也越来越严格，从而对污染治理与控制的要求也越来越高，为达到排放的要求，企业要花费大量的资金，大大提高了治理费用，即使如此，一些要求还难以达到。

（二）由于污染治理技术有限

治理污染实质上很难达到彻底消除污染的目的。因为一般末端治理污染的办法是先通过必要的预处理，再进行生化处理后排放。而有些污染物是不能生物降解的污染物，只是稀释排放，不仅污染环境，甚至有的治理不当还会造成二次污染；有的治理只是将污染物转移，废气变废水，废水变废渣，废渣堆放填埋，污染土壤和地下水，形成恶性循环，破坏生态环境。

（三）只着眼于末端处理的办法

不仅需要投资，而且使一些可以回收的资源（包含未反应的原料）得不到有效的回收利用而流失，致使企业原材料消耗增高，产品成本增加，经济效益下降，从而影响企业治理污染的积极性和主动性。

（四）实践证明：预防优于治理

根据日本环境厅1991年的报告，从经济上计算，在污染前采取防治对策比在污染后采取措施治理更为节省。例如就整个日本的硫氧化物造成的大气污染而言，排放后不采取对策所产生的受害金额是现在预防这种危害所需费用的10倍。以水俣病而言，其推算结果则为100倍。可见两者之差极其悬殊。

据美国EPA统计，美国用于空气、水和土壤等环境介质污染控制总费用（包括投资和运行费），1972年为$260×10^8$美元（占GNP的1%），1987年猛增至$850×10^8$美元，20世纪80年代末达到$1200×10^8$美元（占GNP的2.8%）。如杜邦公司每磅废物的处理费用以每年20%～30%的速率增加，焚烧一桶危险废物可能要花费300～1500美元。即使如此之高的经济代价仍未能达到预期的污染控制目标，末端处理在经济上已不堪重负。

因此，发达国家通过治理污染的实践，逐步认识到防治工业污染不能只依靠治理排污口（末端）的污染，要从根本上解决工业污染问题，必须以"预防为主"，将污染物消除在生产过程之中，实行工业生产全过程控制。自20世纪70年代末期以来，不少发达国家的政府和各大企业集团（公司）都纷纷研究开发和采用清洁工艺，开辟污染预防的新途径，把推行清洁生产作为经济和环境协调发展的一项战略措施。

四、清洁生产的目标

（一）利用自然资源

减缓资源的耗竭，达到自然资源和能源利用的最合理化。

（二）减少废物和污染物的排放

促进工业产品的生产、消耗过程与环境相融，降低工业活动对人类和环境的风险，达到对人类和环境危害的最小化以及经济效益的最大化。

五、清洁生产的意义

科学发展观要求发展要以人为本，要关注人的生存环境；要尊重自然，要保护人们生活的自然环境。而煤焦化产业的工作环境是相对恶劣的，这是一个不容否认的事实，但这又不是不可改变的。所以应该推行清洁生产，实现生产全过程污染物的综合治理，减少污染物的排放，降低污染对人类和环境的危害。

据了解，从煤到焦炭的生产过程中释放的主要污染物有尘、烟、噪声、废煤气和煤焦油等。

有资料显示，煤焦化通过采用先进的收尘方法，可使煤尘去除率大于90%；通过炉顶设置除尘消烟车以及引入炉体密闭污染防治技术，可使烟尘污染去除90%；通过回炉煤气脱硫，有效减轻了烟囱中的二氧化硫的含量。

对于噪声的处理，首先选择先进的低噪设备，从根本上减少噪声污染；其次采用密闭、减震等有效方法；另外加强操作人员的个人防护，发放耳塞等劳保用品。

对于废煤气，企业应该采取回收再利用使之发电；对于煤焦油也应该通过购买先进设备进行回收利用，变废为宝。

通过以上论述可知，大力发展和应用洁净煤燃烧技术与装置，是解决和控制大气污染的一条重要措施，焦化企业只有依法实施清洁生产，提高资源利用率，减少和避免污染物的产生，保护和改善环境，只有按照中央提出的科学发展观去谋划这个产业，才能走出一条环境污染少、科技含量高、经济效益突出的新型工业化道路。

第二节　焦化清洁生产

清洁生产是实现可持续发展的有效手段，不仅可以缓解经济与资源之间的矛盾，还可以在"倒逼成本"、"深度挖潜"中为企业抢得先机，赢得主动，更彰显出一个企业在低碳环保、节能减排方面的贡献和责任。

一、焦化行业清洁生产发展背景

1992年6月，在巴西里约热内卢召开的"联合国环境与发展大会"上，通过了《21世纪议程》，号召工业提高能效，开展清洁技术，更新、替代对环境有害的产品和原料，推动实现工业可持续发展。中国政府亦积极响应，于1994年提出了"中国21世纪议程"，将清洁生产列为"重点项目"之一。源于清洁生产理念，焦化企业提出了发展循环经济的指导思想。循环经济是对物质闭环流动型经济的简称，是以资源的高效利用和循环利用为目标，以"减量化、再利用、循环化"为原则，以物质闭路循环和能量梯次使用为特征，按照自然生态系统物质循环和能量流动方式运行的经济模式。从物质流动的方向看，传统工业社会的经济是一种单向流动的线性经济，即"资源-产品-废弃物"，其特点是"三高一低"。清洁生产的增长模式是"资源-产品-再生资源"，其特征为"三低一高"。

在环保要求越来越高，资源日渐枯竭的今天，焦化企业要想改变资源消耗量大、浪费严重、排污环节多、各类废弃物种类繁杂等现状，只有走清洁生产、发展循环经济的路子。依托循环经济的资源、能源使用模式，带动焦化企业工艺结构和能源结构的调整。

二、焦化行业清洁生产发展现状

我国焦化行业清洁生产发展模式起步较晚，目前仍处于清洁生产发展的初级阶段。但在近几年的发展探索中，亦取得了令人瞩目的成绩。

在炼焦煤洗选过程中产生的副产品煤矸石和煤泥，以往都是随意堆放或者废弃，现在将中煤、矸石和煤泥用于发电、建材等行业，改变了洗煤厂内脏乱的现象，还满足了企业生产、生活用电的需要。在发电过程中产生的粉煤灰现在进行集中处理，用于生产混凝土砌块和水泥熟料，提高了企业的经济效益。在冶金焦生产过程中产生的煤焦油和煤气，以前是焦化厂的两个主要污染源，现在通过技术改造对煤焦油和煤气进行了精细加工和回收再利用，从中提炼轻油、粗酚、工业萘、燃料油、改制沥青等化工产品，剩余煤气用来发电，做到对资源的充分利用及其价值的最大挖掘。同时，工业废水和生活废水通过污水处理厂集中治理，用于企业再生产和绿化，做到污水不出厂，清洁环保、循环利用。

近年来，不少企业在项目动工之前就制定了详细的清洁生产、循环经济的发展规划，通过加强管理、创新技术、改造工艺流程、延伸产业链条等方式，实现了废气、废水、废渣、余能和焦炭副产品的综合利用。过去的主导产品——焦炭现在成了基础产品，过去的副产品——煤气则成了发展循环经济的宝贝，过去的"下脚料"成了现在的"香饽饽"。以原料煤到焦炭、煤气、甲醇、精苯、醋酸这个产品链条为例，把每个生产环节的产品和排放物作为原料投入下一道生产工序，既节约资源、减少排放，又大幅度提高了经济效益。新建投产的焦化项目，以大型捣固及顶装机焦炉的完全自主创新和自主集成为标志，尤其是苯加氢精制、煤焦油加氢精制、焦炉煤气制取甲醇、制取天然气等化工产品加工项目，也有力地推进了我国焦化产品的资源化综合利用和循环经济的发展。

三、焦化行业清洁生产主要特征

中国焦化行业在清洁生产发展过程中，经过不懈努力，走出了适合我国国情的可持续发展道路。总结我国焦化行业清洁发展现状，主要具有如下特征：

（一）资源综合利用，减少三废排放

通过资源的综合循环利用，变上一个产品的废料为下一个产品的原料，不仅降低了产品成本，而且符合环境保护要求，减少"三废"排放或实现近零排放。实现了企业经济效益和社会效益的"双赢"。

（二）延伸产业链条，产品精细加工

最大化地利用资源优势，对各个生产环节最大限度地深加工，将煤炭资源最大化利用，逐级增加产品附加值，大大提高了转化效率，综合成本优势明显。同时积极支持外部经济产业链的循环利用，给周边企业提供原料供应和消耗保障，带动相关产业的发展。

（三）加强节能降耗，能量梯级利用

推进节能环保技术改造及能量逐级利用，产值能耗、工序能耗下降；焦炉煤气利用率、余热利用比例、水循环利用率提高。达到了国家节能环保新标准的要求，生产运行技术经济指标明显提升，节能减排的效率和效益明显。

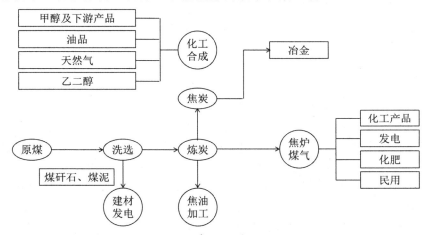

图 5-1　焦化行业清洁生产、循环发展示例

四、焦化行业清洁生产的目标

焦化行业在我国能源转化及利用中具有举足轻重的地位，已经成为上连接煤炭行业、下连接钢铁及化工行业的重要承载单元。"煤-焦-钢-化"一体的多产业融合发展模式可实现资源分质分级利用、能量梯级高效利用及减少污染物排放，对于焦化行业清洁生产意义重大（图5-1）。

（一）资源分质分级利用

煤分质分级利用是根据构成煤的要素特点，利用不同的工艺组合，最大限度地对煤炭各组分进行深度开发和利用，做到物尽其用。具体而言，煤分质利用包括煤的分级开采和分质利用两大部分。即在煤的开采过程中，对原煤进行洗选加工，将其分为精洗块煤、沫煤、中煤、煤泥和矸石。精洗块煤和沫煤用于炼焦或化工生产，煤泥和矸石用来燃烧发电等。

焦化行业多产业融合发展，即将传统的炼焦工艺经技术升级改造后，与现代化工合成或气化技术耦合，通过洗精煤炼焦，将其分离为焦炭、焦油、煤气等固液气三大组分并对每一单元产品进行深度加工、循环利用。洗选出的煤矸石、煤泥等用

于建材、发电等行业；焦炭用于冶金炼铁或化工合成甲醇、乙二醇、天然气等产品；煤焦油在提取分离其中的苯、甲苯、二甲苯、酚等精细化工产品后，对其加氢裂解生产市场俏销的清洁液体燃料；焦炉煤气进行深度处理，生产甲醇、乙二醇、醋酸、合成氨等化工产品，或用于发电、化肥、民用等领域。

可见，以焦化为龙头的多联产产业链最终可实现煤中不同组分的资源化有效利用，既使资源得到充分有效利用，又使资源得到净化而变为清洁燃料，是煤炭资源分质分级利用的典范。同时，国家能源局近日发布的《煤炭清洁高效利用行动计划（2015～2020）》中明确指出，开展煤炭分质分级利用是其七项重点任务之一；焦化行业多产业融合发展正是该计划的有力落实。

（二）能量梯级高效利用

炼焦生产出来的高温焦炉煤气、红热焦炭以及排出的热废气均携带大量的显热，对这部分热量进行回收再利用，对于焦化行业节能减排、发展循环经济具有重要意义。

炼焦煤气的冷却水温度达 60～70℃，该部分热量可广泛直接用于居民采暖和供热部门，或者用于导热油换热等，将节约大量能源。炼焦企业建设干熄焦装置，可有效应用炼焦出炉红热焦炭的热能，节能减排效果显著。截至 2013 年年底，我国投产运行干熄焦装置 155 套，处理能力 20787t/h。同时，有 22 家独立焦化企业开始应用干熄焦技术。干熄焦效益是显著的，以年产 $100×10^4$t 焦炭粗略计算：干熄焦回收热能可发电 $5382×10^4$kW·h/a，生产蒸汽 $58.8×10^4$t/a，每年节省标准煤 $6.1×10^4$t，每年节省熄焦水 $55×10^4$t。此外，炼焦废气热可用于炼焦煤预热调湿，既节约能源，又减少了污水排放；如 2007 年济南钢铁集团焦化厂，炼焦煤调湿工艺投产，效果显著：炼焦配煤水分降低 3%，使焦炉能力增产 11%，焦炭强度提高 1.7%，炼焦耗热量降低 5%，每吨煤减少剩余氨水约 44kg 等。

所以，焦化行业多产业融合发展可有效、合理回收利用炼焦生产过程中大量存在的显热，实现能量梯级高效利用，为焦化行业节能降耗、发展循环经济产业链作出贡献。

（三）清洁环保、降低"三废"排放

环境污染问题是焦化企业所面临的重大问题之一，而"三废"的处理是解决其最直接和最有效的途径。炼焦过程中，废气主要来自于焦炉炉体排放、湿法熄焦及分离操作的尾气等；废水主要分为接触粉尘废水、酚氰废水及生活污水等；废渣则主要包括焦油渣、沥青渣、粉尘及剩余污泥等。

炼焦所产生的废气，在充分利用其热量后，可提取蕴藏于其中的有用成分，为下游化工合成提供宝贵原料；而且，干法熄焦技术可有效避免水喷淋熄焦过程所产生的有毒废蒸汽。焦化废水、废渣中所携带的酚、氰、沥青等物质均为有用的化学原料，通过先进的处理技术可有效提取该资源并将其有效应用于化工行业。

新世纪环保要求的进一步提高，要求焦化生产"三废"排放由末端治理向污染全过程控制转变，达到综合利用、综合治理的目的。焦化行业多产业融合发展可切实降低"三废"排放，是实现行业清洁环保发展的有效途径。

综上所述，焦化行业循环经济发展模式可实现煤炭资源分质分级利用，节约宝贵的非可再生化石能源；可实现炼焦过程中存在的大量显热的合理高效利用，为行业节能减排提供保障；可切实减少废水、废气、废渣等的排放，促进焦化行业清洁环保发展。

第三节　焦化清洁生产评价

工业城市的飞速发展，单一的末端治理不仅成为经济发展的沉重累赘，而且越来越不能有效地解决环境污染问题，于是发达国家率先提出的一种把污染预防的战略运用于生产过程、产品和服务中，通过源头消减和全过程控制，以提高原材料，资源和能源的利用率，减少污染物产生的总量和排放量，增进经济与环境和谐发展的新方法——清洁生产。

清洁生产起源于20世纪60年代美国化工行业污染预防升级，"清洁生产"的概念最早可追溯到1976年欧共体在巴黎举行的"无废工艺和无废生产"国际研讨会上，会议提出"消除造成污染的根源"的思想，1979年4月欧共体理事会宣布推行清洁生产政策。1992年联合国环境与发展会议之后，保护好人类赖以生存与发展的自然环境与资源，防治环境污染和生态破坏，成为世界各国可持续发展的一项战略性任务。全球的环境污染和生态破坏主要来自工业生产，因而控制和预防工业污染，是可持续发展的一个重要内容。

中国工业长期形成的高能耗、粗排放式的传统生产方式、落后的技术设备和生产工艺、"末端治理"为主的环境管理模式等，使得中国工业的发展对环境产生严重的不利影响。

一、清洁生产及其主要内容

联合国环境规划署与环境规划中心采用"清洁生产"来表征从原料、生产工艺到产品使用全过程的广义的污染防治途径，并给出定义：清洁生产是一种新的创造性的思想，该思想将整体预防的环境战略持续应用于生产过程、产品和服务中，以增加生态效率和减少人类及环境的风险。我国《清洁生产促进法》中关于"清洁生产"的定义是：清洁生产，是指不断采取改进设计、使用清洁的能源和原料、采用先进的工艺技术与设备、改善管理、综合利用等措施，从源头消减污染，提高资源利用效率，减少或者避免生产、服务和产品使用过程中污染物的产生和排放，以减轻或者消除对人类健康和环境的危害。

清洁生产包含了两个全过程控制：生产全过程和产品整个生命周期全过程。对生产过程而言，清洁生产包括节约原材料和能源，淘汰有毒有害材料，并在全部排放物和废物离开生产过程以前减少它的数量和毒性；对产品而言，清洁生产策略旨在减少产品在整个生产周期过程中对人类和环境的影响。

清洁生产使自然资源和能源利用合理化、经济效益最大化、对人类和环境的危害最小化。通过不断提高生产效益，以最小的原材料和能源消耗，生产尽可能多的产品，提供尽可能多的服务，降低成本，增加产品和服务的附加值，以获得尽可能大的经济效益，把生产活动和其余的产品消费活动对环境的危害减至最小。

二、炼焦清洁生产的评价指标

按照国家颁布的《炼焦行业清洁生产标准》（HJ/T 126—2003），对我国焦化企业的污染治理措施的技术和装备水平分三个等级提出了不同的要求（见表5-1～表5-6）。

指标将炼焦行业生产过程清洁水平划分为三个等级：

一级代表国际清洁生产先进水平；

二级代表国内清洁生产先进水平；

三级代表国内清洁生产基本水平。

表 5-1　生产工艺与装备要求

指标		一级	二级	三级
备煤工艺与装备	精煤储存	室内煤库或大型堆取料机机械化露天储煤场设置喷洒水设施（包括管道喷洒或机上堆料时喷洒）	堆取料机机械化露天储煤场设置喷洒水装置	小型机械露天储煤场配喷洒水装置
	精煤输送	带式输送机输送、密闭的输煤通廊、封闭机罩，配自然通风设施		
	配煤方式	自动化精确配煤		
	精煤破碎	新型可逆反击锤式粉碎机、配备冲击式除尘设施，除尘效率≥95%		
炼焦工艺与装备	生产规模/(10^4t/a)	≥100	≥60	≥40
	装煤	地面除尘站集气除尘设施，除尘效率≥99%，捕集率≥95%，先进可靠的PLC自动控制系统	地面除尘站集气除尘设施，除尘效率≥95%，捕集率≥93%，先进可靠的自动控制系统	高压氨水喷射无烟装煤、消烟除尘车等高效除尘设施或装煤车洗涤燃烧装置、集尘烟罩等一般性的控制设施
	炭化室高度/m	≥6.0		≥4.0
	炭化室有效容积/m^3	≥38.5		≥23.9
	炉门	弹性刀边炉门		敲打刀边炉门
	加热系统控制	计算机自动控制	仪表控制	
	上升管、桥管	水封措施		

	焦炉机械	推焦车、装煤车操作电气采用 PLC 控制系统，其他机械操作设有联锁装置		先进的机械化操作并设有联锁装置
	荒煤气放散	装有荒煤气自动点火装置		
	炉门与炉框清扫装置	设有清扫装置，保证无焦油渣		
	上升管压力控制	可靠自动调节		
	加热煤气总流量、每孔装煤量、推焦操作和炉温监测	自动记录、自动控制	自动记录	
	出焦过程	配备地面除尘站集气除尘设施，除尘效率≥99%，捕集率≥90%，先进可靠的自动控制系统		配备热浮力罩等较高效除尘设施
	熄焦工艺	干法熄焦密闭设备，配备布袋除尘设施，除尘效率≥99%，先进可靠的自动控制系统	湿法熄焦、带折流板熄焦塔	
	焦炭筛分、转运	配备布袋除尘设施，除尘效率≥99%	采用冲击式或泡沫式除尘设备，除尘效率≥90%	
煤气净化装置	工序要求	包括冷鼓、脱硫、脱氧、洗氨、洗苯、洗萘等工序		
	煤气初冷器	横管式初冷器或横管式初冷器+直接冷却器		
	煤气鼓风机	变频调速或液力耦合调速		
	能源利用	水、蒸汽等能源梯级利用、配备制冷设备	水、蒸汽等能源梯级利用或利用海水冷却	
	脱硫工段	配套脱硫及硫回收利用设施		
	脱氨工段	配套洗氨、蒸氨、氨分解工艺或配套硫铵工艺或无水氨工艺		
	粗苯蒸馏方式	粗苯管式炉		
	蒸氨后废水中氨氮浓度/（mg/L）	≤200		
	各工段储槽放散管排出的气体	采用压力平衡或排气洗净塔等系统，将废气回收净化		采用呼吸阀，减少废气排放
	酚氧废水	生物脱氮、混凝沉淀处理工艺，处理后水质达 GB 13456—1992《钢铁工业水污染物排放标准》一级标准	生物脱氮、混凝沉淀处理工艺，处理后水质达 GB 13456—1992《钢铁工业水污染物排放标准》二级标准	

表 5-2　资源能源利用指标

指标		一级	二级	三级
工序能耗（标煤/焦）/（kg/t）		≤150	≤170	≤180
吨焦耗新鲜水量/（m³/t）		≤2.5	≤3.5	
吨焦耗蒸汽量/（kg/t）		≤0.20	≤0.25	≤0.40
吨焦耗电量/（kW·h/t）		≤30	≤35	≤40
千克标煤耗热量（7%H₂O）/kJ/kg）	焦炉煤气	≤2150	≤2250	≤2350
	高炉煤气	≤2450	≤2550	≤2650
焦炉煤气利用率/%		100	≥95	≥80
水循环利用率/%		≥95	≥85	≥75

表 5-3　产品指标

指标		一级	二级	三级
焦炭		粒度、强度等指标满足用户要求。产品合格率>98%	粒度、强度等指标满足用户要求，产品合格率95%~98%	粒度、强度等指标满足用户要求，产品合格率93%~95%
		优质的焦炭在炼铁、铸造和生产铁合金的生产过程中排放的污染物少，对环境影响小	焦炭在使用过程中对环境影响较小	焦炭在使用过程中对环境影响较大
		储存、装卸、运输过程对环境影响很小	储存、装卸、运输过程对环境影响较小	储存、装卸、运输过程对环境影响较小
焦炉煤气	用作城市煤气	H₂S≤20mg/m³，NH₃≤50mg/m³ 萘≤50mg/m³（冬），萘≤100mg/m³（夏）		
	其他用途	H₂S≤200mg/m³	H₂S≤500mg/m³	
煤焦油		使用合格焦油罐、配脱水、脱渣装置，进行机械化清渣；储存、输送的装置和管道采用防腐、防泄、防渗漏材质，罐车密闭运输		
铵产品		储存、包装、输送采取防腐、防泄漏等措施		
粗苯		生产、储存、包装和运输过程密闭、防爆，且与人体无直接接触		

表 5-4 污染物产生指标[a]

指标			一级	二级	三级
气污染物	颗粒物/（kg/t）	装煤	≤0.5	≤0.8	—
		推焦	≤0.5	≤1.2	—
	苯并[a]芘/（g/t）	装煤	≤1.0	≤1.5	—
		推焦	≤0.018	≤0.040	
	SO_2/（kg/t）	装煤	≤0.01	≤0.02	—
		推焦	≤0.01	≤0.015	—
		焦炉烟囱	≤0.035	≤0.105	—
	焦炉废气污染物无组织泄露/（mg/m³）	颗粒物	2.5		3.5
		苯并[a]芘	0.0025		0.0040
		BSO	0.6		0.8
水污染物	蒸氨工段	蒸氨废水产生量/（t/t）	≤0.50		≤1.0
		COD_{Cr}/（kg/t）	≤1.2	≤2.0	≤4.0
		NH_3-N/（kg/t）	≤0.06	≤0.10	≤0.20
		总氧化物/（kg/t）	≤0.008	≤0.012	≤0.025
		挥发酚/（kg/t）	≤0.24	≤0.40	≤0.80
		硫化物/（kg/t）	≤0.02	≤0.03	≤0.06

a 除浓度值外，均为吨焦污染物产生量。

表 5-5 废物回收利用指标

指标		一级	二级	三级
废水	酚氰废水	处理后废水尽可能回用，剩余废水可以达标外排		
	熄焦废水	熄焦水闭路循环，均不外排		
废渣	备煤工段收尘器煤尘	全部回收利用		
	装煤、推焦收尘系统粉尘	全部回收利用		
	熄焦、筛焦系统粉尘	全部回收利用（如用作钢铁行业原料、制型煤等）		
	焦油渣（含焦油罐渣）	全部不落地且配入炼焦煤或制型煤		
	粗苯再生渣	全部不落地且配入炼焦煤或制型煤或配入焦油中		
	剩余污泥	覆盖煤场或配入炼焦煤		

表5-6　环境管理要求

指标		一级	二级	三级
环境法律法规标准		符合国家和地方有关环境法律、法规，污染物排放达到国家和地方排放标准、总量控制和排污许可证管理要求		
环境审核		按照炼焦行业的企业清洁生产审核指南的要求进行审核；按照ISO 14001建立并运行环境管理体系，环境管理手册、程序文件及作业文件齐备	按照炼焦行业的企业清洁生产审核指南的要求进行审核；环境管理制度健全，原始记录及统计数据齐全有效	按照炼焦行业的企业清洁生产审核指南的要求进行审核；环境管理制度、原始记录及统计数据基本齐全
生产过程环境管理	原料用量及质量	规定严格的检验、计量控制措施		
	温度系数	$K_{均}\geqslant0.95$ $K_{安}\geqslant0.95$	$K_{均}\geqslant0.90$ $K_{安}\geqslant0.90$	$K_{均}\geqslant0.85$ $K_{安}\geqslant0.80$
	推焦系数$K_{总}$	$\geqslant0.98$	$\geqslant0.90$	$\geqslant0.85$
	炉门、小炉门、装煤孔、上升管的冒烟率（分别计算）	$\leqslant3\%$	$\leqslant5\%$	$\leqslant8\%$
	装煤、推焦、熄焦等主要工序的操作管理	运行无故障、设备完好率达100%	运行无故障、设备完好率达98%	运行无故障、设备完好率达95%
	岗位培训	所有岗位进行过严格培训	主要岗位进行过严格培训	主要岗位进行过一般培训
	生产设备的使用、维护、检修管理制度	有完善的管理制度，并严格执行	对主要设备有具体的管理制度，并严格执行	对主要设备有基本的管理制度
	生产工艺用水、电、汽、煤气管理	安装计量仪表，并制定严格定量考核制度	对主要环节进行计量，并制定定量考核制度	对主要用水、电、汽环节进行计量
	事故、非正常生产状况应急	有具体的应急预案		

生产过程环境管理	环境管理机构	建立并有专人负责		
	环境管理制度	健全、完善并纳入日常管理	健全、完善并纳入日常管理	较完善的环境管理制度
	环境管理计划	制定近、远期计划并监督实施	制定近期计划并监督实施	制定日常计划并监督实施
	环保设施的运行管理	记录运行数据并建立环保档案	记录运行数据并建立环保档案	记录运行数据并进行统计
	污染源监测系统	水、气、声主要污染源、主要污染物均具备自动监测手段		水、气主要污染源、主要污染物均具备监测手段
	信息交流	具备计算机网络化管理系统	具备计算机网络化管理系统	定期交流
	原辅料供应方、协作方、服务方	服务协议中要明确原辅料的包装、运输、装卸等过程中的安全要求及环保要求		
	有害废物转移的预防	严格按有害废物处理要求执行，建立台账、定期检查		

第四节　焦化清洁生产审核及实施方案

焦化企业工序繁杂、工艺流程长，生产设备种类繁多，能耗高、物耗高。通过清洁生产审核，提高原材料和能源的利用率、削减污染物的产生量及排放量、提高产品产量及质量，从而获得更多的经济效益和环境效益。

一、清洁生产审核基本理论

（一）清洁生产审核概念

清洁生产审核主要是对企业全方位进行清理审查，以此发现企业存在的主要环境问题和管理问题，对这些存在的问题进行分析和评估，并提出合理化的污染预防建议。通过清洁生产审核的系统实施，企业可以达到"节能、降耗、减污、增效"的目的。其清洁生产审核程序包括以下几部分：

（二）清洁生产审核基本程序

1. 审核准备

审核准备是在一个企业启动清洁生产审核工作的开端。清洁生产审核工作涉及企业上上下下各个部门，是一项综合性工作。因此成功开展清洁生产审核工作的前提条件就是建立一个业务素质高、涉及部门全面的组织机构，即清洁生产审核小组。

制定审核计划目的是保证审核工作的顺利实施。同时开展宣传教育和培训，让企业领导及员工对清洁生产审核的必要性及预防源头污染的意义和作用有清楚和正确的认知。

2. 预审核

预审核是对焦化企业全方位进行审查分析，发现该企业主要存在的环境、管理方面的问题，以及潜在的清洁生产机会，如物料消耗大、生产效率低、排放量大等，以此确定本轮审核的重点。该阶段的工作的好坏决定了本轮清洁生产审核的成功与否。

首先对企业现场考察时要考察原料从入厂到焦化产品出厂的整个生产过程。要着重考察能耗高环节、产排污部位、设备发生故障频率高的环节；查阅生产和设备维修（维护）记录；与各级领导、技术人员和管理人员座谈，征求意见；考察实际生产管理状况。

然后评价产排污状况。评价焦化企业执行国家及当地环保法规及行业排放标准的情况；与国内外同类先进焦化企业产排污情况进行对比；与焦化行业情况生产标准进行比较；从产品、原材料、技术、工艺过程、设备、管理、员工素质及废弃物循环利用等八个方面对产污原因进行初步分析。

最后确定本轮审核的重点。焦化行业的生产工艺复杂，典型的工艺主要分为备煤、炼焦、煤气净化和化产回收。审核重点可以是生产过程中的某一个工艺技术、一个主要设备，亦可以是企业所关注的某个考核指标，如高的能量消耗、高的原材料消耗或高的废水与废气或粉尘排放等。按照产污环节严重、原材料及能源消耗大、环保压力大等几个方面进行评价分析，然后采用权重总和计分排序法确定审核重点。

确定审核重点后，要针对全厂及审核重点设置清洁生产目标。清洁生产目标的设定应具有定量化、可操作，并具有激励作用。清洁生产目标应具有时限性，通常分为近期、中期和远期目标，据此考核清洁生产目标完成情况，起到通过清洁生产预防污染的目的。

3. 审核

审核阶段的目的是通过对审核重点进行物料实测，通过绘制物料平衡、水平衡以及其它特征污染物因子平衡，分析研究生产过程中原辅材料使用率低和物料损失严重的原因、污染物排放量多的环节和的原因，最后提出解决这些问题的办法。

焦化企业最主要的污染物是烟气，当中含有大量的有毒有害气体，其中以二氧化硫为主，因此绘制硫平衡显得非常重要。最后通过物料平衡能够分析出各单元的输入与数量的差异，并能够得出物耗高的环节部位；通过分析水平衡可以得出能源消耗大的环节；透过硫平衡能够看出硫的去向，并得出二氧化硫的产生量。

针对本环节各种平衡产生的结果，分析研究其产生的原因，然后有针对性的提出清洁生产方案，并继续实施无/低费清洁生产方案。

4. 方案的产生、筛选和可行性分析

在对审核重点的物料平衡分析和废弃物产生原因分析的基础上，在全厂范围内进行宣传动员，鼓励全体员工提出清洁生产方案或合理化建议。学习参考国内外同行业的先进经验及技术，同行业专家进行咨询及交流，从影响生产过程的八个方面全面系统的产生方案。分类汇总产生的所有方案，运用权重总和积分排序法，筛选出几个典型的具有代表性的中/高费方案，从经济评估、环境评估和技术评估三个方面进行下一步的可行性分析，从中选择出技术上可能、环境效益和经济效益较好的最佳的并可实施的清洁生产方案。

5. 方案实施效果总结和持续清洁生产

通过推荐方案的实施，使焦化企业提高生产及管理水平、实现技术进步，有了较为显著的经济和环境效益。对已实施的方案成果进行评估，对比审核前后焦化生产绩效指标的变化情况，激励企业推行清洁生产。

为了巩固所取得的清洁生产成果，需要将清洁生产工作在焦化企业内持续地推行下去。首先要建立监督清洁生产持续推行的工作机构，并且制定持续清洁生产的管理制度，并按照持续清洁生产计划进行工作。

二、焦化企业清洁生产审核工作的开展

在进行焦化行业清洁生产技术研究期间，本人先后全程参与了淄博市傅山焦化有限责任公司（以下简称"傅山焦化"）和淄博鑫港燃气有限责任公司（以下简称"鑫港燃气"）两家企业的清洁生产审核工作，全部顺利通过省环保厅组织的评估验收。其中傅山焦化年产焦炭80万吨，鑫港燃气年产焦炭95万吨。两家焦化企业在清洁生产审核过程中，均是以炼焦车间作为其首轮的审核重点。现以傅山焦化的清洁生产审核为例，介绍焦化行业清洁生产审核工作的开展过程。

（一）审核准备

组建一个有权威的审核小组是顺利实施企业清洁生产审核工作的组织保证，在开展清洁生产审核后，公司领导立即召开生产、技术、财务、企管等部门的主要负责人，会同专家布置了清洁生产的有关工作。为此，淄博傅山焦化有限责任公司成立了由总经理助理张心东任组长，朱洪庆为副组长，安全技术部工程师王彦华、李成修、节能环保管理员、财务部财务管理员、备煤、炼焦、化产车间主任等有关人员组成的清洁生产审核小组。审核小组经过讨论商定，确定了本次审核工作的计划安排，并确定由总经理助理张心东与工程师王彦华具体负责本次清洁生产审核工作的组织协调，并编制出清洁生产审核工作计划，落实各方面工作。

为了宣传清洁生产，傅山焦化审核小组在取得领导支持和参与以后，广泛开展了宣传教育活动。为此，傅山焦化聘请清洁生产审核专家到企业对全场干部职工进行培训学习。企业利用例会、班组会、厂区内的黑板报、各宣传栏、厂报等形式宣传介绍"清洁生产"及"清洁生产审核"的有关知识，并组织考试考核本次宣传的成果。

总之，通过宣传教育，克服了思想和技术方面的障碍，公司全体员工本着边学习、边审核、边改进的原则，真正找出生产、经营和管理中存在的问题，使公司更具有活力和市场竞争力，使企业文化得到更好的发展。

（二）预审核

1. 企业简介

淄博市傅山焦化有限责任公司是淄博市焦化煤气公司与傅山企业集团全资子公司淄博市齐林傅山钢铁厂共同出资成立的股份公司。公司成立于2003年5月13日，注册资金4500万元。其中：淄博市焦化煤气公司出资775万元，占总股本的17.22%；齐林傅山钢铁厂出资484万元，占总股本的10.76%；自然人出资3241万元，占总股本的70.02%。2008年，淄博市焦化煤气公司组建鑫能集团公司，原焦化煤气公司国有股退出，全部配售给自然人，目前股本结构为：齐林傅山钢铁厂持股10.76%，自然人持股89.24%。

淄博市焦化煤气公司投产10多年，其规模小，人员多，但有着丰富的焦化生产管理经验和技术人才优势，为扩大生产规模、分流人员、提高经济效益、增加新的经济增长点，提高公司市场竞争力，公司决定与淄博市齐林傅山钢铁厂共同出资实施建设淄博市傅山年产80万吨焦炭工程项目。淄博市齐林傅山钢铁厂为解决焦炭需求，同时傅山企业集团为招商引资创造良好的投资环境，增加经济效益，决定与淄博市焦化煤气公司共同出资实施建设淄博市傅山年产80万吨焦炭工程项目。

2005年，由于傅山焦化投产时间短，资金短缺，为保证工艺的完整性，能有效的脱除煤气中的氨等杂质，并能有效的回收化工产品：粗苯，引进外部资金，建设了硫铵和粗苯生产工序，并同时成立了淄博傅山精细化工有限责任公司，该公司年产粗苯1.1万吨，年产硫酸铵1万吨，独立经营和核算，傅山焦化对该公司实现监督管理，并与傅山焦化共用水电汽及其它辅助设施。

傅山焦化厂址座落于淄博市高新产业技术开发区卫固镇傅山村西北部，张店城区的东北部，多年平均主导风向的下风向。公司所在地位于淄博市高新产业技术开发区东部化工片区，符合淄博市城市总体规划。东邻傅山钢铁厂及傅山热电厂，所需水、电、蒸汽就地解决，可充分利用当地的水、电、汽资源，南距傅山铁路货运中心0.5公里左右，可充分利用铁路运输优势，距济青高速约7公里，西距张桓路5公里左右，交通条件十分便利，可以降低原材料及产品运输成本，有利于公司长久发展。

傅山焦化设计总规模为年产焦炭80万吨，每年回收煤焦油4万吨，每年外供焦炉煤气1.4～1.6亿立方米，生产粗苯1.1万吨，生产硫酸铵1万吨。公司现设有TJL4350D型焦炉两座，以及与之相配套的配煤、化产回收、供水供电供汽及公用设施等。

2. 企业产排污现状分析

在清洁生产审核预审核阶段，对产污和排污现状进行了重点分析。现有污染因素主要包括废水、废气、废渣等。

（1）废气

炼焦过程中产生大量的H_2S、HCN、NH_3、苯并芘、烟尘等物质，是焦化公司的主要污染物，具体排放情况如下：

①备煤过程形成的煤尘污染，呈面源无组织连续性排放，其排放源主要有：煤场、煤转运站、粉碎机室、运煤胶带输送机通廊等。

②炼儒炉体排放的大气污染物有：烟尘、BaP、SO_2、CO、NO_x、H_2S 等，污染物主要来源于装煤及推焦的操作过程、炉顶与炉门的泄漏等。

③焦炭在熄焦过程中产生的粉尘等污染，排放源为熄焦设施。

④筛焦系统排放的污染物为焦尘，排放源为筛焦楼、焦槽、焦转运站以及运焦机械装置等。

⑤回收车间排放的污染物主要来源于各类设备的放散管、排气口等。

⑥焦炉烟囱排放的大气污染物为煤气经燃烧后产生的废气，其中含有 SO_2、CO、NO_x 及烟尘等污染物。

⑦脱苯用的管式加热炉燃烧净化后的煤气，烟气直接经 25m 高的烟囱排放，主要污染物为 SO_2、烟尘。

表5-7　有组织废气产生情况及处理措施一览表

序号	主要污染源	主要污染物	排放浓度（kg/h）	排放量（吨/年）	处理措施	处理效率%
1	备煤及粉碎机室	颗粒物	0.3975	3.482	经4台侧喷脉冲布袋除尘器除尘后高空排放	99.5
2	推焦烟囱	颗粒物 SO_2	0.475 0.585	4.161 5.125	经消烟除尘车捕集，燃烧室完全燃烧后经在烟尘洗涤分离处理后排放	95
3	焦炉烟囱	SO_2 烟尘 氮氧化物	7.05 1.738 14.36	61.758 15.221 125.794	经脱硫系统后由110m烟囱高空排放	90
4	熄焦塔	颗粒物	5.099	44.667	经过木格式捕尘装置后高空排放	60
5	管式炉烟气	烟尘 SO_2 氮氧化物	0.201 0.129 0.412	1.76 1.13 3.61	采用25m高烟囱实行高空放散	——
6	蒸氨废气	——	——	10.7吨/天	冷却成氨水	

企业《淄博市排放污染物许可证》中规定允许排放量为：二氧化硫79吨/年，氮氧化物323吨/年，颗粒物79.94吨/年。根据表5-7所列污染物的排放量，其中二氧化硫年排放量为68.013吨，氮氧化物年排放量为129.404吨，颗粒物年排放量为52.31吨。对比可以看出，企业污染物年排放量远远低于允许排放量。因此企业污染物完全能够达标排放。

（2）废水

排放的废水可分为两类：生活污水和生产废水。

①生活污水排放量极少，污染物主要是 COD、BOD_5、氨氮、悬浮物等，主要来自于办公楼、食堂等。

②生产废水分为清洁下水与生产污水，其中清洁下水主要来源于回收车间等的间接冷却水和加热蒸汽冷凝水等，其水质除水温略有升高和含有少量悬浮物外，基本不含污染物。

生产污水又分为两部分，其一为接触粉尘废水，主要来源于湿熄焦系统的熄焦废水及煤场排放的煤泥水等，主要含有较高浓度的固体悬浮物；其二为含酚氰污水，主要为煤气净化系统蒸氨塔增加的蒸氨废水、煤气水封水、粗苯蒸馏工段各分离器及油槽分离水、各工段油槽分离器及地下放空槽的放空液、终冷排污水、各工段地坪冲洗水等。含酚废水比较复杂，一般均含有较高浓度的COD、BOD_5、挥发酸、氰化物、硫化物、氨氮、油类等，水量不大但成分复杂。废水具体产生情况及处理措施见表5-8。

表5-8　废水产生及处理措施一览表

序号	名称	产生位置	单位	产生量	处理措施
1	煤场沉淀废水	煤场	吨/年	42	统一集中后送往废水处理站
2	皮带走廊冲洗废水	备煤车间精煤输送带	吨/年	446	
3	上升管水封废水	炼焦上升管水封	吨/天	28.8	进入熄焦塔熄焦
4	荒煤气冷凝液	荒煤气冷凝	吨/天	310	进入机械化焦油氨水澄清槽，分离后油进入焦油储槽，氨水进入循环氨水系统，剩余氨水进行蒸氨
5	蒸氨废水	蒸氨塔	吨/天	360	送往废水处理站
6	粗苯分离器分离水	粗苯蒸馏工段	吨/天	41	
7	生活废水	办公室及食堂、浴池等	吨/天	76.8	

经采取以上控制措施后，年处理废水量22.43万吨，处理后COD浓度为64mg/L，SS浓度为28mg/L，氨氮浓度为0.70mg/L，生产污水和生产废水均可满足《炼焦化学工业污染物排放标准》（GB16171-2012）中规定的排放限值。酚氰废水处理站最大排放水量为全部用于熄焦，废水可以全部得到回用，不外排。

（3）固废

固体废弃物主要有以下几种：煤气净化系统冷凝鼓风工段产生的焦油渣及粗苯蒸馏工段的再生器残渣，蒸氨装置产生的沥青渣，脱硫工段产生的脱硫残渣及废液，污水处理站产生的剩余污泥，除尘系统回收的粉尘和少量的生活垃圾。

煤气净化系统排出的废渣均具有一定的毒性，且具有一定的挥发性和可燃性，主要成份为各种烃类、多环芳烃，并含少量如炭粉等颗粒物此外，除尘系统回收的粉尘主要为焦尘、煤颗粒等。

固废具体产生情况及处理措施见表5-9。

表 5-9　固体废弃物产生情况及处理措施一览表

序号	名称	产生位置	产生量（吨/年）	处理措施
1	粉尘	装煤和推焦除尘系统回收	9490	加湿后返回配煤系统
2	焦末	出焦除尘系统回收	454	产品出售
3		筛焦除尘系统回收	4896	
		湿熄焦粉焦沉淀池回收	16440	
4	硫磺	脱硫工段	2956.5	
5	焦油渣（HW11）	回收车间冷凝鼓风工段焦油氨水分离槽	242	
6	再生器残渣（HW06）	粗苯回收工序	17.52	集中送入备煤车间配入炼焦煤中
7	沥青渣	蒸氨塔	84	
8	污泥	污水处理站	167.9	
9	生活垃圾	办公室、浴室、食堂等生活办公场所	55	环卫部门统一收集处理

3. 确定审核重点和制定清洁生产目标

经过对傅山焦化各车间的调查及横向纵向对比，选定能耗高、物耗高、污染相对较为严重，存在的清洁生产机会较多的车间作为备选对象。因此，审核小组在充分考虑公司财力、物力、技术含量及其它客观因素的基础上，确定备煤车间、炼焦车间、回收车间作为备选审核重点。通过备选重点审核企业汇总以及权重总分排序，炼焦车间在物耗、能耗、水耗、污染物排放等方面都比较突出，存在着较多的清洁生产机会。因此，确定炼焦车间作为本次清洁生产审核过程中的审核重点。在确定炼焦车间作为本次审核重点后，为减轻对环境的危害程度，减少物耗、能耗、水和降低成本，审核小组经考虑同行业的各污染物排放情况及危害程度，结合实际，根据上级部门对环境管理的要求，参照历史最好生产指标和生产现状研究设置本企业清洁生产目标。为了合理的制定本公司的清洁生产目标，审核小组首先认真学习《清洁生产标准—炼焦行业》（HJ/T 126-2003），将本厂各项指标和国内以及国外先进水平进行比较，在此基础上提出了清洁生产目标，见表 5-10。

表 5-10　傅山焦化清洁生产目标一览表

序号	项目	单位	现状	2013年近期目标		2015年远期目标	
				绝对量	相对量（%）	绝对量	相对量（%）
1	耗煤	t/t焦	1.414	1.350	-4.53	1.320	-2.22
2	电	kwh/t焦	41.7	40	-4.08	37	-7.50
3	耗水	t/t焦	1,24	1.20	-3,23	1.12	-6.67
4	耗蒸汽	t/t焦	0.170	0.160	-5.88	0.130	-18.75
5	煤气利用率	%	93	95	2.15	97	2.11

序号	项目	单位	现状	2013年近期目标		2015年远期目标	
				绝对量	相对量（%）	绝对量	相对量（%）
6	废水	t/t焦	0.346	0.320	-7.51	0.250	-21.88
7	COD	kg/t焦	0.022	0.020	-9.09	0，015	-25.00
8	氨氮	g/t焦	0.240	0.220	-8.33	0.190	-13.64
9	废气	万m^3/t焦	0.259	0.240	-7.34	0.220	-8.33
10	SO_2排放量	kg/t焦	0.103	0.100	-2，91	0.060	-40.00
11	烟尘排放量	kg/t焦	0.023	0.022	-4.35	0.020	-9.09
12	氮氧化物	kg/t焦	0.032	0.029	-9.38	0.020	-31.03'

（三）建立物料平衡、水平衡和硫平衡

审核阶段的目的是通过对审核重点进行物料实测，通过绘制物料平衡、水平衡以及其它特征污染物因子平衡，分析研究生产过程中原辅材料使用率低和物料损失严重的原因、污染物排放量多的环节和的原因，最后提出解决这些问题的办法。

在进行清洁生产审核前，已安装皮带称、汽车衡，检测入炉煤的输入和焦炭输出量，通过多年的实践已积累了准确可靠的原料、物料转换的数据。为了在本阶段对审核重点做更深入细致的物料平衡和废弃物产生原因的分析，审核小组充分利用现有检测设备，在正常生产的情况下，进一步实测了炼焦车间的输入输出物流。

通过物料平衡可以看出各单元操作的输入与输出量基本一致，由于产生的荒煤气的重量只能由体积估算得来，所造成误差可能较大。另外生产中会以废气的形式逸失一部分，另外还可能有部分流失。为更好的使生产过程更加高效、投入产出比更高，应分别从生产的各个方面挖掘清洁生产机会，提高原辅材料利用率，减少物料的流失。

物料平衡结果说明本次的实测数据比较准确，主要废物排放情况正常，没有存在大量无组织排放的问题。从实测结果与日常记录数据相比较可知，实测数据能够比较准确地反映装置运行中存在的问题，可以利用物料平衡的结果进行后面的评估与分析。审核的重点就是通过物料衡算，发现生产中存在的问题，并找出一系列改进方案，以提高原料和能源利用率，降低水耗、能耗，减少废物产生和排放，同时提高和改进产品质量，为公司带来环境效益和经济效益。

原料（精煤）综合利用率很高，其中73.43%成为焦炭（包括成品焦炭和焦末），26.52%成为荒煤气和煤焦油，其余逸失。但进行仔细分析可发现，成为成品焦炭和焦末其价值是不同的，而且荒煤气组分较复杂，在进一步的加工过程中将会有更多损失。在综合利用率较高的情况下，提高高质量产品收率，降低焦末等产品产率，以及对荒煤气的利用率仍是需要解决的々

主要污染物有废水、废气、废渣等。废水在进入生化系统处理后全部回用，不排放。废渣主要是回收的焦尘等，也全部利用，没有排放。因此，废气是炼焦工段

的最重要污染物。其中，主要为装煤和推焦过程中的废气逸出、排放造成环境污染，同样，焦炉生产过程中上升管盖及炉门等处因为密封问题仍有荒煤气逸出，另外，炼焦、熄焦、筛焦工段排放的焦尘，焦炉加热燃烧的煤气均能产生一定的污染物。

（四）方案的产生和实施

为有效的推进清洁生产，使本轮清洁生产审核达到一定的成效，傅山焦化审核小组始终重视宣传工作，并制定了多项措施，以便更多地产生清洁生产方案。

通过发动全企业职工的参与，并结合审核重点的审核，查阅各方文献，并与国内外同行业专家进行技术咨询等几项有效措施^通过以上一系列措施，共产生了24个方案，其中管理方面3个，系统优化方面6个，原辅材料及能源替代方面4个，技术工艺改进方面3个，产品方面1个，废物利用方面4个，员工方面3个。

在多方面考察分析的基础上，傅山焦化对提出的方案在实施费用、经济可性和技术环境等方面进行了初步分析判断，然后上报清洁生产审核小组对汇总后的方案进行集中讨论。经过评审，初步筛选出可行方案24项，其中无低费方案20项，中高费方案4项。

（五）清洁生产审核小结

1. 傅山焦化清洁生产审核小结

傅山焦化在审核期间共提出了24个可行清洁生产方案，其中20个无/低费方案，4个中/高费方案，本轮审核共实施完成了全部24个方案。所有实施完成方案共投资1467.4万元，年获得效益1801万元。

本次审核期间，年减少废水排放0.876万吨，削减率为3.91%，年减少COD排放0.561吨，年减少氨氮排放0.0061吨；年减少废气排放8472.22万 m^3/年，削减率为5.05%，并年减少SO_2排放11.4吨，年减少烟尘排放0.3吨，年减少氮氧化物排放4.5吨。同时，节约了大量的能源，提高了能源利用率，包括：节电0.66万千瓦时/年，节煤136.22吨/年，节约新鲜水1.971万吨/年，节约蒸汽1560吨/年，节约煤气量87万立方米/年。通过方案的全部实施，公司的各种资源得到了综合利用，创造了极大的经济效益。所取得具体成果见表5-11。

2014年9月，省环保厅组织专家对傅山焦化本轮清洁生产审核进行了验收，得到了专家的认可，现场通过了验收，充分肯定了傅山焦化清洁生产所取得的成就。

表5-11 傅山焦化清洁生产目标完成情况表

序号	项目	单位	审核前	审核后	本轮目标	削减率%
1	耗煤	t/t焦	1.414	L336	L350	-5.52
2	耗电	kwh/t焦	41.7	39.38	40	-5.56
3	耗水	t/t焦	1.24	1.143	1.20	-7.82
4	耗蒸汽	t/t焦	0.170	0.150	0.160	-11.76
5	煤气利用率	%	93	96.2	95	+3.44
6	废水	t/t焦	0.346	0.298	0.320	-13.87

序号	项目	单位	审核前	审核后	本轮目标	削减率%
7	COD	kg/t焦	0.022	0.019	0.020	-13.64
8	氨氮	g/t焦	0.240	0.207	0.220	-13.75
9	废气	万m3/t焦	0,259	0*232	0.240	-10.42
10	SO$_2$排放量	kg/t焦	0.103	0.081	0.100	-21.36
11	烟尘排放量	kg/t焦	0,023	0.022	0.022	-4.35
12	氮氧化物	kg/t焦	0.032	0,024	0.029	-25.00

第五节　焦化清洁生产工艺革新

一、焦炉生产工艺改进

（一）焦炉煤气净化工艺

鉴于焦化生产的污染特点，提出了焦炉煤气的干法净化技术。将烟气冷凝净化法移植应用于焦炉煤气净化系统，通过用分阶段冷却和除尘工艺来替代传统焦化系统中直接用氨水喷淋荒煤气的湿法熄焦工艺，具体工艺包括焦炉煤气的高温热回收、除尘、除焦油、中温热回收、冷却、净化等，不仅有利于余热回收，而且大大减少了焦化废水的排放量。本节对荒煤气高温余热的（冷却）回收利用技术进行了重点研究，它是焦炉煤气的干法净化技术研究的第一个环节，也是采取源头治理清洁生产工艺的一个重要环节。

1. 现有焦炉煤气净化技术存在的问题

随着世界范围内环保法规的日趋严格以及人们环保意识的不断增强，传统的煤气净化技术已不能满足需要，显示出资源浪费、环境污染等缺陷。尤其是氨和苯多未回收或回收利用率低下，高热值煤气未合理利用，因而经济效益差。焦炉煤气中H$_2$S、HCN及其燃烧产物对大气环境的污染问题已显得日益突出，严重影响了焦化工业的可持续发展。改进现有焦炉煤气净化工艺技术刻不容缓，主要从以下3个方面着手。

（1）消除焦炉加热煤气管道的堵塞、腐蚀等问题，改善焦炉加热条件，同时合理利用焦炉煤气，促进焦炉生产正常化。

（2）确保氨、苯烃及焦炉煤气等资源的合理利用，节能降耗，降低焦炭生产成本，提高企业经济效益。

（3）降低中小型焦化厂生产过程中废水、废气、烟尘等的排放量和有毒物质浓度，保护环境。

2. 工艺流程与原理

焦炉煤气净化新工艺流程如图5-2所示。

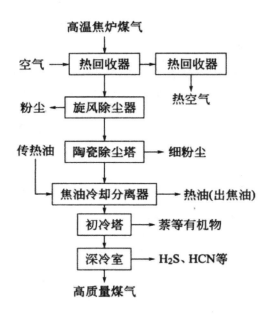

图 5-2　焦炉煤气净化新工艺流程

该系统的技术关键是准确控制整个流程系统中的温度分布。从焦炉出口的煤气（约 800～850℃）首先经过热回收器，通过热交换后煤气被冷却到 500℃ 左右，同时从热回收器出来的热空气是一种良好的热源。而后煤气进入旋风除尘器，除去煤气中的粗粉尘，再由底部进入陶瓷除尘塔，经过塔内陶瓷球的过滤吸附，除去高温煤气中直径在 50μm 左右的细粉尘颗粒。当陶瓷球达到饱和状态，启动陶瓷球连续再生装置，清除陶瓷球表面的灰尘，再生循环使用。从陶瓷塔顶出来的清洁煤气进入焦油冷却分离器，煤气温度控制在 400℃ 左右，由于焦炉煤气在 400℃ 以下会产生焦油凝集，必须及时分离冷凝的焦油，防止其冷凝在换热管管壁上，堵塞煤气通道。因此冷却分离器整体倾斜放置以利于焦油的流动。并且，分离器底部分段设置引流槽，对不同温度段下冷凝出来的焦油分段引出。出焦油冷却分离器的煤气温度控制在 85～100℃，而后进入初冷塔脱萘，最后煤气进入深冷室，冷冻温度在 -15～20℃，分离纯化煤气中的 H_2S、SO_2、HCN 等。深冷部分采用自行设计的热制冷系统。

3. 工艺特点

（1）粉尘去除率高经过旋风除尘和高温陶瓷除尘，煤气中的粉尘去除率很高。

（2）热回收利用率高用分阶段冷却和除尘来替代传统焦化系统中直接用氨水喷淋荒煤气，可回收利用大量的焦炭显热（据统计，焦炉耗热量中焦炭的显热占 40%，干熄焦设备可回收焦炭显热的 80%），是焦化厂最大的节能和环保项目，系统中热制冷的热源就是焦油冷却分离器中的冷却介质油。

（3）减轻了焦化废水的处理难度采用物理方法来回收荒煤气中的焦油，就避免了由氨水喷淋所引起的化学反应而产生的多余杂质成分和 NH_3 进入焦炉煤气，有利于后阶段的煤气净化，也大大减少了焦化废水的排放量，降低了焦化废水的处理难度，为焦化污染治理提供了新技术、新思路。

（4）从改进完善焦化生产工艺着手，尽量降低污染物含量，并保证生产的稳定。

（二）焦化废水脉冲放电等离子体处理

以上源头治理的方法已大大减少了废水的排放量，但还达不到直接排放的要求，因此还要进行进一步的处理。目前，焦化废水处理技术应用比较成熟的方法主要是活性污泥法，而该方法处理后的焦化废水中氰化物及氨氮等污染物常常有超标现象，基于废水中有机污染物的复杂性和多样性，一种方法处理后的外排废水往往达不到国家废水排放标准。因此在焦化废水的处理技术中，应考虑几种处理技术的联合使用，利用现有的废水处理设施，把氧化技术作为预处理方法，产生高效、适用、经济的联合废水处理技术。脉冲放电废水处理技术是继高能电子辐射、臭氧氧化和光化学催化氧化等处理方法取得进展后出现的新兴污水处理技术。

1. 脉冲放电等离子体处理废水的原理

脉宽仅为数十至数百纳秒、上升时间极短的超窄高压脉冲周期性重复施加于极不均匀电场系统上，产生重复的脉冲电晕放电，能在常压下获得电子温度很高而离子温度及中性粒子温度很低的非平衡等离子体。利用高压毫微秒脉冲发生装置在气液混合两相体中产生高压脉冲，在毫微秒级高压脉冲作用下，水雾周围会形成很高的局部电场。脉冲所产生的电子在其自由行程内可获得很高能量，当与水分子碰撞时就会形成与电子辐射相类似的效果，产生氧化性羟基自由基和还原性的水生电子，同时会在水溶液中形成较强的重复性激波。另一方面，电子被加速到一定程度后会使氧气变成臭氧，电极间电晕放电会使气体分子激发状态发生改变而产生紫外光，从而达到降解有机物的目的。

2. 利用脉冲放电等离子体处理焦化废水的实验验证结果

武汉钢铁集团公司与华中科技大学共同开发了该课题，并在实验室进行了脉冲放电等离子体处理焦化废水实验研究，其实验结果如下。

（1）用放电等离子体处理焦化废水，能够很好地降解水中的氰化物，氰化物氧化分解产生 CNO^-、NH_4^+ 和 NH_3，氰化物的降解率可达 92%。

（2）经过多次放电，最终使氧化物及氨氮的浓度降低，水中氨氮氧化成为 NO_3^-，可减少生物处理过程中氰化物及氨氮对生物的抑制作用，提高生化处理的效果。

（3）焦化废水中氨氮和多环芳烃对 COD 的浓度影响较大。放电处理过程中，COD 的浓度呈现出降低-升高-降低-升高-降低的趋势。废水中的稠环及杂环芳烃等大分子难降解有机物氧化分解为烯烃、烷烃等小分子有机物，小分子有机物最终氧化分解生成 CO_2 和 H_2O，从而提高了废水中有机污染物的可降解率。

（三）煤气脱硫技术改造

傅山焦化公司原采用湿式氧化法脱硫工艺，以 PDS 加栲胶作催化剂，利用煤气中的氨提供碱源，用空气进行氧化再生；在脱硫过程中产生副盐，主要成分为 NH_4SCN、$(NH_4)_2S_2O_3$ 和 $(NH_4)_2SO_4$。当副盐达到一定浓度后，会恶化煤气脱硫过程，降低脱硫效率，导致煤气中 H_2S 超标。因此傅山焦化决定改造煤气脱硫工艺。

1. 方案简述

采用焦化脱硫液处理及副盐资源化利用技术，处理后的氨水全部回收，并可继续用于脱硫系统。脱硫液经处理后，其中的副盐几乎被全部提取，副产硫氰酸铵、混合铵盐，同时脱硫系统在工作过程中不需补水，实现了节水、降低生产成本的目的。

2. 技术评估

煤气脱硫工艺改造是利用水溶液相图的基本原理从COG废水中回收硫氰酸铵，具有以下几个明显的特点：

（1）该法几乎不需要其他化工原料（只需少量脱色剂，如活性炭）就能有效地从废水中直接分离得到工业级硫氰酸铵，本法属于物理化学法，不消耗化学能；

（2）分离过程中不涉及高温高压，低温冷冻等设备，回收装置要求不高，易于推广；

（3）装置整体投资费用较低。

其方案工艺流程图如图5-3所示。

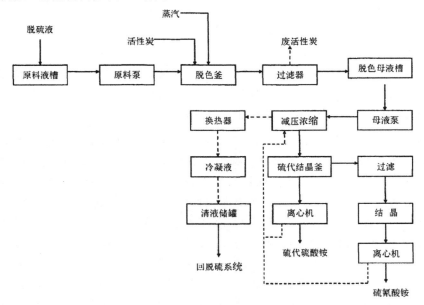

图5-3　煤气脱硫方案工艺流程示意图

3. 环境评估

该方案每年可提取硫氰酸铵495吨，混合铵盐（含硫代硫酸铵、硫酸铵）330吨，年可减排二氧化硫5.3吨。环境效益显著。环境评估可行。

4. 经济评估

项目寿命周期n按10年计算，贴现率按6%，税率按25%计算：

（1）投资费用（I）

该方案总计投资：560万元

（2）年净现金流量（F）

该方案每年可提取硫氰酸铵495吨，混合铵盐（含硫代硫酸铵、硫酸铵）330吨，扣除成本，年增加效益166万元。

利润：P=166万元

年折旧费=I/n=56万元

企业税=（P—年折旧费）×税率=27.5万元

年净现金流量：F=P+年折旧费—企业税=194.5万元

（3）投资偿还期（N）

N=I/F=560/187.89=2.88年

（4）净现值（NPV）

NPV=194.5×7.3601—560=871.53万元

（5）净现值率（NPVR）

NPVR=NPV÷I×100%==871.53÷560×100%=155.6%

（6）内部收益率（IRR）

N=2.88，n=10时，查表得 i_1=32%，i_2=33%

NPV_1=194.5×2.9304—560=9.9628

NPV_2=194.5×2.8553—560=—4.6442

内部收益率 IRR=32.68%

从以上评估可以看出，煤气脱硫技术改造能够减少二氧化硫的排放量，其技术可靠，工艺先进，能够获得很好的经济效益和环境效益。

（四）煤调湿（CMC）技术的应用对比分析

煤调湿（Coal Moisture Control 称CMC）的基本原理就是炼焦煤在进入炼焦炉之前进行预处理加热干燥，减少原料煤的水分或对原料煤水分进行调节，稳定煤中水分在6%左右，以此增大了粘结性煤的使用量，并能控制炼焦能耗量，使焦炉操作得到改善，提高了焦炭质量，是一种有着很好的环境效益的炼焦技术。CMC与传统入炉煤干燥有着明显的区别，CMC不是最大程度的减少水分，而是把原料煤的水分控制在一定的范围内。这样既可以增产节能，也不会给焦炉操作和化产回收操作造成困难。采用CMC技术，燃料水分每降低1%，炼焦耗热量就降低62.0MJ/t（干煤）。

目前主要的CMC技术主要有两种；蒸汽管回转干燥煤调湿技术和流化床煤调湿技术，流化床煤调湿技术的热源主要来自焦炉尾气的废热，而蒸汽回转干燥法采用干熄焦余热发电后的蒸汽作为主热源。因此从清洁生产角度看，人们认为流化床煤调湿技术属于废弃资源循环利用，更加节能。

（五）蒸氨工艺的改造

前全国焦化企业蒸氨工艺一般采用传统的铸铁栅板塔或泡罩塔，使用直接蒸汽蒸馏技术，其缺点是：效率低、能耗高、环境污染和设备腐蚀严重。由于栅板塔塔板没有降液管和受液盘，气液两相没有专门通道，因而在实际应用中，难以做到气液两相充分接触，效率很低。为了克服原有蒸氨设备的缺陷，提高蒸氨塔的分离能力，减少蒸氨废水，技术设计改造时在借鉴了其他先进的斜孔塔板的基础上，根据蒸氨工艺的特点，利用世界知名软件对斜孔塔板进行了改进和创新，在蒸氨工艺中应用并取得了成功。

蒸氨工艺具体改造方案如下：一种用于蒸氨塔的斜孔塔盘，包括塔板、降液管和受液盘，其特征是所说的塔板上设有可供气体通过的、相邻两排的开口相对、与塔板的夹角为45 60度的固定斜孔。塔板上还设有可供气体通过的浮动斜孔。所说的降液管为可以平行或交叉设置的、单溢流和多溢流相结合的复合形式；塔盘所在塔的精馏段设有一根降液管，提馏段设有两根降液管；塔板上所设降液管的溢流堰具有用以维持均匀低液面的适当高度；根据实际设定适当的塔板数量，板间距；塔板的开孔率根据所在位置分别设置为10 80%；固定斜孔的分布可为纵横、放射性等各种排列方式。由于本技术中的塔板上的斜孔垂直于液流方向，气体从斜孔沿水平成一定夹角逸出，相邻两排的孔口方向相反，交错排列，造成液体高度湍流，从而决定了本踏板的有如下特点：

1. 全塔液流中的液体都从斜孔与水平方向呈一定角度喷出，避免了垂直上喷而夹带雾沫，从而使塔板单位截面积的允许全速得到提高；

2. 相邻两排斜孔口方向相反，所以气液全部是反向喷出，消除了气、液并流造成的液滴不断加速的劣势；

3. 板上斜孔的分布根据工艺需要作不同的安排，分为纵横排列、放射性排列等，使液流湍流更加激烈和多样，促进传质；

4. 板上保证均匀的低液面，使气体与液体有较长的接触时间，液体能不断的分散聚合，表面不断更新，保证了气、液良好接触，促进了传质。

二、焦炉生产设备的改进与更新

（一）处理湿焦粉的设备改造与应用

安阳钢铁公司焦化厂根据现有设备设施现状，结合焦化厂可持续发展的需要，对设备工艺进行改造，在炼焦行业首次成功的实现了熄焦过程中水冲混合焦炭筛分机械化，优化了焦炭筛分运输工艺，降低了运输的成本，经济效益较为显著。

其设备工艺改造最根本的就在于将人工部分改为了机械运输，实现了人工成本的降低。其工艺对比如图5-4。

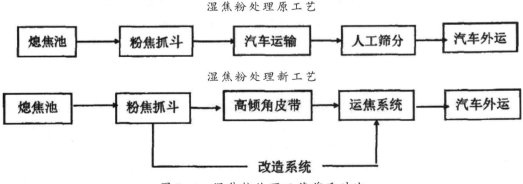

图5-4 湿焦粉处理工艺前后对比

从图5-4中可以看出，熄焦过程水冲混合焦收集筛分改造的最大优势就是能够充分利用企业现有条件，减少了基建的资金投入，能够较好的解决混合焦在运输过程中造成的无组织粉尘污染，同时降低了员工的劳动强度及运输成本，有着较好的环境效益和经济效益。

三、焦炉生产工艺的革新

常规配煤炼焦技术是以气煤、肥煤、焦煤和瘦煤四种煤为基础，按照一定比例配合确定的，要求配合煤要有足够的黏结性和结焦性。由于优质炼焦煤资源的短缺和分布不平衡以及高炉大型化对焦炭质量的要求更高，因而开发了各种炼焦新技术，其中主要包括为捣固和配型煤等。采用上述炼焦新技术可多配入高挥发分弱黏结煤或配入以往认为不能炼焦的煤种，生产出符合要求的焦炭，从而节约了宝贵的优质炼焦煤资源，扩大了炼焦煤资源的合理利用。上述炼焦新技术是在装炉前进行的，也成为炼焦煤料的新型预处理技术。

（一）捣固炼焦技术

1. 原理

捣固炼焦是将配合煤在捣固机内捣固成煤饼后，推入炭化室内炼焦的技术措施。煤料经过捣固后，由于煤粒间的距离缩小，堆积相对密度提高，由散装法的0.75～0.85t/m³提高到捣固法（湿基）的1.05～0.15t/m³使入炉煤料粒间所需填充液态产物的数量相对减少，热解气体产物不易逸出，并增加胶质体的不透气性和膨胀压力，可以达到改善煤料结焦性能和提高焦炭质量的目的。

2. 效果

（1）捣固炼焦可扩大炼焦用煤来源，多用高挥发分中等和弱黏结煤改善焦炭质量。

（2）捣固炼焦工艺比其他新工艺简单、投资少、见效快，易于推广。

3. 工艺

捣固炼焦工艺比较简单，只需增加一个捣固、推焦装煤联合机。工艺流程主要由粉碎、配合、捣固、装炉炼焦等工序组成。粉碎好的煤料，按预先安排好的配比充分混合均匀后，经捣固装入炉中。为了使煤料能够捣固成型，煤料的水分要保持在9%～11%范围。当水分偏低时，需在制备过程中适当喷水。煤料的粉碎细度（<3mm粒级含量）要求达到90%以上。为了提高煤料的粉碎细度，往往需要进行再次粉碎。对挥发分较高的捣固煤料，一般需要配一定比例的瘦化剂时，如水分偏大，还要先进行干燥。

煤料的捣固是在焦炉机侧的装煤推焦机上进行。这种装煤推焦机有两种结构形式：一种是将捣固、装煤和推焦全部功能集中在一台机器上，其优点是每一操作循环的作业时间短，缺点是车体庞大、自重大；另一种是机上只设捣固煤箱，并具有装煤和推焦功能，捣固机单设在储煤塔下，装煤推焦机在储煤塔下边装煤边捣固。其优点是车体较轻，缺点是每一操作循环的作业时间长。

（二）配型煤炼焦技术

1. 原理

配型煤工艺是将一部分装炉煤在装入焦炉前配入黏结剂加压成型块，然后与散状装炉煤按比例混合后装炉的一种特殊技术措施。配型煤工艺能改善焦炭质量和减少强黏结性煤的配用量。原因如下。

（1）配型煤内部煤粒接触紧密，在炼焦过程中促进了黏结组分和非黏结组分的结合，从而改善了煤的结焦性。

（2）配型煤与粉煤混合炼焦时，在软化熔融阶段，型煤本身体积膨胀，产生大量气体压缩周围粉煤，其膨胀压力较散状煤料显著提高，使煤粒间的接触更加紧密，形成结构坚实的焦炭。

（3）配型煤的炼焦煤料，散密度高，炼焦过程中半焦收缩小，因而焦炭裂纹少。

（4）装炉煤成型时添加了一定量的黏结剂，改善了黏结性能，提高了焦的强度指标。

2. 效果

以配入比为30%为例，配型煤工艺在工业生产上的主要效果如下。

（1）在配煤比相同的条件下，配型煤工艺所生产的焦炭与常规配煤生产的焦炭比较，耐磨强度M10可改善2%～3%，抗碎强度M10变化不大或稍有提高，JIS转鼓试验指标DI_{15}^{150}值可提高3%～4%。

（2）在保持焦炭质量不降低的情况下，配型煤工艺较常规炼焦煤准备工艺，强黏结性煤用量可减少10%～15%。

（3）焦炭筛分组成有所改善，大于80mm级产率有所降低，80～25mm级显著增加（一般可增加5%～10%），小于25mm级变化不大，因而提高了焦炭的粒度均匀系数。

由于原料煤性质、工艺流程、型煤质量和型煤配比的不同，配型煤工艺对焦炭质量和焦炉操作的影响也各不相同。

3. 工艺

配型煤工艺主要有新日铁流程和住友流程。

（1）新日铁配型煤流程取30%经过配合、粉碎的煤料，送入成型工段的原料槽，煤从槽下定量放出，在混煤机中与喷入的黏结剂（用量为型煤量的6%～7%）充分混合后，进入混捏机。煤在混捏机中被喷入的蒸汽加热至100℃左右，充分混捏后进入双辊成型机压制成型。热型煤在网式输送机上冷却，后送到成品槽，再转送到储煤塔内单独储存。用时，在塔下与粉煤按比例配合装炉。热型煤在网式输送机上输送的同时进行强制冷却，因此设备较多，投资相应增加。

（2）住友配型煤流程黏结性煤经配合、粉碎后，大部分（约占总煤量的70%）直接送储煤塔，小部分（约占总煤量的8%）留待与非黏结性煤配合。约占总煤量20%的非黏结性煤在另一粉碎系统处理后，与小部分黏结性煤一同进入混捏机。混捏机中喷入约为总煤量2%的黏结剂。煤料在混捏机中加热并充分混捏后，进入双辊成型机压制成型。型煤与粉煤同步输送到储煤塔。此法可不建成品槽和网式冷却输送机，其优点是工艺布置较简单、投资省，缺点是型煤与粉煤在同步输送和储存过程中易产生偏析。

此外，近年来配添加物炼焦工艺得到应用。该工艺是在装炉煤中配入适量的黏结剂和抗裂剂等非添加物，以改善其结焦性的一种特殊技术措施。配黏结剂工艺适用于低流动度的弱黏结性煤料，有改善焦炭机械强度和焦炭反应性的功效。常用的配煤黏结剂为煤焦油、煤焦油沥青、石油沥青、煤和石油煤混合黏结剂、溶剂精制煤以及煤的液化和萃取产物等。配黏结剂工艺的技术要点是：选用适宜的黏结剂（可同时配用几种黏结剂），确定最优化配用量和采用可靠的配匀方法。配抗裂剂工艺适用于高流动度的高挥发分煤料，可增大焦炭块度、提高焦炭机械强度、改善焦炭气孔结构。常用的配煤抗裂剂有焦粉、半焦粉、延迟焦、无烟煤粉等含碳惰性物。配抗裂剂工艺的技术要求是：选用适宜的抗裂剂，确定最优化粒度与配用量，采用可靠的配合方法。配黏结剂工艺和配抗裂剂工艺也可同时并用，相辅相成，例如在炼制优质铸造焦时，必须配入足够数量的低灰、低硫石油焦等抗裂剂，同时配入数量匹配的黏结剂，才能使铸造焦达到块度大、强度高、灰分低、硫分低、气孔率低、反应性低等全面优质指标。

（三）干法熄焦技术

1. 原理

干法熄焦技术是采用惰性气体熄灭赤热焦炭的熄焦方法。以惰性气体冷却红焦，吸收了红焦热量的惰性气体作为二次能源，在热交换设备（通常是余热锅炉）中给出热量而重新变冷，冷的惰性气体再去冷却红焦。

2. 效果

与湿熄焦相比，干熄后的焦炭机械强度、耐磨性、筛分组成、反应后强度均有明显提高，反应性降低。干熄焦炭的机械强度（M40）可提高3%～8%；耐磨强度（M10）可提高0.3%～0.8%。干熄焦炭的块度均匀性增加，焦末量减少。反应性降低，气孔率下降，反应后强度提高，从而降低了炼铁焦比。

在焦炉的热平衡中被红焦带走的热量相当于焦炉加热所需热量的40%～45%。干熄焦可回收红焦热量的80%。每干熄1t焦炭至少可以产生500kg温度为450℃、压力为3.9MPa的中压蒸汽，首钢干熄焦装置的蒸汽产量为560kg/t焦，济钢干熄焦装置的蒸汽产量（5.4MPa、450℃）为0.45t/t焦。如按全国年焦炭产量的5000余万吨用于干法熄焦，每吨焦产汽率0.45计算，则可回收蒸汽2250万吨，可发电$58×10^8$kW·h，创价值26亿元。

干熄焦装置在所有排尘点均设有密闭及抽尘措施，环境除尘系统的除尘效率可达99%，使环境质量得到改善。

与湿熄焦相比，干熄焦装置设备重量和投资大，技术复杂，技术难度、设备运行精度及自动化水平均很高。

3. 工艺流程

生产过程，将温度约100℃的红焦由推焦机推入焦罐中，焦罐台车将其牵引至横移装置处，将装有红焦的焦罐横移至提升井，提升吊车将其提升并运至干熄槽顶部，由排料装置将红焦装入干熄槽中。红焦在干熄槽冷却室内与循环风机鼓入的小于200℃的惰性气体进行热交换，温度降至230℃以下，由排料装置排至皮带运输机上，运往炉前焦库，惰性气体吸收了红焦的显热，温度升高至900～950℃，经一次除尘器除尘后进入余热锅炉产生蒸汽，从锅炉出来的惰性气体温度降至200℃左右，经二次除尘器，并经省煤器二次降温后，进入循环风机，被再次送入干熄槽，余热锅炉产生的450℃、3.9MPa的中压蒸汽，可并入蒸汽管网或送发电机组发电。

（四）焦炉大型化发展

大型焦炉自动化水平高，生产出焦炭质量稳定，劳动产率高，成本低。焦炉增加炭化室容积的办法是可以提高焦炉高度（如由4.3m升高到6m），也可以增加炭化室宽度。增加焦炉炭化室容积的好处是提高装炉煤的散密度煤进入高的炭化室下落时间长，动能增大致使煤压实，炭化室的宽度增大，减少了煤对炭化室炉墙的"边壁效应"，煤饼加大后热态煤颗粒之间接触点多，热解液相产物和气象物多，膨胀压力大，利于煤的表面黏结和界面反应，实现提高焦炭质量和节约能耗。

早在1927年，德国斯蒂尔公司在鲁尔区的诺尔斯特恩炼焦厂就成功地建成了一座炭化室高6m，长12.5m，宽450mm的焦炉。近几年来，国内外大型焦炉发展的标志是：炭化室高由4m左右增到6～8m，长由13m左右增到16～17m，每孔炭化室的容积由25m³增加到50m³左右，每孔炉一次装煤量由20t增到40t。当前，6m高以上的焦炉约有5000多座。如日本、法国、德国、前苏联等，均设计或建成高达7m以上的焦炉，其中以德国考伯斯公司设计的8m高的焦炉为最大。由此可见，焦炉正趋于向大型化发展。经过总结和分析计算，证明焦炉大型化有许多有点。

（1）基建投资省　以年产相同的投资比较，6m高的焦炉约为4m高焦炉的85%～87%。这是因为前者的炭化室孔数减少了，所以相应使用的筑炉材料和护炉铁件也少了；由于出炉次数减少，所需的焦炉机械套数也减少，炭化室高度不同的焦炉的技术经济指标的比较见表5-7。

表5-7　炭化室高度不同的焦炉的技术经济指标

项目	炭化室高度/m			
	3	4	5	6
炭化室有效容积/m³	15.2	20.8	26.5	32.0
炭化室内煤料堆密度/（kg/ m³）	740	750	760	770
干煤料装入量/t	11.25	15.6	20.1	24.65
每个炭化室昼夜装煤量/（t/d）	13.45	18.8	24.1	29.6
在每日处理煤量为3300t，结焦时间为20h时	224	160	125	102
所需的炭化室数	269	192	150	122
每昼夜出炉数	100	84	76.3	6
建筑费用/%	100	84.1	76.5	1

项目	炭化室高度/m			
	3	4	5	6
全套炼焦设备	100	83.9	76.1	72.8
每吨焦炭	100	79.8	74.0	68.6
按16%折旧计算投资比/%	84	63	51	45
每年	27.9	37.2	45.4	52.0
每吨焦炭				
焦炉操作人员				
每班每人产焦/t				

（2）人工费用（生产费用）低　例如，炭化室高6m的焦炉与4m高的焦炉比较，由于每个人每班可多处理60%的煤料，可使劳动力得到更有效的利用，从而降低了生产费用。以焦炉寿命为20～25年计，所节省的装煤费用差不多就是整座焦炉的投资。

（3）装修费用低　据报道，4m和5m高的焦炉，其维修费用分别比炭化室高6m的焦炉高18%和15%。

（4）占地面积少　通过单位地面装煤量的计算可知，年产量相同时，每炼1t焦，小焦炉占地面积约多42%。

（5）热损失低，热功效率高。

（6）由于高炭化室内煤料堆密度较大（约大4%），炼出来的煤炭质量有所改善，可以配更多的年轻煤炼焦。

焦炉大型化，不意味着焦炉各部位尺寸可以任意加大，必须对炭化室的长、宽、高适合尺寸进行研究。综合各种研究结果，今后焦炉大型化发展的趋势大体上稳定在如下水平上：炭化室高度在7m左右，炭化室长度不超过17m，炭化室平均宽为450mm左右。

四、加强管理以及废弃资源的循环再利用

（一）加强管理

焦化企业现代化管理的加强，需要从职工素质的提高、先进技术的引用、管理模式的创新转变等几个方面着手。

首先要加强信息化管理，焦化企业对生产流程要进行实时监测，避免出现物料损失、生产事故等，并且还要大力发展电子商务，拓展业务贸易的渠道，实现企业的资源化配置和高效利用；二是加强质量管理，引进DCS控制系统，严格按照国家强制性标准和安全认证的规定和要求进行生产，通过清洁生产提高产品质量，提高产品收率；最后是加强战略管理，企业在加强信息化建设的同时，要延伸具有高附加值的产业链，发展绿色经济，切实做到可持续发展，提高企业的环境效益和经济效益［。

1.严格执行装煤操作规程

　　傅山焦化巡检组在巡检时发现炉盖工未按要求使用高压氨水进行无烟装煤，造成焦炉装煤时冒烟，产生大量无组织废气排放，同时也会造成后续的化产回收区中槽、罐、气柜、塔等装置中产生大量废渣。并且还发现有时候炉盖工清扫余煤时间过长，盖盖慢，造成加煤冒烟，造成了比较严重的大气污染。审核小组发现问题后，加强了监督，对炉盖工进行培训指导，提高了员工的操作能力和素质，规范高压氨水切换操作，严格控制打盖、摘门和推焦时间，避免操作时间过长，减少了焦炉装煤冒烟和环境污染，减少了无组织废气排放，减少废渣的产生。

　　2. 增强煤场防尘措施

　　鑫港燃气年产95万吨焦炭，煤场和焦场都是露天堆放，原料运输和卸料、输送物料多且频繁，由于原料粒径小，露天存放，随风飞扬，产生大量扬尘，污染厂区及周边环境。经过考察论证，决定采取一系列措施来增强煤场的防尘措施。第一，在煤场、焦场防尘网的北、西、东三面建起高1米钢筋混凝土墙，防止汛期物料流失，减少扬尘。第二，夏天采取喷洒适量水，冬天加遮盖物，精心操作堆取料设备，均匀放料。第三，当遇到大风时节时，喷洒水已不能够很有效的阻止扬尘时，可以喷洒适量的固化剂，形成厚度约5mm的相对稳定的硬壳，更好的阻止扬尘。通过以上措施，能够很大程度上减少扬尘，年减少约100吨。

（二）废弃资源循环再利用

　　1. 焦炉烟气余热利用

　　淄博市傅山焦化有限责任公司拥有炭化室4.3m捣固式焦炉两座，具备年产80万吨焦炭的生产能力，与其配套的有自动化配煤、化产回收、煤气净化、生化处理等设施。公司使用0.6～0.8MPa饱和蒸汽，目前由傅山电厂供给。

　　焦炉煤气在燃烧室燃烧产生约$1.8 \times 10^5 Nm^3/h$的废气，经过蓄热室格子砖回收部分显热后，废气温度降至300～340℃左右，经过烟道、烟囱排放至大气。焦炉烟道吸力由高温烟气通过烟囱的热浮力形成，这样的设计使得烟气的大量余热得不到有效利用，浪费了可利用的废热能源。

　　随着国家节能减排政策和监控力度的加大及企业提高竞争力需要，如将这部分热量用于余热回收装置，可产生10吨/小时0.8MPa的饱和蒸汽，不仅能合理有效地开发和利用焦炉烟气余热资源，而且能生产出合格的蒸汽。

　　（1）方案简述

　　公司拥有炭化室4.3m捣固式焦炉两座，焦炉煤气在燃烧室燃烧产生约$1.8 \times 10^5 Nm^3/h$的废气，经过蓄热室格子砖回收部分显热后，废气温度降至300～340℃左右，经过烟道、烟囱排放至大气。焦炉烟道吸力由高温烟气通过烟囱的热浮力形成，这样的设计使得烟气的大量余热得不到有效利用，浪费了可利用的废热能源。如将这部分热量用于余热回收装置，可产生10吨/小时0.8MPa的饱和蒸汽，能合理有效地开发和利用焦炉烟气余热资源，而且能生产出合格的蒸汽，解决焦化生产对蒸汽的需求。

　　（2）技术评估

经对现有工艺的技术分析，提出对现有烟气处理作如下设计修改：

①现有地下烟道保持不变；

②在现有地下总烟道翻板前开两个孔，将烟气从地下烟道引出依次进入地上钢制烟道、余热回收装置、回收装置引风机、钢烟道、地下烟道、经烟囱排放；

③关闭余热回收装置前烟道阀，开启地下总烟道翻板阀，烟气沿原地下烟道排出；

④新增配套的余热回收装置、除氧器、给水泵、软化水装置、引风机等设备。将换热器产生的蒸汽源，与厂区原有蒸汽管网连接并网。

经过专家的评估分析，认为该方案技术先进，成熟可靠，技术评估可行。

（3）环境评估

该方案年产 0.8MPa 饱和蒸汽 8 万吨，折节约标煤 8428 吨。具有良好的环境效益。环境评估可行。

（4）经济评估

项目寿命周期 n 按 10 年计算，贴现率按 6%，税率按 25% 计算：

①投资费用：

总计投资（I）：860 万元

②年净现金流量（F）

年折旧费=I/n=86 万元

利润：P=1065.67 万元

企业税=（P－年折旧费）×税率=244.92 万元

年净现金流量：F=P+年折旧费－企业税=906.75 万元

③投资偿还期（N）

N=I/F=1500/1132.35=0.948 年

④净现值（NPV）

NPV=906.75×7.3601－860=5813.77 万元

⑤净现值率（NPVR）

NPVR=NPV/I×100%=5813.77/860×100%=676.02%

⑥内部收益率（IRR）

N=0.948，n=10 时，查表得 i_1=105%，i_2=106%

IRR=105.36%

从以上评估可以看出，焦炉烟气余热资源能够被有效的回收利用，且具有较高的经济价值，生产出的蒸汽也能够满足焦化企业的生产。

2. 改性焦粉脱除废水中 COD 和氨氮的应用

焦化废水是焦化企业主要污染物之一，若能实现焦化废水的零排放，对于焦化企业是解决污染问题的首要任务，且对于焦化企业的可持续发展意义重大。目前焦化废水的常用处理工艺主要有生物法、化学法和物化法。物化法其主要的原理是利用污染物的特定物理化学性质来进行污染物的脱除，经常用于生化处理的预处理阶段，能够有效的降低后续工段的系统污染负荷。

　　焦粉乃焦化企业在炼焦过程中产生，具有与活性炭相似的孔隙结构，不仅能够使处理后的废水达到排放的要求，而且吸附饱和后的焦粉作为还原剂可掺于铁矿石烧结。吸附后的焦粉也可作为配煤炼焦的瘦化剂，不会造成二次污染，能够大大降低运行成本。其作为具有潜在应用价值的固废材料，能够实现企业的清洁生产目标。

　　田陆峰经过实验研究了改性焦粉对于焦化废水中COD和氨氮的去除效果，其效果明显，实用性较高。研究结果表明：第一，经硫酸改性后，焦粉表面发生了阳离子交换作用，酸性官能团增多，随着焦粉粒度的增大，孔径尺寸更能包裹废水中的大分子有机化合物和氨氮离子；第二，研究了硝酸的改性效果，与硫酸改性后对焦粉吸附能力不同，COD去除率随焦粉粒度增大先降低后增高，氨氮去除率随粒度增大先增高后降低，说明稀硫酸和稀硝酸对焦粉的改性方式不同，稀硝酸除酸性外还具有较强的氧化性，能氧化焦粉微孔表面的官能团，参与造孔，改善焦粉的吸附能力；第三，焦粉粒度越小，比表面积越大，微孔结构越容易被活化改性，因此较小粒度的焦粉将具有将强的吸附能力。

第六章　双碳背景下企业绿色转型发展研究

气候变化是全人类面临的共同挑战，关乎子孙后代的福祉。当前，气候变化问题日趋严峻，已经从未来的挑战变成正在发生的危机，迫切需要全球共同努力，构建人类命运共同体。研究表明，近百年来全球气候变化的主要影响因子，就是人类活动带来的二氧化碳浓度的升高。《气候变化2021：自然科学基础》指出，人类活动已经引起大气、海洋和陆地变暖，对整个气候系统的影响是过去几个世纪甚至几千年来前所未有的。热浪、强降水、干旱和台风等极端天气事件频发，造成的自然灾害范围广、破坏强度大，对人类和生态系统造成了重大影响。

改革开放40多年来，我国在快速推进工业化和城镇化进程的同时，出现了危及人的生存环境和自然可持续力的污染危机。我国是全球二氧化碳排放量最多的国家。据《2021—2027年中国二氧化碳行业运行动态及投资前景评估报告》，2020年我国二氧化碳排放量为9893.5百万吨，占全球二氧化碳总排放量的30.93%。2020年9月22日，习近平主席在第七十五届联合国大会一般性辩论上发表重要讲话时提出，"中国将提高国家自主贡献力度，采取更加有力的政策和措施，二氧化碳排放力争于2030年前达到峰值，努力争取2060年前实现碳中和。"2020年12月12日，习近平主席在气候雄心峰会上再次重申了这一目标，彰显了中国的责任担当。《中共中央国务院关于完整准确全面贯彻新发展理念做好碳达峰碳中和工作的意见》《国务院关于印发2030年前碳达峰行动方案的通知》的出台，意味着双碳"1+N"政策体系中最为核心的部分已经完成，标志着我国"双碳"行动进入实质性落实阶段，也标志着我国经济社会高质量发展迈入新征程。

实现碳中和不仅是一个应对气候变化的问题，而且是一场涉及领域广泛的大变革。我国应对气候变化的战略转型的主要原因是化石能源燃烧所排放的二氧化碳总量的快速攀升、经济发展水平和能力的增强，以及我国生态环境面临的严峻压力。进入新发展阶段，应对气候变化的国家战略，已经转变为"中国方案"，引领着全球气候治理。我国"双碳"目标的实现路径，必须充分考虑以煤炭为主的能源禀赋特点，依靠绿色低碳技术攻关，推动产业结构调整、能源结构优化及高效利用，以实现能耗"双控"向碳排放总量和强度"双控"转变。据《中国上市公司碳排放排行榜（2021）》，2020年上榜的我国100家上市公司的二氧化碳排放量为44.24亿吨，约占我国二氧化碳排放总量的44.72%。企业是经济发展的市场主体，现阶段企业绿色转型发展还面临一系列瓶颈需要破解。在后疫情时代，推动企业绿色转型发展，实现企业的蝶变，是"双碳"目标实现的关键所在。

一、相关文献综述

实现"双碳"目标是国家战略，是各级政府的一项重大政治任务，同时也是学术界研究的热点及焦点问题之一。事实上，实现"双碳"目标的核心及关键是能源结构的优化及效率的提高。推动企业绿色转型发展需要理念的创新，更需要绿色技术的支撑及保障。同时，应在处理好企业与自然、社会以及企业内部关系的基础上，实现地球的健康和自身的健康，即"双健康"。从远景目标来看，健康引领将成为未来发展的核心理念。围绕着上述问题，学术界开展了相关研究，这里从推动企业绿色转型发展的能源战略、技术创新、经济措施及政策保障等方面对已有相关文献进行系统梳理。

（一）关于推动企业绿色转型发展的能源战略方面的研究

我国实现"双碳"目标，需要对经济和能源结构进行深度调整，推动企业发展方式的绿色转型，以实现低碳化和无碳化。为此，应压实地方政府和行业的主体责任，推进各地区、各行业有序实现碳达峰，并且要从零碳能源、零碳模式、供给侧、需求侧以及发展格局等层面，设计实现碳中和的路径。当前，能源转型正在朝着可持续发展的方向推进。实现路径一方面取决于主体的核心动机及责任，另一方面则与能源资源禀赋有关。"双碳"远景目标下，我国能源转型应着重从供给侧能源结构的转型、需求侧能源强度的降低两个层面入手，在市场、政策、创新、行为等多个维度上推动转型，走中国特色能源转型之路。2030年前实现碳达峰目标，倒逼我国逐步推动绿色改革和绿色创新叫应从控制能源消耗总量及增速约束性目标、大幅度提升非化石能源的消费比重等方面着手。国家需要平衡经济发展、能源普遍服务和环境可持续性三大目标。经济总量对能源需求的影响是通过高耗能行业进行的，加强对高耗能行业的调控是实现我国能耗总量控制目标、全面推动绿色发展的关键选择之一。实现"2060年前碳中和"目标，持续推动能源转型，应从市场、政策、创新、行为等多个维度进行驱动，进一步提高能源利用效率，持续推进以新能源为主体的能源结构优化，大力推进电气化和电力系统深度脱碳。

（二）关于推动企业绿色转型发展的技术创新方面的研究

从技术层面来看，谁在技术上走在前面，谁就将在未来国际竞争中取得优势。为此，国家应力争以技术上的先进性获得产业上的主导权，使之成为民族复兴的重要推动力。实现碳中和应着力能源结构、能源消费、人为固碳，不同行业之间、同一行业不同企业之间需要协同推进，共同探讨实现的路线图。推动企业绿色转型发展既是提升企业绿色竞争力的有效路径，又是企业承担社会生态责任的必然选择。我国要抓住新一轮工业革命的机遇，加快工业绿色转型发展，争取在低碳工业化进程中占据领先地位。工业加速绿色转型一方面将提升经济增长的质量，另一方面将推动我国碳减排；特别是，通过技术创新驱动工业整体绿色转型，推动工业沿着绿色低碳循环轨道持续发展。

绿色治理有助于提升企业的长期价值，特别是绿色治理水平高的企业可以获得更高的成长能力、更低的风险承担水平、更为宽松的融资约束以及更高的长期价值。企业是否采用绿色技术的决策很大程度上取决于企业的环境战略导向。在环境管制趋于加强的趋势下，环境意识较强的企业更倾向于实施绿色工艺、绿色产品创新，以促进企业可持续发展，前者更能改善企业环境社会责任绩效，后者更能提升企业财务绩效网，国内技术购买强度和环境管制强度对绿色工艺创新绩效具有显著的正向影响。

研究表明，提高环境规制强度、增加环保投入及自主研发投入可以显著促进企业绿色技术效率的增长，技术进步具有一定的路径依赖性，但环境管制可以改变技术进步的方向，助力我国工业走上绿色技术进步的轨道。企业应用信息与通信技术可以促进企业技术、机器设备的更新，推动技术进步和结构优化，进而降低企业能源强度。特别是，在数字经济发展背景下，企业应强化数字化建设，建立企业绿色行为数据中心，一方面提高企业效率及发展质量，另一方面为政府及相关职能部门提供系统数据，提高其管理及服务于企业的能力和水平，提升其制定促进企业绿色转型发展政策的精准性。在环境技术标准下，一些企业主要通过选择更为渐进的技术改造路径来实现绿色转型发展，特别是环境技术标准对于污染排放强度高、生产率低、资本更新速度慢的企业具有更显著的绿色转型效果如。

（三）关于推动企业绿色转型发展的经济措施方面的研究

实现"双碳"目标要抓好能源结构、产业结构的调整，并依靠科技支撑实现绿色转型。同时，要注重经济手段对实现碳中和的有效作用。特别是，碳定价政策对促进碳减排、引导绿色低碳投融资等具有积极意义。为此，应扩大碳定价政策覆盖范围，时机成熟之后征收碳税；同时，发展碳金融，提高市场流动性和定价效率。

2010年，我国正式开展低碳城市试点，在一定程度上诱发了企业整体层面的绿色技术创新，特别是对高碳行业、非国有企业绿色技术创新的诱发作用更为显著。环境保护费改税作为我国环境保护税制的重要改革措施，对重污染企业的绿色转型具有明显的促进作用。为此，政府应当继续完善环境保护费改税的实施细则，建立生态环境保护部门与税务部门之间的征管协作机制；同时，建立企业绿色转型发展的融资机制，引导企业绿色转型发展的价值取向。区块链应用能够倒逼企业实现绿色转型发展，但现阶段绿色技术创新对制造业绿色发展的促进作用，优于数字化全要素生产率和能源利用效率。对特定区域工业企业绿色技术创新效率的研究结果表明，长三角地区工业企业绿色技术创新效率逐年增长并已存在空间集聚效应；外商投资、绿色经济发展水平、城镇化水平、产业集聚对本地区的绿色技术创新有正向直接促进效应。

（四）关于推动企业绿色转型发展的政策保障方面的研究

实现碳中和目标需要系统的对策措施、完善的政策体系提供保障。政府的可再生能源规划对二氧化碳减排具有重要的正面影响，与此同时导致能源成本增加，对宏观经济具有一定的负面影响；但环境治理目标下的能源结构转变，可以对煤炭消费和二氧化碳排放起到显著的抑制作用，煤炭和二氧化碳峰值提早出现将成为自然过程，并不会明显抑制经济发展。改革开放以来，围绕节能减排我国采取了一系列政策措施，有效地推动了工业绿色生产率的持续改善，同时，环境规制通过企业绿色全要素生产率的提高，推动了我国工业发展方式的转变。也有学者提出，节能政策应当弱化直接的总量目标控制，加强市场化政策工具的运用。在无法避免总量目标控制的情况下，应当充分考虑企业间能源效率的异质性，针对能源利用效率更低的企业制定更为严苛的节能目标。同时，充分发挥碳定价机制在碳中和转型中的关键作用，为低碳、零碳和负碳技术创新及产业转型升级提供有效的激励。

当前，我国工业绿色发展绩效整体态势较好，但易受国家政策特别是环境规制的影响，且命令型环境规制、市场型环境规制对工业绿色发展绩效的影响具有异质性。就制造业而言，环境规制对制造业绿色发展的整体影响效应呈现先阻碍后促进的特征，且这种效应还会因环境规制强度、行业特点而有所不同。行政命令型的环境规制对制造业绿色发展表现为组合效应，而市场激励型的环境规制则表现为促进效应，且对高竞争性行业表现得更加显著。2011年，国家发展和改革委员会等12个部门联合印发《万家企业节能低碳行动实施方案》，对我国制造业创新具有促进效应，且这种效应会随时间推移而得到逐步释放。

以上文献为本文的研究提供了理论支撑、逻辑指引及思路导向，同时也给本文研究留下了一些需要深入思考的空间。本文在剖析企业绿色转型发展时代背景的基础上，尝试对企业绿色发展的相关问题进行理论阐释，并提出企业绿色转型发展的促进策略。

二、企业绿色转型发展的时代背景及理论阐释

从理论上讲，企业绿色转型发展更多地基于外部环境的变化，既取决于经济社会发展的阶段性特征，又缘于国家日益完善的生态环境保护规制。其目的在于，依靠科技创新提高资源利用效率，控制碳排放总量和强度，实现生产过程中碳流量的减少，并采取有效措施消减碳存量，实现"双碳"目标，推动经济发展与资源环境可持续的协调发展。

（一）企业绿色转型发展的时代背景

2020年我国国内生产总值实现101.6万亿元，经济总量占全球经济比重超过17%。我国已进入高质量发展阶段的科学判断，以及"绿水青山就是金山银山"的发展理念等，都为企业绿色转型发展提出了更高要求及方向引领。

1. 生态优先绿色发展成为新时代的主旋律

党的十九大报告提出，中国特色社会主义进入新时代，我国社会主要矛盾已经

转化为人民日益增长的美好生活需要和不平衡不充分的发展之间的矛盾。全面树立"绿水青山就是金山银山"的发展理念，增加蓝天、白云、绿地、碧水等优美生态环境的供给，既是民意所向，又是民生所求。为此，应贯彻新发展理念，统筹好经济发展和生态环境保护、生态环境建设、生态环境恢复之间的关系，探索以生态优先绿色发展为导向的高质量发展新路子。企业在打好污染防治攻坚战、解决好人民群众反映强烈的突出环境问题中具有重要的地位，发挥着重要作用。实现生态优先绿色发展，迫切需要企业实现绿色发展。

2. 碳达峰、碳中和成为未来绿色发展的核心

我国实现"双碳"目标时间紧迫、任务艰巨，必须从发展方式到能源、产业、基础设施、国土空间乃至贸易与消费等领域或环节，实施系统性、结构性变革、绿色转型和技术创新。《"十四五"工业绿色发展规划》提出，到2025年，工业产业结构、生产方式绿色低碳转型取得显著成效，绿色低碳技术装备广泛应用，能源资源利用效率大幅度提高，绿色制造水平全面提升，为2030年工业领域碳达峰奠定坚实基础。微观上来讲，企业作为实现"双碳"目标的主体，应抓住发展机遇，推动自身的绿色转型发展，并从中寻找发展的路径及动力。

3. 生态环境保护规制不断完善的制度环境

改革开放以来特别是党的十八大以来，国家出台了生态文明建设目标评价考核制度、领导干部自然资源资产离任审计制度、中央生态环境保护督察制度、生态环境监测和评价制度、生态环境公益诉讼制度、生态补偿和生态环境损害赔偿制度等一系列生态环境保护制度，基本形成了生态文明制度的"四梁八柱"，国家生态治理体系和治理能力得到一定程度的提高。依据生态环境保护规制，企业应主动转变发展方式，提升自身发展质量，更好地适应新发展阶段高质量发展的要求。特别是，中央生态环境保护督察制度实施以来，企业的发展理念、技术创新、管理模式等都发生了变化，有效地推动了企业的绿色转型发展。

（二）企业绿色转型发展的理论阐释

基于资源环境视角，对企业绿色转型发展涉及的理念、资源及环境等问题进行理论阐释，以期为推动企业绿色转型发展提供参考，也为企业绿色转型发展理论提供有效补充。

1. 企业绿色转型发展源于发展理念创新

从经济学意义上来讲，企业所追求的唯一目的是实现利润最大化，也就是实现自身的盈利。为实现这一目标，企业会千方百计地降低生产成本，尽可能实现更多的利润。由此，导致两种生产行为：一是在成本一定的情况下，尽可能增加产出；二是在产出一定的情况下，尽可能降低生产成本。对企业所在区域的政府而言，在传统的以GDP为导向的政绩观下，将会为企业的发展提供一切便利，以实现经济的快速增长。最为突出的表现就是经济欠发达地区为了推动区域经济发展，普遍推行"全民招商"，并把招商成果作为公务人员晋升的重要依据。这是典型的功利主义经济伦理观，由此导致企业、政府生态环境保护意识淡薄，随之而来的就是短期行为，

忽视资源高效利用、生态环境保护等问题，从而导致严重的环境污染。

正如上文所述，宏观环境提供了企业绿色发展的外部动因，外因通过内因才能发挥作用，因此，需要企业发展理念的创新，自觉把生态优先绿色发展理念贯穿到生产活动中，推动企业的绿色转型发展，切实保护大气、水源、土壤以及生物多样性，并实现低碳目标。与此同时，企业的社会责任担当在一定程度上体现了企业的竞争力和生命力。因此，在生态优先绿色发展成为时代主旋律的背景下，越来越多的企业将绿色发展理念纳入企业社会责任体系。

2. 企业绿色转型发展需遵循国家环境规制

改革开放以来特别是党的十八大以来，中央高度重视生态环境保护问题，制定了一系列环境规制政策，对企业行为发挥了有效的约束作用，推动了企业绿色转型发展。有一个现象值得关注，即中央生态环保督察制度实施以来，一些企业发展受到明显影响，特别是规模化养殖企业遭到较大打击，其根本原因在于督察过程中存在着一些不规范的操作，基层各级政府出于自我免责的保护，往往采取"一刀切"的做法，关闭区域内所有养殖企业，包括那些手续齐全的合规企业，给企业主体造成了较大的经济损失。一般而言，国家环境规制存在着强度的地域差异性特征，由此导致"污染避难所"效应。换句话说，国家环境规制在不同区域的执行力度会存在一定的差异，东部沿海发达地区的污染型企业将会向中西部地区梯度转移，污染也随之由沿海发达地区向中西部地区转移，即所谓的"污染避难所"效应。从基层政府视角来看，近两年来经济下行压力与新冠肺炎疫情影响相互叠加，环境规制可能会增加企业的生产成本，影响区域经济增长。

我国经济进入高质量发展阶段后，绿色发展成为构建高质量现代化经济体系的必然要求，而科技创新则成为企业推动绿色发展、助力生态文明建设的重要抓手。适当的环境规制可以促使企业进行科技创新，助力绿色转型发展，由此提高企业的生产能力，一方面抵消由环境规制带来的成本上升，提高产品质量，增强企业竞争力；另一方面可以减少企业发展过程中污染的排放，特别是碳的排放，助力碳中和目标的实现。

3. 企业绿色转型发展能提升资源利用效率

从资源经济学视角来看，任何资源的利用都存在一个阈值，在阈值之内可以通过系统自身的弹性，恢复到原有状态，保障资源的可持续利用。对资源利用的程度一旦超越了阈值，就会导致资源的枯竭。在传统的企业资源利用模式下，单一链条上的各个环节都会造成资源的低效及对环境的影响，实现的只是企业最优解，即利润的最大化。企业从事生产过程中将污染物直接排入环境，对自然生态环境造成污染，使该环境内的其他人受到损害，或者说是对社会造成了经济损失。企业既不对治理环境污染付费，又不对受害者进行补偿。企业节省了治理环境污染的私人成本，而治理成本由全社会来承担。企业把自身的盈利建立在他人受损的基础之上，显然是不公平的。同时，需要关注的是，企业环境污染造成的社会成本远远大于私人成本，即私人成本社会化也是不经济的。因此，要从根本上解决负外部性问题，使私人成本内部化。

企业绿色转型发展充分考虑了资源环境的承载能力，注重的是资源利用效率的提高，并将企业发展与资源承载能力相协调作为目标之一；对资源利用的方式也从单一链条式转变为循环利用式，逐步实现企业发展与资源利用的脱钩，由此提升资源的可持续利用能力。更为重要的是，将环境负外部性治理成本内部化，实现社会最优解。

4. 企业绿色转型发展可减少对生态环境的影响

在企业传统发展模式之下，资源利用低效，环境污染和破坏问题严重，特别是二氧化碳等温室气体的排放，助推了雾霾天气等的频发。当前我国的生态环境问题，既不全是短期内形成的，又不全是当前企业造成的，而是改革开放40多年来积淀下来的，因而消除生态环境问题不能一蹴而就，需要一个适宜的过程。当前，亟须解决的一个重要问题是推动企业绿色转型发展，依靠科技创新，寻找经济增长的新动力，以实现企业发展和环境可持续性的改善。企业绿色转型发展要通过推广应用绿色技术，从源头实现污染物流量的减少，并采取有效措施减少存量，这才是治本之策。

推动企业绿色转型发展，要遵循"绿水青山就是金山银山"的发展理念。在国家环境规制约束之下，特别是中央生态环境保护督察制度实施之后，企业进一步注重理念的创新、设备的更新以及管理的加强，提升了企业的发展质量与水平，环境友好型企业越来越多，减少了对生态环境的污染，未来必将在助力碳中和目标实现中发挥重要作用。

5. 企业绿色转型发展需要技术创新作支撑

从生态环境保护的视角来看，末端治理思维一直都没有得到根本性转变，源头治理思维始终没有得到充分的重视，由此导致生态环境问题难以从根本上得到解决。在这种思维定式之下，企业依据环境规制的要求，也往往是在生产过程的末端选择环境污染治理的技术。在这种技术范式之下，企业的产品生产环节与环境污染治理环节是分离的，由此，一方面是生产过程中污染物的不断产生，另一方面是环境污染物的持续净化及处理。这种方式是一种被动的应对环境规制选择，并不能有效推动企业绿色转型发展。

企业绿色转型发展需要技术创新，通过采取绿色低碳技术，切实推动企业生产方式的绿色化，在企业的整个链条上实现生产过程与环境污染治理过程的统一。具体而言，绿色低碳技术基于对企业全产业链绿色化的考虑，从企业产品生产的原料开始，到生产环节、消费环节、回收利用环节等全过程，着力提高资源能源的利用效率，减少全产业链的废弃物排放，体现了绿色发展的宗旨，能有效助力"双碳"目标的实现。

三、企业绿色转型发展的促进策略

在生态优先绿色发展时代背景之下，企业绿色转型发展不仅是实现我国经济社会绿色转型的重要组成部分，而且是全面落实"绿水青山就是金山银山"发展理念的具体行动。只有推动企业绿色转型发展，才能促进企业的健康发展，改善和提升生态系统健康水平，满足人民日益增长的对优美生态环境的需要。企业作为实现"双碳"目标的重要主体，在新发展阶段，应依靠科技创新推动产能提升、能源优化、技术创新以及体制机制完善，实现自身的绿色发展。

（一）明确理念目标，坚定企业绿色转型发展的方向

改革开放初期，学术界对当时一系列严重的生态环境问题发出了预警呼吁，在社会上产生了巨大影响，引起了党和政府的高度关注，但也只是针对某个具体的生态环境问题，并没有系统地将生态环境保护上升到国家战略层面。在此背景下，企业基于对利润的追求，多采取先污染、后治理的发展模式，以至于造成了严重的生态环境问题。新发展阶段企业绿色转型发展需要以新理念为引领，助力"双碳"目标的实现，这体现了企业的绿色社会责任。

1. 注重理念创新，引领企业绿色转型发展

在生态优先绿色发展成为时代主题，特别是进入高质量发展阶段的背景下，企业作为重要主体，迫切需要进行理念创新，超越把利润作为唯一目标的传统理念，积极承担相应的社会责任，特别是应关注自身发展对环境的贡献。当前，在扎实推进共同富裕的历史阶段，基于对改革开放政策带来的发展机遇、和平时代带来的发展环境的感恩，企业更应当承担推进共同富裕的社会责任。生态环境惠及千万民生，关系着所有人的切身利益，是实现社会公平与社会和谐的重要内容，最能满足人民日益增长的美好生活需要。为此，在企业绿色转型发展进程中，应以生态优先绿色发展、"绿水青山就是金山银山"发展理念为引领，并逐步进行发展理念的创新，将以人民为中心、健康引领作为未来发展的核心理念，实现自身健康发展，保持环境系统健康，并实现与环境健康关系的可持续性。

2. 瞄准"双碳"目标，推动企业绿色转型发展

2020年"双碳"目标提出之后，一些地方和部门没有很好地把握"双碳"工作规律和节奏，出现了一定程度的运动式减排现象。特别是在确定减碳目标方面，一些地方政府不立足于行政区域内企业发展状况，不考虑国内能源禀赋结构、区域内能源利用结构的实际情况，更没有对区域内减碳潜力及可能性进行系统科学分析，而采取层层分解任务的方式提出减碳目标。中央经济工作会议提出，要实现能耗总量和强度"双控"向碳排放总量和强度"双控"转变，这无疑为实现"双碳"目标指明了方向和路径。因此，要根据上述会议精神及党中央、国务院的战略部署，紧紧瞄准"双碳"目标，推动企业绿色转型发展。

3. 坚持实事求是，推动企业绿色转型发展

当前，实事求是比任何时候都重要、都必要。推动企业绿色转型发展，在理念创新引领、目标瞄准导向下，应坚持实事求是的原则。一是对区域区位特点、比较优势、资源基础、人才状况等因素要有客观认识；二是对区域产业发展的现状要有客观认识。在此基础上，确定区域产业发展的重点，以及推动企业绿色转型发展的重点及路径，切实减少发展的盲目性。

（二）升级产业结构，确保企业绿色转型发展的质量

产业质量直接影响"双碳"目标的实现，为此，应以高标准确定产业发展重点，对传统产业进行提档升级，发展绿色低碳产业。

1. 提升产业选择标准的门槛

区域产业发展类型、发展规模等受多种因素的影响，一方面应基于已有的基础及区域情况，全面分析产业发展的可能性、可行性，不能盲目引进其他区域发展较好的企业，导致"水土不服"；二是依据环境规制及区域生态功能定位，基于"双碳"目标提升产业进驻门槛，提出具体的企业负面清单，从整体上提升企业发展质量；三是杜绝污染企业区域转移，企业外溢区政府应承担其生态责任，推动污染企业加快绿色转型发展，而不是简单地采取将污染企业赶走的做法；企业内迁区政府更应该为自己的行为承担生态责任，不能简单地为了追求经济发展而牺牲环境。

2. 推动传统产业绿色转型

推动传统产业绿色转型，是提高资源能源利用效率、实现"双碳"目标的有效途径。为此，首先，应根据高质量发展的阶段性特征，以及实现"双碳"目标的时代要求，充分考虑不同区域产业发展的实际情况，对产业发展特点进行系统梳理、清查，尽快建立起传统产业清单；其次，在生态优先绿色发展理念指导下，根据环境规制的具体要求，从中甄别出有生态化改造价值、能够实现绿色转型的重点产业；再次，基于上述产业类型、技术特点，地方企业主管部门应与企业技术人员共同讨论，提出进行生态化改造的绿色技术需求清单，并进行适当的分类，对已有的绿色技术进行推广，对企业还缺失的绿色技术提出解决的途径；最后，监督企业的生态化改造进程，推动其绿色转型，以实现低碳发展和碳中和目标。

3. 大力发展绿色低碳产业

当前正处于绿色低碳发展的战略机遇期，应紧紧围绕"双碳"目标，以信息技术、生物技术、先进装备制造、新能源、新材料、绿色环保等战略性新兴产业为重点，推动战略性新兴产业融合化、集群化、生态化发展，并借助互联网、大数据、人工智能、5G等信息技术，实现与绿色低碳产业深度融合，推动企业的高质量发展。同时，发展绿色低碳产业必须坚持实事求是的原则，根据区域产业发展基础、科技支撑能力、人才队伍支持以及政策制度保障等状况，确立产业发展类型、发展规模、空间布局等，避免不切实际地盲目发展。

（三）优化能源结构，提高企业绿色转型发展的效率

能源利用结构直接决定了碳减排量，影响着"双碳"目标的实现。为此，应以企业能源利用结构及其优化为重点，推动企业绿色转型发展。

1. 提高能源利用效率

总体来看，我国单位GDP能耗仍处于高位，能源利用效率仍然偏低。为此，应充分依靠绿色技术创新，统筹"控能"和"控碳"之间的关系，在严格控制能源消费总量和强度的同时，以能耗强度和碳排放强度两个指标为约束条件，逐渐控制碳排放总量和碳排放强度，最终实现"双碳"目标。同时，根据不同类型企业的能源利用情况，实施能源利用效率评估，推动节能降碳。此外，应注重产业发展与能耗双控政策的有效衔接，推动能源优化配置，实现能源利用效率的提高。

2．增加清洁能源比例

当前，我国能源消费仍然以煤炭为主，这是由我国能源禀赋结构决定的。近些年来，我国清洁能源得到了一定程度的发展，但由于种种因素限制，清洁能源消费占比不高。从发展趋势来看，能源消费结构清洁化将成为潮流。为此，应采取一系列的政策、技术措施，优化非化石能源发展布局，不断提高非化石能源业务占比。同时，完善清洁能源装备制造产业链，支撑清洁能源开发利用，提升清洁能源的消费占比，推动企业绿色转型发展。

3．注重绿色发展评估

对企业自身而言，应及时进行自我绿色发展水平的评估，理清不同发展阶段影响企业绿色发展的关键因素、主要矛盾，甄别出影响碳排放强度、能源和资源效率的关键所在，由此选择相应的绿色技术，在关键工序、关键环节上实现降耗减排，走出一条破解资源环境约束的绿色发展之路，助力实现"双碳"目标。同时，应逐步构建起企业绿色创新评价体系，将企业绿色技术创新考核量化，提升企业绿色技术创新的积极性。

（四）创新绿色技术，提升企业绿色转型发展的能力

技术创新是促进企业绿色转型发展最重要的动力之一。为此，应通过加大研发资金投入，提升绿色低碳技术创新能力，并借助数字技术，加强企业数字化建设，逐步提升企业绿色转型发展的能力。

1．加大研发资金投入，提高绿色低碳技术的创新能力

创新是一个国家、一个民族发展进步的不竭动力。对企业而言，技术创新是提升市场竞争能力、实现可持续发展的关键。总体来讲，我国企业特别是中小企业的技术创新能力较弱，这是企业绿色转型发展的关键瓶颈之一。为此，应加大研发资金投入，提升绿色低碳技术创新能力。一是提升企业自身技术创新能力，根据企业特点、技术需求，对关键绿色低碳技术进行攻关，更好地推动企业绿色转型发展。二是依靠高校、科研机构的人才优势，针对企业发展中的关键绿色低碳技术开展精准创新，提高技术的应用成效，推动企业绿色转型发展。三是由国家筛选一批绿色低碳发展中的关键技术，以项目的形式发包给科研机构、高校、企业进行攻关，提升绿色低碳技术的创新能力，为企业绿色转型发展提供技术保障。

2．建立技术交易市场，促进绿色低碳技术供需的衔接

绿色低碳技术直接影响着企业绿色转型发展的成效，以及对实现"双碳"目标的贡献。在生态优先绿色发展时代背景之下，特别是提出"双碳"目标之后，企业绿色转型发展对绿色低碳技术的市场需求日益旺盛，这也成为绿色低碳技术创新的重要驱动力。当前，由于技术交易市场发育尚不完善，特别是缺乏针对绿色低碳技术的交易平台，已有的绿色低碳技术难以找到适宜的应用市场。为此，应逐步培育、建立起有效的绿色低碳技术市场，实现绿色低碳技术供需之间的有效衔接，推动企

业绿色转型发展，助力"双碳"目标的实现。

3.注重数字技术应用，逐步实现企业绿色行为信息化

当前，数字技术迅猛发展，应用潜能全面迸发，数字经济正在经历高速增长、快速创新，渗透的范围日益扩大，深刻改变着经济社会的发展动力、发展方式。以数字技术为支撑，实现企业数字化，是推动企业绿色转型发展的重要方式之一。一方面可以助力企业提高效率、节约资源，实现低碳发展；另一方面可以实现企业绿色行为的信息化，为企业进行科学决策提供数据支撑，同时，将企业绿色行为数据对社会公开，还可以提升企业的社会形象，彰显企业积极承担社会责任的形象。

（五）完善体制机制，保障企业绿色转型发展可持续

推动企业绿色转型发展，助力"双碳"目标的实现固然重要，但实现企业绿色发展的可持续更加重要，由此，需要完善的体制机制提供保障。

1.建立有效的绿色制度体系

一是建立绿色低碳技术创新的激励制度。有效的制度可以激励企业提升绿色低碳技术创新能力，推动企业绿色转型发展。因此，政府应建立健全绿色企业的相关扶持政策，加大对绿色企业的相关政策扶持力度，通过财政补贴，实施优惠税收等政策措施，鼓励企业绿色转型发展阿。同时，不同区域应根据实际情况以及企业特点，因地制宜地实施差异性制度，提高制度的精准性。二是进一步完善绿色金融制度。新冠肺炎疫情在短期内仍然可能存在，企业绿色转型发展依然面临一定的挑战。绿色金融以推动绿色低碳高质量发展为首要任务，当前迫切需要对绿色金融制度内容逐步加以完善，以更好地服务企业绿色转型发展，发挥其作用，助力"双碳"目标的实现。

2.完善企业环境信用评价制度

企业环境信用评价是指环保部门根据企业环境行为信息，按照规定的指标、方法和程序，对企业环境行为进行信用评价，确定信用等级，并向社会公开，供公众监督和有关部门、机构及组织应用的环境管理手段。在《企业环境信用评价办法（试行）》框架范围之内，根据企业环境违法违规行为信息，将企业环境信用划分为四个等级，分别标识成绿、蓝、黄、黑四种颜色，并将评价结果与财政性资金和项目支持优先序相联系，与金融部门网络平台相联通，将其作为企业贷款的重要参考依据。

3.健全环境监督的长效机制

推动企业绿色转型发展需要有效的环境监督制度。近年来，我国环境监管体系不断完善，环境影响评价、公众参与监管等机制不断建立健全，取得了较好的监管成效。但由于企业过度追求自身利益，重发展、轻保护的观念仍然根深蒂固，一般不会主动采取先进的绿色低碳技术以及先进的设备，推动企业绿色转型发展。为此，需要完善环境监督的长效机制，特别是完善中央生态环保督察长效机制，强化对企业的督察，切实推动企业绿色转型发展并保障其可持续性。

第七章　双碳背景下减污降碳协同控制发展研究

良好生态环境是最普惠的民生福祉，积极应对气候变化事关中华民族永续发展和构建人类命运共同体。我国正处于深入打好污染防治攻坚战、持续改善环境质量、建设美丽中国的关键时期；同时也处于积极部署谋划实现2030年前碳达峰目标和2060年前碳中和愿景的开局阶段。面对环境污染与温室气体排放这两个同根同源的问题，党中央已明确要把碳达峰碳中和纳入生态文明建设整体布局，并将协同推进减污降碳写入国民经济和社会发展"十四五"规划，在多个重要场合反复重申、强调。

推动实现减污降碳协同增效，是贯彻落实习近平生态文明思想的重要举措，是兑现碳达峰碳中和庄严承诺的重大牵引，是深入打好污染防治攻坚战建设美丽中国的关键路径，是促进经济社会发展全面绿色转型的总抓手，是建设人与自然和谐共生现代化的必然要求。全面、完整、准确贯彻新发展理念，积极开展减污降碳协同治理实践，完善理论体系，将进一步丰富习近平生态文明思想内涵。为贯彻党中央决策部署，生态环境部发布了《关于统筹和加强应对气候变化与生态环境保护相关工作的指导意见》，在主管部门层面统筹推动相关工作协同开展。

实现美丽中国目标，面临着大气污染物浓度整体仍处于高位、水污染治理在不同尺度仍有巨大挑战、土壤污染风险管控压力仍较大等问题。实现碳达峰目标和碳中和愿景面临时间紧、任务重、结构性问题突出的形势，同时面临经济社会发展导致刚性需求增长强劲的压力。化石能源消费、工业生产、交通运输、居民生活等均是环境污染物与温室气体排放的主要来源。我国当前以煤为主的能源结构、以重化工为主的产业结构、以公路为主的运输结构是实现美丽中国目标以及碳达峰碳中和目标的共同挑战。面对环境质量改善与温室气体减排的双重压力与迫切需求，亟待推进落实减污与降碳工作。考虑到环境污染物与温室气体同根同源，减污与降碳在管控思路、管理手段、任务措施等方面高度一致，可统筹谋划、一体推进、协同实施，实现降本增效。另外，现有减污制度体系可作为实现降碳目标落地的重要载体，降碳措施可作为实现长效源头减污的关键牵引，推动减污与降碳合力，可提高资源调配能力、强化工作落实力度，实现提质增效。综上，面对当前形势，我国既应当协同推进减污降碳工作，也具备条件通过合理统筹谋划实现协同增效。

　　对减污降碳协同增效开展研究，识别关键路径及主要政策需求，是实现将其作为促进经济社会发展全面绿色转型总抓手的重要理论和科学基础。当前针对减污降碳协同增效这一新原则、新思路、新举措的研究仍较为缺乏，尚无对其基本内涵的系统梳理和讨论，对重点领域协同路径的系统分析和主要协同要点的梳理也较为匮乏。基于此，本文首先梳理并提出了减污降碳协同增效的基本内涵；之后对大气环境治理、"无废城市"建设、生态保护这三个领域与碳减排的协同路径与思路展开讨论，立足各领域特点，分析各自协同要点和协同治理思路；最后探讨了减污降碳协同治理对政策体系的需求，立足当前政策制度，从统筹优化减污降碳协同目标、建立协同法规标准、建立减污降碳协同管理制度三个方面提出了政策措施建议。研究将对后续推进减污减碳协同治理工作提供理论和科学基础。

一、减污降碳协同增效的基本内涵

　　人为活动是导致环境污染与温室气体排放的根源。如图7-1所示，能源消费、工业生产、居民生活、交通运输等均会产生或排放包括大气污染物、固体废物、水污染物等在内的各类环境污染物以及以CO_2为主的温室气体。来源相同意味着减污和降碳不是两个孤立问题，而是一个问题的两个方面，二者联系密切。通过在目标指标、管控区域、控制对象、措施任务、政策工具五个方面的协同，可以推动减污与降碳并举，实现提质增效。

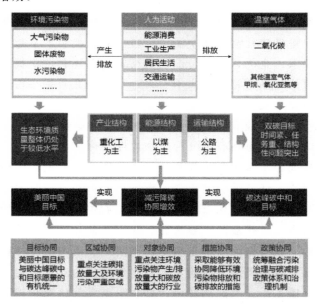

图7-1　减污降碳协同增效的基本内涵

　　在目标指标方面，实现美丽中国目标和碳达峰、碳中和目标愿景均是落实习近平生态文明思想，贯彻新发展理念，推动高质量发展的重要举措。从根本目标来看，减污与降碳都是为了在不影响生态系统平衡和不降低生态环境质量的情况下，高质量推动社会经济绿色发展，最终实现民生福祉全面提升。减污和降碳是一体两面的任务，要把减污和降碳的目标指标有机统一。在时间维度上，减污直接响应了人民群众当下对环境质量改善的热切期盼，降碳将筑牢中华民族永续发展和构建人类命运共同体伟大事业的根基。从当前至2030年前实现碳达峰，应做到减污与降碳两个目标协同推进，互相支撑；碳达峰后至实现碳中和目标阶段，可将降碳作为从根本上改善环境质量的总体牵引。

在管控区域方面，由于人为活动是环境污染物与温室气体排放的共同根源，所以我国的环境污染水平与碳排放在空间分布上具有高度一致性。经济发达、人口稠密、能源消费量大的区域往往是环境质量较差同时碳排放量巨大的区域。这些地区兼具高污染水平和高人口密度的情况，通常会对人群造成相对更高的环境风险。因此，从实现宏观目标的角度而言，在重点区域推动协同控制，不但对于改善全国整体生态环境质量以及降低碳排放量具有显著意义，同时也将对保护人群健康，提升全体国民福祉产生更高的效益，取得事半功倍的效果，实现协同增效。

在控制对象方面，能源消费、工业生产、居民生活、交通运输等均是环境污染物及温室气体的重要来源。各部门能源结构、能源消费方式、生产工艺、污染控制技术路径等均存在明显差别，导致主要污染物种类、污染物排放强度和排放量、碳排放强度和排放量也差异显著。在推进协同治理过程中，应重点关注污染物排放和碳排放"双高"的重点部门和行业，采取结构调整等源头治理措施，实现协同减排增效。同时，考虑到不同部门/行业碳排放进入大气后呈均一性，碳排放环境影响一致，因此从协同增效的角度来看，应更关注环境质量改善需求，识别降碳环境边际效益较大的部门和行业作为协同控制重点（图7-2）。

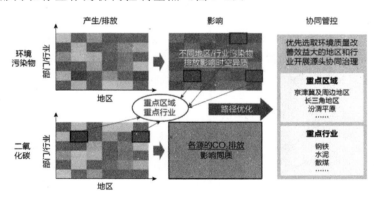

图7-2　以环境质量改善目标优化协同管控思路示意

注：图重网格颜色仅示意排放量及影响水平大小差异，不指代具体数值；由绿到红表示排放及环境影响水平逐渐增大

在措施任务方面，将环境污染物与温室气体的共同来源作为协同控制的重要落脚点，推动落实可协同减污降碳的控制措施；特别地，应以推进节能降耗、开发可再生能源、优化产业结构、发展循环经济、推动形成绿色生产生活方式等根本性、源头性、结构性措施作为主要抓手，实现减污与降碳源头减排相协同。同时，应将

碳排放指标纳入污染治理技术的评价体系，在确定大气、固体废物等污染治理技术时，要同步考虑治理技术的协同控碳效果，优化选择治污技术路线，避免片面追求治污效果而导致大量碳排放，增强污染治理与碳排放控制的协调性。

在政策工具方面，需要强化顶层设计，以全局性、系统化的视角统筹谋划战略规划、政策法规、制度体系等，打通环境污染治理和气候变化应对的相关体制机制，建立减污降碳协同政策体系。多年的污染防治攻坚战使我国在减污方面已建立了较为完善的制度和政策体系，宜在现有减污政策体系中强化统筹气候变化应对相关工作要求，以减污制度体系作为实现降碳目标落地的重要载体，同时作为构建减污降碳协同政策体系的基础。

二、减污降碳协同增效的关键路径识别

（一）大气环境治理与碳减排的协同路径与思路

我国大气污染与 CO_2 排放同根同源，具备协同治理的巨大潜力。从中长期来看，应科学研判不同历史时期减污与降碳的主要驱动力，系统谋划协同减排路径。从区域层面来看，应着重关注大气污染严重的地区，这些地区通常也是碳排放量大的区域。从行业和部门层面来看，重化工业、交通运输、民用等均是大气污染物和 CO_2 排放的主要来源，应作为协同治理的重点予以关注。此外，推动城市空气质量达标和碳排放达峰"双达"试点示范，探索典型城市实现"双达"的主要路径、关键措施、政策机制，也是有益尝试。

1. 中长期协同路线图

已有研究表明，碳达峰碳中和目标愿景对驱动空气质量改善有巨大贡献。如图7-3所示，在碳达峰碳中和目标的驱动下，全国 $PM_{2.5}$ 年均浓度和 O_3 浓度年评价值（日最大8小时浓度均值的第90百分位数）有望在2060年左右达到世界卫生组织2005版空气质量准则值（ $PM_{2.5}$ 年均浓度小于 $10\mu g/m^3$ ， O_3 日最大8小时浓度均值小于 $100\mu g/$ m），届时降碳对减污（ $PM_{2.5}$ ）的累计贡献将超过80%。

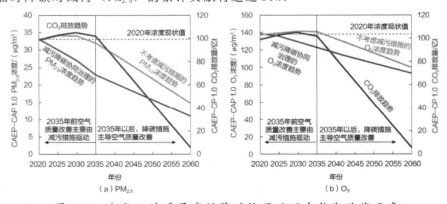

图7-3　大气环境质量减污降碳协同治理中长期路线示意

注： $PM_{2.5}$ 浓度为年均值， O_3 浓度为 O_3 日最大8小时全年浓度第90百分位数全国均值；数据来源于生态环境部环境规划院研究成果

在2030年实现碳达峰目标之前，需要坚持以美丽中国目标和碳达峰目标为双牵引，持续强化大气污染治理措施，特别是挥发性有机物（VOCs）排放相关的源头替代等措施，实现$PM_{2.5}$和O_3污染协同控制以及与碳减排的协同；这一阶段，减污目标将推动中国获得额外的降碳收益。2035年以后，随着大气污染物末端治理技术进一步减排的潜力逐步收窄，根本性的结构调整等降碳措施将成为CO_2与大气污染物协同减排的核心牵引，降碳措施将主导减污的进程。

2. 重点协同区域识别

大气污染物与CO_2排放具有高度同源性，空间聚集性强。目前影响我国环境空气质量的NO_x、$PM_{2.5}$、VOCs等大气污染物的排放与CO_2排放均主要集中在京津冀及周边地区、长三角、汾渭平原、成渝地区等经济发达、人口稠密的城市群。基于清华大学中国多尺度污染物排放清单模型（MEIC）网格数据分析表明：2017年，全国CO_2排放量排名前5%的网格（空间分辨率为$0.25°$的网格）合计贡献了全国CO_2排放总量的68%、NO_x排放的60%、一次$PM_{2.5}$排放的46%和VOCs排放的57%。大气污染物排放与CO_2排放在空间上均表现出集聚效应，且二者热点网格呈现高度一致性，这些热点地区主要分布在省会（自治区首府）等大中城市以及重点城市群。与污染物排放相似，中国的$PM_{2.5}$污染和O_3污染也呈现明显的区域性特征，且大气重污染区域与CO_2排放重点区域高度重叠。鉴于此，应聚焦重点地区和热点网格，根据大气环境污染程度与温室气体排放强度筛选"双高"热点区域及网格，重点推动热点区域能源结构调整和产业布局优化，采取针对性措施，实现大气环境质量和温室气体排放控制协同向好；同时应充分考虑污染的空间异质性（如图7-2所示），以大气环境质量为约束谋划碳减排的差异化空间管控方案，全国统筹优化产业、能源转型空间布局，重点降碳任务措施指标向大气污染防治重点区域倾斜，强化实施力度。

3. 重点部门协同治理思路

图7-4为2017年主要大气污染物和CO_2排放部门构成。工业是对污染物和CO_2排放贡献均最大的部门，其NO_x、一次$PM_{2.5}$、VOCs、CO_2排放量占全国比重分别达42%、46%、67%、42%。电力部门得益于持续污染治理，对污染物排放贡献逐渐降低，但CO_2排放贡献仍高达40%以上。此外，民用部门和交通部门也同样对大气污染物和碳排放均有重要贡献。整体而言，在识别重点管控对象时，应聚焦大气污染物排放量大的高碳行业（图7-2）。

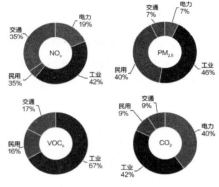

图7-4　2017年重点部门主要大气污染物和CO₂排放贡献

工业作为对大气污染物和CO_2排放贡献均最大的部门，是推进减污降碳的重点，应着力构建高效低碳循环工业体系，严控"两高"项目盲目发展，大力推进钢铁、水泥等重点工业行业节能降耗，加强再生资源回收利用率，从源头减少生产过程能源、资源消耗以及相关污染物和CO_2排放，实现大气污染物与CO_2协同减排。电力部门是当前全国主要的CO_2排放部门，但受减污政策持续推动，其对大气污染物排放贡献逐渐降低，因此电力部门应以降碳为主牵引，全面提速非化石能源发展，构建电力体系新格局，从源头实现协同减污降碳。交通部门对大气污染物和CO_2排放均有重要贡献，特别是对NO_x和VOCs排放贡献显著，对$PM_{2.5}$和O_3污染协同治理有重要影响；考虑到未来需求增长预期，交通部门能源消费预计将进一步增加，是下一步协同治理的重点，应以交通运输结构和车队结构的调整优化为核心抓手，全面提速新能源车发展、持续推动燃油车队清洁化低碳化、积极构建绿色低碳出行体系。能效提升与用能结构优化并举是民用部门协同推进减污降碳的核心手段，应以标准引领推动新建建筑低碳化发展，按照宜改则改原则提升既有建筑节能水平，此外还应加快生活取暖散煤和供暖燃煤锅炉替代。

（二）"无废城市"建设与碳减排的协同思路

"无废城市"是以创新、协调、绿色、开放、共享的新发展理念为引领，以"减量化、资源化、无害化"为原则，通过源头减量、资源化利用、安全处置等方式，将固体废物环境影响降至最低的一种新型城市管理方式。因此，"无废城市"建设与碳减排具有天然耦合性，可主要在推广绿色生活理念、构建资源循环利用体系、垃圾无害化处置等三个方面实现协同。

通过推广绿色低碳建筑、实施限塑令、构建绿色低碳出行服务体系等培养形成绿色生活理念，以绿色低碳消费带动产业升级，从源头减少固体废物产生，降低生产、使用、处置等环节产生的碳排放。通过构建废钢、废铝等再生资源和工业固体废物的资源循环利用体系，加快发展电炉短流程炼钢，强化废铝资源分级分类回收处理，提高废铝资源保级利用水平。另外，推进粉煤灰、冶炼废渣等工业固体废物在建筑材料生产过程中替代原材料，从而有效降低原生矿产资源开采产生的工业固体废物，同时减少矿产开采、金属冶炼、处置等环节产生的碳排放。完善生活垃圾、生物质焚烧发电等无害化处置环节的能源体系建设，因地制宜发展生物质能清洁供暖，有序发展农林生物质发电，使用无法再生的纸张、纺织品等高热值固体废物制备垃圾衍生燃料，推进生活垃圾焚烧发电，可以在保障固体废物安全处置的同时，减少化石能源发电产生的碳排放。

（三）生态保护与碳减排的协同思路

当前至未来一段时期，我国生态保护工作的主要目标是保障国家生态安全、恢复提升重要生态系统服务功能，守住自然生态安全边界。强化生态环境保护，提升生态系统碳汇能力是实现碳中和目标的重要生态保障；统筹生态保护与新能源发展用地关系则是贯彻新发展理念的内在要求。

当前应该因地制宜推进山水林田湖草沙一体化保护修复，加快"三区四带"生态屏障建设，实施重要生态系统保护和修复重大工程，开展大规模国土绿化行动，科学推进荒漠化、石漠化和水土流失综合治理，稳步提升陆地和海洋生态系统碳汇能力，为实现碳达峰碳中和战略目标奠定生态根基。

同时应该因地制宜推进可再生能源使用，促进重点生态功能区能源结构清洁低碳发展。在重点生态功能区、生态保护红线等生态空间，按照"点上开发、面上保护"的思路，合力布局可再生能源开发，科学评估可再生能源开发对生态环境的影响，兼顾考虑未来新能源替代过程中的退出机制和生态恢复成本，在促进绿色发展、增加人民福祉的同时，实现经济社会发展与生态环境保护的协同。在不损害生态功能的前提下，在重点生态功能区内资源环境承载能力相对较强的特定区域，可支持其因地制宜适度发展可再生能源开发利用相关产业。在水资源严重短缺、环境容量有限、生态十分脆弱、地震和地质灾害频发的地区，应该严格控制可再生能源开发。

三、主要政策措施建议

协同政策体系的建立需要将减污降碳、协同增效的思想贯穿于整个生态环境管理制度设计中，需要以全局性、系统化的视角设定目标、统筹规划、设计政策机制。当前，我国应对气候变化治理体系是以强度管理为核心，结合规划、目标分解、产业政策、排放权交易市场等手段；囿于强制性环境管理规制的缺失，在推动结构调整、落实碳源管理等方面的约束力明显不足。因此，实现政策协同的关键是目标规划、法规标准、管理制度的协同。

（一）统筹优化协同目标

目标规划协同与否是决定整个协同政策体系能否真正发挥效益的关键。协同设定环境质量、污染控制、能源消费与温室气体减排目标，要做到多方面统筹协调，步调一致，建议进一步完善我国经济社会发展主要指标体系，在当前绿色生态指标体系中增加减污降碳综合指标，表征地区环境质量改善和应对气候变化的协调性与协同效益。在地区开展重大环境、能源、经济决策与规划制定中，要将环境气候协调共治作为核心原则，合理确定环境目标与气候目标的分配权重。此外，在协同目标的约束下，如何最大化协同减排效应是制定管控战略、明确管控领域、设计一体化任务和措施过程中应当关注的重点，针对污染物与温室气体排放的重点领域，应同步设计减排技术路径，尤其是对于增碳的污染治理技术工艺选择，应当充分论证，满足污染排放标准的同时，尽量做到节能降耗，从而真正实现应对气候变化与改善环境质量的有机结合。

（二）建立协同法规标准

立法是明晰权责主体、确立管理目标、建立管理机制、落实监督执法的根本，因此，实现政策协同的前提是首先完成法规标准层面的协同。一是在现有的环境基本法中补充应对气候变化的规定，现阶段要考虑到我国传统环境问题尚未完全解决的基本国情，秉持统筹协调、分类管理的基本原则，树立协同管理的思想理念，明确减污降碳的权责边界、提出协同管理的制度体系。二是将温室气体管理纳入我国《大气污染防治法》《环境影响评价法》《排污许可管理条例》等法规，为协同管理制度体系建设提供法制依据。三是在现行标准体系中体现应对气候变化与保护生态环境的综合效益，制修订环境空气质量标准、排放标准、燃料使用与控制标准、绿色产品与技术性能标准，形成融合温室气体管控的新型生态环境标准体系，特别是同源排放的工业企业，要逐步建立起治污与控碳相协调的排放标准、技术标准和监测标准。

（三）建立协同管理制度

碳交易市场作为当前碳源管理的主要手段，对源的约束度不够，仅局限于微观层面的配额分配体系，缺少与地区、行业等规划政策的有效衔接。因此，建议依托现行生态环境管理制度完善碳管控，达到强化碳源管理的目的。

一是要注重从源头上实现协同管理，在环境分区管控和准入清单中强调环境目标与气候目标的双约束，并建立其向中观规划与微观落地的传导机制，强化重点排放领域空间布局约束、减污降碳管理、能源利用效率等方面准入、限制和禁止的要求。在规划和建设项目环境影响评价中引入温室气体排放的评价指标，作为对局地大气污染物排放控制指标的补充，在环境影响评价过程中同步评估新增排放源污染物与碳排放水平、环境影响、减排潜力，同步作出污染防治与节能降碳的技术路径优选，提出减污降碳协同管控措施和应对方案。

二是要强化污染物与碳排放同源过程管控，利用好固定源大气污染物防治体系与温室气体减排本身具有一体化和协同性这一有利条件，充分借助排污许可基础性制度管理优势。一方面，通过同源过程管控发挥大气污染防治措施对温室气体的减排产生协同效应，在现有许可体系中完善和补充资源能源消耗、能源使用效率、碳排放配额等控制要求。另一方面，排污许可制度体系中的污染防治、自行监测、台账记录、报告等许可管控要求也同样适用温室气体，可实施统筹管理。

三是要逐步强化二氧化碳减排的刚性约束，实施污染物与碳排放总量"双控"制度。围绕碳达峰碳中和要求，设立国家、地区、行业总量控制目标，对重点领域采取源总量控制模式，根据各领域碳排放形势及达峰安排，分批分区推动总量控制。"十四五"时期，以电力、钢铁、水泥、有色、煤化工等行业为重点，体现行业同源排放与协同控制特点，综合设定污染物与碳排放行业总量目标，制定企业主要大气污染物排放总量指标及碳配额分配方案。"十五五"以后，可适时将碳排放总量控制纳入国家约束性指标体系，建立控制温室气体排放目标责任制，作为生态环境考核体系的重要内容，将应对气候变化相关工作存在的突出问题纳入生态环境保护督察范畴。

参考文献

[1] 黄智斌.焦化第三代煤调湿技术及其应用 [J].冶金能源，2010（1）：29

[2] Zheng Y, Zhang Z, Hu HT, et al. Advanced treatment of coking waste water by coagulation with PAC [J]. Advanced Materials Research, 2011

[3] Zhang MH, Zhao QL, Bai X, et al. Adsorption of organic pollutants from coking wastewater by activated coke [J]. Colloids and Surfaces A: Physicochemical and Engineering Aspects, 2010, 362 (1-3): 140-146

[4] Liu JM, Yang YL, Yang X. Factors influencing the removal of COD from coking tail wastewater in the biological aerated filter] J]. Applied Mechanics and Materials, 2011, 90-93: 2349-2953

[5] 马艳霞，李富元.焦化生产废水处理工艺的选择 [J].科技情报开发与经济，2011，21（5）：79-181

[6] 王丽娜，张垒，段爱民，等.焦化废水深度处理及回用技术研究进展 [J].武钢技术，2012，50（1）：48-51

[7] 朱小彪，刘聪，王东滨，等.厌氧/缺氧/沸石-膜生物反应器处理焦化废水的运行特性研究 [J].环境环境工程技术学报，2013，3（4）：279-285

[8] Chu Libing, Wang Jianlong, Dong Jing, et al. Treatment of coking wastewater by anadvanced Fenton oxidation process using iron powder and hydrogen peroxide [J]. Chemosphere, 2012, 86 (4): 409-414

[9] 华祥冯，海军，崔保华.安钢焦化废水处理工序改扩建及废水综合利用 [J].河南冶金，2011，19（4）：25-27

[10] Shan Minjun, Yang Peng, Pan Dawei, et al. Study on coke dry quenching production and recycling of coking wastewater [J]. Frontier of Environmental Science, 2012, 1 (1): 7-9

[11] 中华人民共和国中央人民政府.中华人民共和国国民经济和社会发展第十

四个五年规划和2035年远景目标纲要［Z］.2021

［12］中华人民共和国生态环境部.中国应对气候变化的政策与行动2020年度报告［R］.北京：生态环境部，2021

［13］生态环境部.关于统筹和加强应对气候变化与生态环境保护相关工作的指导意见［Z］.2021

［14］王金南.全面推动生态文明建设取得新进步［N］.人民日报，2021-05-26（014）

［15］生态环境部环境规划院.基于重点行业/领域国家碳达峰路径研究报告［R］.北京：生态环境部环境规划院，2021

［16］雷宇，严刚.关于"十四五"大气环境管理重点的思考［J］.中国环境管理，2020，12（4）：35-39

［17］IPCC. Climate Change and Land: an IPCC Special Report on Climate Change, Desertification, Land Degradation, Sustainable Land Management, Food Security, and Greenhouse Gas Fluxes in Terrestrial Ecosystems［R］. Cambridge: Cambridge University Press. IPCC, 2019

［18］STOCKER TF, QIN D, PLATTNER GK, et al. Climate Change 2013: The Physical Science Basis［M］. Cambridge: Cambridge University Press, 2014

［19］GALLAGHER KS, ZHANG F, ORVIS R, et al. Assessing the policy gaps for achieving China's climate targets in the Paris Agreement［J］. Nature communications, 2019, 10（1）: 1256

［20］秦大河，陈振林，罗勇，等.气候变化科学的最新认知［J］.气候变化研究进展，2007，3（2）：63-73

［21］SHI XR, ZHENG YX, LEI Y, et al. Air quality benefits of achieving carbon neutrality in China［J］. Science of the total environment, 2021, 795: 148784

［22］CHENG J, TONG D, ZHANG Q, et al. Pathways of China's PM25 air quality 2015-2060 in the context of carbon neutrality［J］. National science review, 2021: nwab078

［23］LI YM, CUI YF, CAI BF, et al. Spatial characteristics of CO2 emissions and PM2.5 concentrations in China based on gridded data［J］. Appliedenergy, 2020, 266: 114852

［24］VAN DONKELAAR A, MARTIN RV, BRAUER M, et al. Use of satellite observations for long-term exposure assessment of global concentrations of fine particulate matter［J］. Environmental health perspectives, 2015, 123（2）: 135-143

［25］XING J, LU X, WANG SX, et al. The quest for improved air quality may push China to continueits CO2 reduction beyond the Paris

Commitment [J]. Proceedings of the national academy of sciences of the United States of America, 2020, 117 (47): 29535-29542

[26] 蔡博峰，曹丽斌，雷宇，等.中国碳中和目标下的二氧化碳排放路径 [J].中国人口·资源与环境，2021，31（1）：7-14

[27] 生态环境部环境规划院.中国碳情速报研究 [R].北京：生态环境部环境规划院，2020

[28] 朱法华，王玉山，徐振，等.中国电力行业碳达峰、碳中和的发展路径研究 [J].电力科技与环保，2021，37（3）：9-16

[29] LIANG XY, ZHANG SJ, WU Y, et al. Air quality and health benefits from fleet electrification in China [J]. Nature sustainability, 2019, 2 (10): 962-971

[30] PAN XZ, WANG HL, WANG LN, et al. Decarbonization of China's transportion sector: in light of national mitigation toward the Paris Agreement goals [J]. Energy. 2018. 155: 853-864

[31] 国务院办公厅.国务院办公厅关于印发"无废城市"建设试点工作方案的通知 [Z].2019

[32] 王夏晖，张箫.我国新时期生态保护修复总体战略与重大任务 [J].中国环境管理，2020，12（6）：82-87

[33] 国家发展改革委，自然资源部.全国重要生态系统保护和修复重大工程总体规划（2021-2035年）[Z].2020

[34] 潘家华.从生态失衡迈向生态文明：改革开放40年中国绿色转型发展的进程与展望 [J].城市与环境研究，2018（4）：3-16

[35] 潘家华，张莹.中国应对气候变化的战略进程与角色转型：从防范"黑天鹅"灾害到迎战"灰犀牛"风险 [J].中国人口资源与环境，2018（10）：1-8

[36] 张永生，巢清尘，陈迎，等.中国碳中和：引领全球气候治理和绿色转型 [J].国际经济评论，2021（3）：9-26

[37] 范中启，马爽，戴琳.中国企业绿色发展新视角：绿色复合观的内涵与应用 [J].生态经济，2014（10）：67-69

[38] 刘学敏，张生玲.中国企业绿色转型：目标模式、面临障碍与对策 [J].中国人口·资源与环境，2015（6）：1-4

[39] 张中祥.碳达峰、碳中和目标下的中国与世界——绿色低碳转型、绿色金融、碳市场与碳边境调节机制 [J].人民论坛·学术前沿，2021（14）：69-79

[40] 潘家华，廖茂林，陈素梅.碳中和：中国能走多快 [J].改革，2021（7）：1-13

[41] 范英，衣博文.能源转型的规律、驱动机制与中国路径 [J].管理世界，2021（8）：95-105

[42] 胡鞍钢.中国实现2030年前碳达峰目标及主要途径 [J].北京工业大学学报（社会科学版），2021（3）：1-15

［43］林伯强，刘畅.中国能源补贴改革与有效能源补贴［J］.中国社会科学，2016（10）：52-71

［44］郑新业，吴施美，李芳华.经济结构变动与未来中国能源需求走势［J］.中国社会科学，2019（2）：92-112

［45］张希良，黄晓丹，张达，等.碳中和目标下的能源经济转型路径与政策研究［J］.管理世界，2022（1）：35-66

［46］丁仲礼.中国碳中和框架路线图研究［J］.中国工业和信息化，2021（8）：54-61

［47］史丹.绿色发展与全球工业化的新阶段：中国的进展与比较［J］.中国工业经济，2018（10）：5-18

［48］李维安，张耀伟，郑敏娜，等.中国上市公司绿色治理及其评价研究［J］.管理世界，2019（5）：126-133

［49］王俊豪，李云雁.民营企业应对环境管制的战略导向与创新行为 基于浙江纺织行业调查的实证分析［J］.中国工业经济，2009（9）：16-26

［50］解学梅，朱琪玮.企业绿色创新实践如何破解"和谐共生"难题？［J］.管理世界，2021（1）：128-149

［51］毕克新，杨朝均，黄平.中国绿色工艺创新绩效的地区差异及影响因素研究［J］.中国工业经济，2013（10）：57-69

［52］何枫，祝丽云，马栋栋，等.中国钢铁企业绿色技术效率研究［J］.中国工业经济，2015（7）：84-98

［53］景维民，张璐.环境管制、对外开放与中国工业的绿色技术进步［J］.经济研究，2014（9）：34-47

［54］张三峰，魏下海.信息与通信技术是否降低了企业能源消耗——来自中国制造业企业调查数据的证据［J］.中国工业经济，2019（2）：155-173

［55］谢雄标，吴越，严良.数字化背景下企业绿色发展路径及政策建议［J］.生态经济，2015（11）：87-91

［56］万攀兵，杨冕，陈林.环境技术标准何以影响中国制造业绿色转型——基于技术改造的视角［J］.中国工业经济，2021（9）：118-136

［57］陈迎.碳中和目标下企业发展的责任和机遇［J］.可持续发展经济导刊，2021（Z1）：19-22

［58］窦晓铭，庄贵阳.碳中和目标下碳定价政策：内涵、效应与中国应对［J］.企业经济，2021（8）：17-24

［59］徐佳，崔静波.低碳城市和企业绿色技术创新［J］.中国工业经济，2020（12）：178-196

［60］于连超，张卫国，毕茜.环境保护费改税促进了重污染企业绿色转型吗？——来自《环境保护税法》实施的准自然实验证据［J］.中国人口·资源与环境，2021（5）：109-118

［61］李少林，冯亚飞.区块链如何推动制造业绿色发展？——基于环保重点城

市的准自然实验 [J]. 中国环境科学，2021（3）：1455-1466

[62] 何育静，蔡丹阳. 长三角工业企业绿色技术创新效率及其影响因素分析 [J]. 重庆社会科学，2021（1）：49-63

[63] 林伯强，姚昕，刘希颖. 节能和碳排放约束下的中国能源结构战略调整 [J]. 中国社会科学，2010（1）：58-71

[64] 林伯强，李江龙. 环境治理约束下的中国能源结构转变——基于煤炭和二氧化碳峰值的分析 [J]. 中国社会科学，2015（9）：84-107

[65] 陈诗一. 中国的绿色工业革命：基于环境全要素生产率视角的解释（1980—2008）：J]. 经济研究，2010（11）：21-34

[66] 李斌，彭星，欧阳铭珂. 环境规制、绿色全要素生产率与中国工业发展方式转变——基于36个工业行业数据的实证研究 [J]. 中国工业经济，2013（4）：56-68

[67] 陈钊，陈乔伊. 中国企业能源利用效率：异质性、影响因素及政策含义 [J]. 中国工业经济，2019（12）：78-95

[68] 孙振清，成晓斐，谷文珊. 异质性环境规制对工业绿色发展绩效的影响 [J]. 华东经济管理，2021（8）：1-10

[69] 张小筠，刘戒骄，李斌. 环境规制、技术创新与制造业绿色发展 [J]. 广东财经大学学报，2020（5）：48-57

[70] 康志勇，张宁，汤学良，等. "减碳"政策制约了中国企业出口吗 [J]. 中国工业经济，2018（9）：117-135

[71] 于法稳. 中国生态经济研究：历史脉络、理论梳理及未来展望 [J]. 生态经济，2021（8）：13-20

[72] 张友国，白羽洁. 区域差异化"双碳"目标的实现路径 [J]. 改革，2021（11）：1-18